Schriftenreihe
Handeln und Entscheiden in komplexen ökonomischen Situationen

Herausgegeben von

F. Achtenhagen, J. Biethahn, J. Bloech, P. Faßheber, G. Gabisch,
H. Hesse, G. Lüer, W. Scholl
Universität Göttingen

Band 11
Interaktive Fuzzy Optimierung

Handeln und Entscheiden in komplexen ökonomischen Situationen

Johannes Brunner

Interaktive Fuzzy Optimierung

Entwicklung eines Entscheidungsunterstützungssystems

Mit 35 Abbildungen

Physica-Verlag

Ein Unternehmen
des Springer-Verlags

Dr. Johannes Brunner
Himmelsthürer Straße 55
D-31137 Hildesheim

Gedruckt mit Hilfe von Forschungsmitteln des Landes Niedersachsen

ISBN-13: 978-3-7908-0745-5   e-ISBN-13: 978-3-642-95910-3
DOI: 10.1007/978-3-642-95910-3

CIP-Titelaufnahme der Deutschen Bibliothek
Brunner, Johannes:
Interaktive Fuzzy-Optimierung : Entwicklung eines
Entscheidungsunterstützungssystems / Johannes Brunner. –
Heidelberg : Physica-Verl., 1994
(Schriftenreihe Handeln und Entscheiden in komplexen ökonomischen
Situationen; Bd. 11)
Zugl.: Göttingen, Univ., Diss.

NE: GT

Vorwort

Die vorliegende Arbeit entstand während meiner Zugehörigkeit zum Interdisziplinären Graduiertenkolleg der Universität Göttingen. In diesem Zusammenhang bin ich der Stiftung Volkswagenwerk für das erhaltene Stipendium und dem Land Niedersachsen zu Dank verpflichtet.

Mein ganz besonderer Dank gilt meinem Doktorvater, Herrn Professor Dr. Jürgen Bloech, der mir stets großen Freiraum für den Fortgang meiner Arbeit gewährte. Herrn Professor Dr. Jörg Biethahn danke ich für die Übernahme des Korreferats sowie Herrn Professor Dr. Peter Faßheber für die Unterstützung bei den psychologischen Fragestellungen der Arbeit.

An dieser Stelle möchte ich auch allen Freunden und MitkollegiatInnen danken, die mich während der Zeit meiner Promotion aktiv oder passiv unterstützt haben. Ganz besonders hervorheben möchte ich dabei meine Freunde Dr. Carsten Wilken, Bernhard Landwehr und Dr. Folker Roland.

Mein innigster Dank aber gilt meinen Eltern und Nadja.

Göttingen, im Juli 1993   Johannes Brunner

Inhaltsverzeichnis

Abbildungsverzeichnis

Abkürzungsverzeichnis

Abb.	Abbildung
AN	Anspruchsniveau
Aufl.	Auflage
Bd.	Band
bezgl.	bezüglich
bzw.	beziehungsweise
d.h.	das heißt
DM	Deutsche Mark
DSS	Decision Support System
et al.	et alii (und andere)
EUS	Entscheidungsunterstützungssystem
f.	und folgende
ff.	und fortfolgende
FLOP	Fuzzy Linear Multiple Objective Programming
GDF	(Verfahren von) Geoffrion, Dyer & Feinberg
GDSS	Group Decision Support System
Hrsg.	Herausgeber
MADM	Multiple Atrribute Decision Making
Max	Maximiere
MCDM	Multiple Criteria Decision Making
ME	Mengeneinheiten
Min	Minimiere
MIS	Management Information System
MODM	Multiple Objective Decision Making
MOLP	Multiple Objective Linear Programming
NB	Nebenbedingung
NLP	Nicht-Lineare Programmierung
No.	Number
Nr.	Nummer
o.V.	ohne Verfasser
S.	Seite
Sp.	Spalte
STEM	Step Method
u.a.	unter anderem
u.d.Nb.	unter den Nebenbedingungen
usw.	und so weiter
vgl.	vergleiche

VIG	Visual Interactive Goal Programming
VIM	Visual Interactive Modelling
Vol.	Volume
XPS	Expertensystem
z.B.	zum Beispiel
ZF	Zielfunktion

Zeitschriftenabkürzungen

DBW	Die Betriebswirtschaft
DSS	Decision Support Systems
EJOR	European Journal of Operational Research
FSS	Fuzzy Sets and Systems
J.Opl.Res.Soc.	Journal of the Operational Research Society
KI	Künstliche Intelligenz
Mg.Sc.	Management Science
OR	Operations Research
ZfB	Zeitschrift für Betriebswirtschaft
ZfbF	Zeitschrift für betriebswirtschaftliche Forschung
ZOR	Zeitschrift für Operations Research
ZP	Zeitschrift für Planung

Verzeichnis der verwendeten Symbole

$A = (a_{ij})_{\substack{i=1,\dots,m \\ j=1,\dots,n}}$	Matrix der Restriktionskoeffizienten
a_i	$(n \times 1)$ - Vektor der Koeffizienten der i-ten Restriktion
Al	Aluminium
AW	normierte Summe der Abweichungen zweier Lösungspunkte im Rahmen der automatischen Lösungssuche
A_1	Altmetall 1
A_2	Altmetall 2
α	Niveau der Stützstelle einer Zugehörigkeitsfunktion
b	$(m \times 1)$ - Vektor der Restriktionsgrenzen
c	$(n \times 1)$ - Vektor der Koeffizienten einer Zielfunktion
Cu	Kupfer
δ	Parameter, der Mindestniveau einer Zugehörigkeitsfunktion ausdrückt
Fe	Eisen
$f(x)$	Zugehörigkeitsfunktion einer unscharfen Menge
FW	Fortschreitweite im Rahmen der automatischen Lösungssuche
γ	Bezeichnung eines Verknüpfungsoperators
i	Laufindex für die Anzahl der Restriktionen
j	Laufindex für die Anzahl der Entscheidungsvariablen
k	Laufindex für die Anzahl der Zielfunktionen
LRP	Lokaler Referenzpunkt im Rahmen der automatischen Lösungssuche
λ	zu optimierender Parameter der Linearen Fuzzy Optimierung
λ_0	mindestens erreichbares Niveau der Max-Min-Lösung
$\lambda_{0,i}$	Niveau der i-ten fuzzy Ungleichung in der Max-Min-Lösung
m	Anzahl der Restriktionen
Mg	Magnesium
Mn	Mangan
MN	Mittelwert der Abweichungen zweier Lösungspunkte
n	Anzahl der Entscheidungsvariablen

O_i		Obergrenze des Kompensations-Toleranzintervalls für die i-te fuzzy Systemungleichung
P		Ausgangspunkt der automatischen Lösungssuche
R_i	$i = 1, \ldots, m$	Restriktionen
R_l, R_r		linker und rechter Rand des Bereichs voller Zugehörigkeit im Rahmen der LR-Darstellung einer fuzzy Zahl
$I\!R$		Menge der reellen Zahlen
Ref. 0		globaler Referenzpunkt des Max-Min-Ansatzes
Ref. 1		globaler Referenzpunkt der maximalen Zielwerte
Ref. 2		globaler Referenzpunkt der maximalen Erfüllung der Restriktionen
Si		Silicium
S_l, S_r		linke und rechte Spanne partieller Zugehörigkeit im Rahmen der LR-Darstellung einer fuzzy Zahl
sup		Supremum
σ		Gewichtungsparameter
T_1, T_2		Gewichtungsterme im Rahmen der automatischen Lösungssuche
U_i		Untergrenzen des Kompensations-Toleranzintervalls für die i-te fuzzy Systemungleichung
v		Verhältnis zwischen eingetretener und erwünschter maximaler absoluter Differenz eines Niveaus zweier aufeinanderfolgender Lösungspunkte im Rahmen der automatischen Lösungssuche
V		Vergleichswert eines lokalen Referenzpunktes im Rahmen der automatischen Lösungssuche
w		maximale Kompensationsweite
X		$(n \times 1)$ - Vektor der Entscheidungsvariablen
X_Z		Menge der zulässigen Lösungen
z		Anzahl der Zielfunktionen
Z_k	$k = 1, \ldots, z$	Zielfunktionen
Z_{max}		maximaler Zielfunktionswert
Z_{min}		minimaler Zielfunktionswert
$\underset{\approx}{<}$		möglichst kleiner oder gleich
$\underset{\approx}{>}$		möglichst grösser oder gleich

1. Einleitung

"Operations Research is dead even though it has yet to be buried."[1] ACKOFFS provokante These bringt die Enttäuschung über die Entwicklung quantitativer Verfahren als Instrument zur betrieblichen Entscheidungshilfe zum Ausdruck. Die Kritik richtet sich dabei nicht gegen den grundsätzlichen Einsatz formaler Modelle. Vielmehr wird bemängelt, daß die Methoden des Operations Research in zunehmendem Maße losgelöst von den Bedürfnissen des praktischen Einsatzes entwickelt werden.[2] Dies wird auch durch die Tatsache unterstrichen, daß die betriebliche Anwendung quantitativer Verfahren weit hinter den Erwartungen früherer Jahre zurückgeblieben ist.[3] ACKOFFS These stellt keine Forderung zum Verzicht auf Optimierung dar, sondern soll auf die Notwendigkeit hinweisen, bei der Entwicklung von Verfahren zur betrieblichen Entscheidungsunterstützung - im Gegensatz zum klassischen Operations Research - verstärkt anwendungsbezogene Gesichtspunkte zu berücksichtigen.

Dabei bieten sich theoretisch durch die Weiterentwicklungen im Bereich der Computertechnologie zunehmend Möglichkeiten, in vielen Bereichen der Praxis formale Entscheidungshilfen verstärkt zu nutzen. Durch die Implementierung der Verfahren auf einem Rechner wird der Entscheidungsträger in die Lage versetzt, rechenintensive Bereiche einer Problemlösung auf den Computer zu übertragen. Werden die Ergebnisse mit in die Entscheidungsfindung einbezogen, läßt sich so die Qualität der individuellen Problemlösungen erhöhen.

Diese Diskrepanz zwischen den Möglichkeiten formaler Entscheidungsmodelle und ihrer Anwendung in der Praxis bildet den Ausgangspunkt der vorliegenden Arbeit. Ziel ist es, aus der Analyse bestehender Ansätze ein System der Entscheidungsunterstützung zu entwickeln, das dem Entscheidenden eine bessere Nutzung der computergestützten Optimierung ermöglicht. Dabei soll die die Anwendbarkeit des Optimierungsverfahrens in zweierlei Hinsicht verbessert werden: Einerseits ist aus einer modellorientierten Sichtweise die Realitätsnähe des verwendeten formalen Modells zu erhöhen; andererseits sollen aber auch aus einer anwendungsorientierten Sichtweise Anforderungen an das zu entwickelnde System abgeleitet und umgesetzt werden. Insgesamt wird untersucht, in welche Richtung sich die Optimierung des Operations Research entwickeln sollte, um die Diskrepanz zwischen Theorie und Praxis zu überbrücken und so die formale betriebliche Entscheidungsunterstützung gemäß ACKOFF zu neuem Leben zu erwecken.

---

1   Ackoff, R.L.: (Future), S. 93; vgl. auch Ackoff, R.L.: (OR), S. 474.
2   Vgl. Ackoff, R.L.: (OR), S. 473.
3   Vgl. z.B. Müller-Merbach, H.: (Entscheidungsvorbereitung), S. 12.

Dazu wird zunächst im zweiten Kapitel, entgegen der klassischen modellorientierten Betrachtungsweise, analysiert, welche Anforderungen aus der Sicht des Anwenders an ein Computersystem zur betrieblichen Entscheidungsunterstützung zu stellen sind. Dabei gehen die Untersuchungen zum einen darauf ein, welche allgemeinen Bedingungen ein formales Entscheidungsmodell zu erfüllen hat, um eine möglichst große Gültigkeit und Aussagekraft zu besitzen. Zum anderen wird dies auch für den Fall geprüft, daß die Entscheidungshilfe durch ein Computersystem geleistet werden soll. Aus den Analysen werden Implikationen für die Konzeption des zu entwickelnden Systems abgeleitet.

Im Gegensatz zur mehr anwendungsbezogenen Sichtweise des zweiten Kapitels hat das dritte Kapitel die im System verwendeten mathematischen Verfahren zum Inhalt. Neben einer Einführung in den allgemeinen Begriff der Optimierung werden die beiden Teilgebiete der Linearen Fuzzy Optimierung und der Linearen Optimierung unter mehrfacher Zielsetzung vorgestellt, mit deren Hilfe die Realitätsnähe des im System verwendeten formalen Modells erhöht werden soll. Diese Verfahren ermöglichen es, sowohl unscharfe Daten zu berücksichtigen als auch mehrere Ziele gleichzeitig zu verfolgen. Die bestehenden Ansätze werden analysiert, um aus ihnen Möglichkeiten der Weiterentwicklung zu ergründen.

Das vierte Kapitel der Arbeit behandelt im Anschluß daran das entwickelte System FLOP.[4] Es beschreibt, wie die in den Kapiteln zwei und drei ermittelten Anforderungen umgesetzt und zu einem einheitlichen System zusammengefügt werden können. Neben der Erläuterung des Grundkonzeptes wird der Darstellung der einzelnen Charakteristika des Systems ein breiter Platz eingeräumt, sowie anschließend der Ablauf des Systems im Gesamtzusammenhang erläutert.

Zur Veranschaulichung der Vorgehensweise wird im fünften Kapitel an dem betrieblichen Anwendungsbeispiel eines Mischungsproblems dargestellt, wie das System FLOP den Entscheidungsträger bei der Lösung einer komplexen Problemstellung unterstützt. Zum Abschluß erfolgt eine Zusammenfassung der wesentlichen Ergebnisse der Arbeit und ein Ausblick auf weitere Entwicklungsmöglichkeiten.

---

[4]   FLOP steht als Akronym für **F**uzzy **L**inear Multiple **O**bjective **P**rogramming.

2. Entscheidungsunterstützung

Das Kapitel beschäftigt sich mit der Entscheidungsunterstützung und setzt sich dabei mit den grundlegenden Begriffen des Entscheidungsmodells und des Entscheidungsunterstützungssystems auseinander. Im Anschluß an die allgemeinen Begriffserläuterungen wird aus der Sicht der Anwendung heraus untersucht, welche Formen und Strukturen für ein Entscheidungsmodell beziehungsweise eine computergestützte Entscheidungsunterstützung sinnvoll erscheinen. Aus der Analyse werden jeweils Anforderungen an das zu entwickelnde entscheidungsunterstützende System abgeleitet.

2.1. Entscheidungsmodelle

2.1.1. Entscheidungstheoretische Grundlagen

Der Begriff der Entscheidung wird sowohl im umgangssprachlichen Gebrauch als auch in der relevanten Literatur vielschichtig verwendet.[1] Unter einer Entscheidung im engeren Sinne soll im folgenden die Auswahl einer Handlungsalternative aus mehreren Möglichkeiten verstanden werden.[2] Die Wahlhandlung muß dabei bewußt vollzogen werden. Damit werden solche Aktivitäten ausgegrenzt, die durch habitualisiertes oder auch instinktives, unbewußtes Agieren und Nichtagieren zu faktischen Veränderungen der Realität führen.[3]

Gegenstand der Entscheidungstheorie ist die Analyse dieser Wahlhandlungen[4] in der Absicht, reale Probleme zu erkennen, zu strukturieren und zu lösen.[5] Dies setzt die Existenz eines *echten* Entscheidungsproblems voraus, bei dem eine Konkurrenzsituation zwischen den betrachteten Alternativen besteht. Anderenfalls liegt zwar eine Wahlsituation, aber kein Entscheidungsproblem vor.[6]

---

1 Vgl. Szyperski, N.; Winand, U.: (Entscheidungstheorie), S. 3 ff.; Kahle, E.: (Problemlöseverhalten), S. 15 ff.

2 Vgl. Sieben, G.; Schildbach, T.: (Entscheidungstheorie), S. 1; Laux, H.: (Entscheidungstheorie), S. 3; Schneeweiß, C.: (Planung), S. 83.

3 Vgl. Szyperski, N.; Winand, U.: (Entscheidungstheorie), S. 4; Thomae, H.: (Mensch), S. 20.

4 Vgl. Laux, H.: (Entscheidungstheorie), S. 3; Bamberg, G.; Coenenberg, A.G.: (Entscheidungslehre), S. 1.

5 Vgl. Bea, F.X.: (Entscheidungen), S. 303.

6 Vgl. Laux, H.: (Entscheidungstheorie), S. 5.

Je nach Forschungsziel der Untersuchung können zwei grundsätzliche Ausprägungen der Entscheidungstheorie unterschieden werden: der *normative* und der *deskriptive* Ansatz.[7] Die deskriptive Entscheidungstheorie will beschreiben, wie Entscheidungen in der Realität getroffen werden beziehungsweise wie sich das konkrete Verhalten der Entscheidungsträger äußert.[8] Es ist das Ziel, aus den empirisch gewonnenen Hypothesen das Verhalten von Entscheidungsträgern in bestimmten Entscheidungssituationen zu prognostizieren.[9]

Die normative Entscheidungstheorie - sie wird mitunter auch der Entscheidungslogik gleichgesetzt[10] - versucht dagegen, Regeln und Verhaltensweisen zu explizieren, damit der Entscheidungsträger, bezogen auf das vorgegebene Ziel, die subjektiv vorteilhafteste Handlungsalternative auswählt.[11] Wird eine solche Wahl als *rationale* Entscheidung bezeichnet, so beschäftigt sich die normative Entscheidungstheorie damit, wie Entscheidungen möglichst rational getroffen werden können. Auf der Grundlage diese Zielsetzung werden für den jeweiligen Entscheidungsträger normative Vorgaben entwickelt.

Dabei ist es nicht Gegenstand des Ansatzes, ob sich Menschen in den Entscheidungssituationen tatsächlich objektiv rational verhalten oder nicht.[12] Es geht vielmehr darum, Regeln zu entwerfen, die den Entscheidungsträgern *optimale* Entscheidungen ermöglichen. Mit dem Begriff der Optimalität wird das Bestreben ausgedrückt, ein bestehendes Problem auf die beste Art und Weise zu lösen.[13] Die Suche nach einer optimalen Lösung ist danach eng mit dem Ziel einer rationalen Entscheidung verbunden. Optimierung kann als generelle Anweisung für rationales Handeln aufgefaßt werden.[14]

In der modernen Forschung herrscht überwiegend die Meinung vor, daß die Betriebswirtschaftslehre eine angewandte Wissenschaft ist.[15] Als solche muß sie das Ziel haben, Aussagen darüber abzuleiten, "wie das Entscheidungsverhalten der Menschen in der Betriebswirtschaft sein sollte, wenn diese bestimmte Ziele bestmöglich

---

7   Vgl. Bea, F.X.: (Entscheidungen), S. 303; Kahle, E.: (Entscheidungen), S. 24 f.

8   Vgl. Bamberg, G.; Coenenberg, A.G.: (Entscheidungstheorie), S. 377; Sieben, G.;
     Schildbach, T.: (Entscheidungstheorie), S. 3.

9   Vgl. Schneeweiß, C.: (Planung), S. 85; Bea, F.X.: (Entscheidungen), S. 303.

10   Vgl. Heinen, E.: (Entscheidungstheorie), Sp. 690; Zimmermann, H.-J.: (Analyse), S. 2.

11   Vgl. Sieben, G.; Schildbach, T.: (Entscheidungstheorie), S. 1.

12   Vgl. Engels, W.: (Bewertungslehre), S. 5; Sieben, G.; Schildbach, T.:
     (Entscheidungstheorie), S. 1.

13   Vgl. Beale, E.M.L.: (Introduction), S. 1.

14   Vgl. Kern, W.: (Operations), S. 12.

15   Es existieren allerdings auch anderslautende Meinungen. Einen Überblick über die verschiedenen Ansätze der Betriebswirtschaftslehre ist z.B. zu finden bei: Raffée, H.:
     (Grundprobleme), S. 79 ff.; Biethahn, J.; Mucksch, H.; Ruf, W.:
     (Informationsmanagement), S. 31 f.

erreichen wollen", wie HEINEN es ausdrückt.[16] Eine solche Ableitung kann letztendlich jedoch nur über die Entwicklung normativer Entscheidungsmodelle erfolgen, an Hand derer der betriebswirtschaftlich Handelnde in praktischen Entscheidungssituationen Hilfestellung zur bestmöglichen Problemlösung erhält.[17] Aus diesem Grund wird die Betriebswirtschaftslehre - zumindest unter der Maxime der Anwendung - entscheidungsorientiert aufgefaßt.[18] "Ihre Aufgabe besteht darin, die in betriebswirtschaftlichen Organisationen tätigen Menschen bei ihren Entscheidungen sowie den Gesetzgeber bei der Konzeption unternehmensrelevanter Gesetze beratend zu unterstützen."[19]

Trotz des gegensätzlichen Ansatzes stehen deskriptive und normative Entscheidungstheorie nicht zwangsläufig im Konflikt zueinander. Ein Zusammenwirken ist möglich, wenn ein normativer Ansatz verfolgt wird, bei dem nicht vollständig ideale Bedingungen und rationale Handlungen vorausgesetzt und dennoch normative Vorgaben für den Entscheidungsträger ermittelt werden. Die Ergebnisse der deskriptiven Entscheidungstheorie können dann für die normativen Modelle grundlegende Bedeutung besitzen.[20] Erfahrungswissenschaftliche Aussagen über die verfolgten Ziele, Handlungen und deren Konsequenzen können ebenso die zu entwickelnden normativen Regeln beeinflussen wie sich z.B. auch Erkenntnisse darüber integrieren lassen, welche Anforderungen an einen Entscheidungsträger überhaupt gestellt werden können.[21]

Einen solchen Weg der Synthese der beiden Ansätze wird unter anderem von SCHNEEWEISS als präskriptive Entscheidungstheorie bezeichnet.[22] Auf der Grundlage tatsächlichen Entscheidungsverhaltens und unter besonderer Berücksichtigung situationsbedingter individueller Einflußdeterminanten der Entscheidung werden operative Modelle und Entscheidungsregeln entwickelt. Dadurch wird das von konkreten Situationen abstrahierte normative Modell wieder operational sinnvoll anwendbar im Sinne der Fragestellung, wie in einer konkreten Situation vorzugehen ist, um die Ziele so vollständig wie möglich zu erfüllen.[23]

---

16   Heinen, E.: (Wissenschaftsprogramm), S. 209.
17   Vgl. Bamberg, G.; Coenenberg, A.G.: (Entscheidungslehre), S. 10.
18   Vgl. Laux, H.: (Entscheidungstheorie), S. 4; Bamberg, G.; Coenenberg, A.G.: (Entscheidungslehre), S. 10.
19   Bamberg, G.; Coenenberg, A.G.: (Entscheidungslehre), S. 10.
20   Vgl. Laux, H.: (Entscheidungstheorie), S. 13.
21   Vgl. Bamberg, G.; Coenenberg, A.G.: (Entscheidungslehre), S. 10; Laux, H.: (Entscheidungstheorie), S. 13.
22   Vgl. Schneeweiß, C.: (Planung), S. 85 f.
23   Vgl. Menges, G.: (Grundmodelle), S. 77 f.

2.1.2. Grundmodell der Entscheidungstheorie

Um formale Hilfen zur Entscheidungsfindung geben zu können, bedient sich die Betriebswirtschaftslehre des Hilfsmittels der Modellbildung. Ein Modell stellt eine vereinfachte Abbildung der Realität dar.[24] Um die Entscheidungssituation analysieren zu können, wird versucht, die Realität in ein formales Modell zu übertragen.[25] Aus der Auswertung des Modells wird dann eine Entscheidung abgeleitet, die wiederum in einem Umkehrschluß zurück auf das Realproblem transformiert werden soll; das Modell dient somit als Hilfsmittel für die formale Analyse.

Der kritische Punkt in diesem Prozeß ist der Schritt von der Realität zum vereinfachenden Modell.[26] Im Idealfall wird eine *Isomorphie*, d.h. eine Strukturgleichheit zwischen der Realität und dem formalen Modell angestrebt. Dies würde bedeuten, daß eine völlige Austauschbarkeit zwischen Wirklichkeit und Modell vorläge und damit auch die Rückabbildung vom Modell auf die Realität eindeutig wäre.[27] Dies muß - nicht nur für den Bereich der Betriebswirtschaftslehre - auf Grund der Vielzahl von Umwelteinflüssen als hypothetisch und nicht erreichbar angesehen werden.[28]

Um ein Problem formal handhabbar zu machen, muß dessen Komplexität reduziert werden. Es wird dabei angestrebt, durch eine isolierende Abstraktion, eine filternde Vernachlässigung unwesentlicher Einflußdeterminanten das Wesen und die Struktur des Realproblems möglichst beizubehalten.[29] Das Ziel ist folglich, zur Wirklichkeit *homomorphe*, d.h. strukturähnliche Modelle zu entwickeln,[30] bei dem alle für das Problem wesentlichen Einflußgrößen erfaßt sind.[31] "Die Kunst der Modellbildung besteht darin, diese Homomorphie so weit zu treiben, bis der Modellentscheid die gleiche Reihenfolge der Alternativen ergibt, die aus der isomorphen Abbildung der Wirklichkeit resultieren würde."[32]

---

[24] Zur Definition des Begriffs "Modell" vgl. u.a. Grochla, E.: (Modelle), S. 384; Bamberg, G.; Coenenberg, A.G.: (Entscheidungslehre), S. 12; Müller-Merbach, H.: (Operations), S. 14; Laager, F.: (Entscheidungsmodelle), S. 13.

[25] Vgl. Dinkelbach, W.: (Entscheidungsmodelle), S. 29 f.; Gal, T.; Gehring, H.: (Planung), S. 21.

[26] Vgl. Laager, F.: (Entscheidungsmodelle), S. 19.

[27] Vgl. Kosiol, E.: (Modellanalyse), S. 321.

[28] Außerdem erscheint in manchen Fällen volle Isomorphie gar nicht erstrebenswert, da eine Konzentration auf wesentliche Einflußfaktoren störende Randbedingungen vernachlässigen kann.

[29] Vgl. Kosiol, E.: (Modellanalyse), S. 319.

[30] Vgl. Münstermann, H.: (Unternehmensrechnung), S. 159 ff.

[31] Vgl. Grochla, E.: (Modelle), S. 384 f.

[32] Laager, F.: (Entscheidungsmodelle), S. 20.

Das entscheidungstheoretische Grundmodell wurde auf der Grundlage der allgemeinen Struktur betrieblicher Entscheidungen entwickelt.[33] Es besteht im wesentlichen aus folgenden Bausteinen:[34]

- Handlungsalternativen
- Umweltzustände (Einflußfaktoren)
- Ergebnisfunktionen
- Ziele oder Zielsysteme

Handlungsalternativen, Umweltzustände und die Ergebnisfunktionen bilden zusammen das *Entscheidungsfeld*.[35] Zusammen mit den Zielen und den verwendeten Entscheidungsregeln wird eine Entscheidung generiert. Ziel des entscheidungstheoretischen Grundmodells ist es, alle für die Entscheidung in Frage kommenden Alternativen in ihrem Bezug zu den Einflußfaktoren im Modell abzubilden, zu bewerten und aus den Ergebnissen eine möglichst optimale Entscheidung zu gewinnen.

In einer echten Entscheidungssituation existieren per definitionem mindestens zwei Handlungsalternativen, zwischen denen zu wählen ist. Der Auswahlraum ist nicht notwendigerweise auf eine endliche Anzahl von Alternativen beschränkt und kann demnach auch stetig sein.[36] Auch die Unterlassung einer Entscheidung kann als potentielle Alternative aufgefaßt werden.[37]

Die Wirkung einer Handlungsalternative hängt von den für das Problem relevanten Umweltzuständen ab.[38] Es wird allgemein unterstellt, daß die Umweltzustände im Zeitablauf dynamisch und für den Entscheidungsträger als autonom und nicht veränderbar anzusehen sind.[39] Die Zahl der zu betrachtenden Einflußfaktoren ist je nach Entscheidungssituation unterschiedlich groß. Sie hängt zum einen davon ab, wie groß die Stufe der Vereinfachung bei der Modellbildung gewählt ist; zum anderen wird sie auch durch den Kenntnisstand des Entscheidenden bezüglich der Realität determiniert.[40] Mangelndes Wissen über die Einflußfaktoren führt zu mangelnder Kenntnis über die Konsequenzen dieser Faktoren hinsichtlich der Handlungsalternativen.

---

[33] Vgl. Schneeweiß, H.: (Grundmodell), S. 125 ff.

[34] Vgl. Laux, H.: (Entscheidungstheorie), S. 21; Sieben, G.; Schildbach, T.: (Entscheidungstheorie), S. 15 ff.; Bitz, M.: (Strukturierung), S. 66 ff.

[35] Vgl. Szyperski, N.; Winand, U.: (Entscheidungstheorie), S. 40; Laux, H.: (Entscheidungstheorie), S. 21.

[36] Vgl. Sieben, G.; Schildbach, T.: (Entscheidungstheorie), S. 17.

[37] Vgl. Bamberg, G.; Coenenberg, A.G.: (Entscheidungslehre), S. 15.

[38] Vgl. Bea, F.X.: (Entscheidungen), S. 304.

[39] Vgl. Laux, H.: (Entscheidungstheorie), S. 24; Bea, F.X.: (Entscheidungen), S. 304.

[40] Vgl. Bamberg, G.; Coenenberg, A.G.: (Entscheidungslehre), S. 17.

Dieses Informationsproblem spiegelt sich auch in der Ergebnisfunktion wider. Hier werden den einzelnen Handlungsmöglichkeiten Konsequenzen zugeordnet.[41] Allerdings ergeben sich nur bei einer Sicherheitssituation eindeutige Konsequenzen, die dann in Form einer Ergebnismatrix dargestellt werden können.[42] Liegen unvollkommene Informationen über die Umweltzustände vor, müssen die den Alternativen zugeordneten Ergebnisse als mehrdeutig eingestuft werden.[43] In solchen Unsicherheitssituationen lassen sich die Konsequenzen einzelner Umweltzustände präzise erst im nachhinein bestimmen.[44] Die ermittelten Konsequenzen werden demnach in entscheidenem Maße durch den Informationsstand über die relevante Umwelt geprägt. Streng definiert ist die absolute Kenntnis des wahren Umweltzustandes im betrieblichen Alltag allerdings nicht anzutreffen und stellt lediglich einen theoretischen Extremfall dar.[45]

Reale Entscheidungen sind stattdessen durch nicht-deterministische Informationssituationen gekennzeichnet.[46] Wie aus Abbildung 2-1 hervorgeht, läßt sich die vorhandene Unsicherheit einteilen in Unsicherheit bezüglich des Eintretens der Umweltzustände und Unsicherheit, die aus den Daten über die Umweltzustände selbst resultiert. Aus Abbildung 2-1 wird weiter ersichtlich, daß sich diese beiden Kategorien noch weiter in die Fälle des Risikos, der Ungewißheit, der Unschärfe und der Unvollständigkeit untergliedern lassen.

Ziele - als die vierte Komponente des entscheidungstheoretischen Grundmodells - stellen erwünschte Zustände von Entscheidungen dar.[47] Dabei umfaßt ein Ziel sowohl eine Zielgröße (z.B. Gewinn oder Marktanteil) als auch eine Präferenzrelation des Entscheidenden, mit der erreichte Zielgrößen bewertet werden.[48] Je nach Dimension der Ergebnismerkmale existieren unterschiedliche Arten von Präferenzrelationen. Es kann zwischen Höhen-, Art-, Zeit- und Unsicherheitspräferenzrelation unterschieden werden.[49] Durch die Präferenzen wird die Ergebnismatrix bezüglich der bestehenden Zielgrößen bewertet. Die Ergebnismatrix wird zu diesem Zweck um die artikulierten

---

[41] Vgl. Sieben, G.; Schildbach, T.: (Entscheidungstheorie), S. 20 f.; Bamberg, G.; Coenenberg, A.G.: (Entscheidungstheorie), S. 379.

[42] Zur Darstellung solcher Ergebnismatrizen vgl. z.B. Bea, F.X.: (Entscheidungen), S. 313 oder auch Dinkelbach, W.: (Entscheidungsmodelle), S. 5 f.

[43] Vgl. Bea, F.X.: (Entscheidungen), S. 304.

[44] Vgl. Götze, U.: (Szenario-Technik), S. 287.

[45] Vgl. Bamberg, G.; Coenenberg, A.G.: (Entscheidungslehre), S. 17.

[46] Zur Unterscheidung von deterministischen und nicht-deterministischen Entscheidungssituationen vgl. Bea, F.X.: (Entscheidungen), S. 315.

[47] Vgl. Hauschildt, J.: (Entscheidungsziele), S. 13; Bea, F.X.: (Entscheidungen), S. 306.

[48] Vgl. Bamberg, G.; Coenenberg, A.G.: (Entscheidungslehre), S. 26 f.

[49] Vgl. Kahle, E.: (Entscheidungen), S. 71; Bea, F.X.: (Entscheidungen), S. 314; Sieben, G.; Schildbach, T.: (Entscheidungstheorie), S. 25 ff.

Präferenzen zu einer *Entscheidungsmatrix* erweitert.[50] Die Präferenzen bilden die Ergebnisse aus Handlungsalternativen und Umweltzuständen in Nutzenwerte ab. Die Transformation von Ergebnissen zu Nutzenwerten kann in mehreren Stufen erfolgen, indem nacheinander die verschiedenen Präferenzarten ausgewertet werden und sich so immer höhere Nutzenstufen aufbauen.[51] Im Endeffekt wird ein Gesamtnutzenwert für jede Alternative ermittelt. Die Auswahl des maximalen Gesamtnutzens stellt dann bezüglich der artikulierten Präferenzen eine optimale Entscheidung dar.

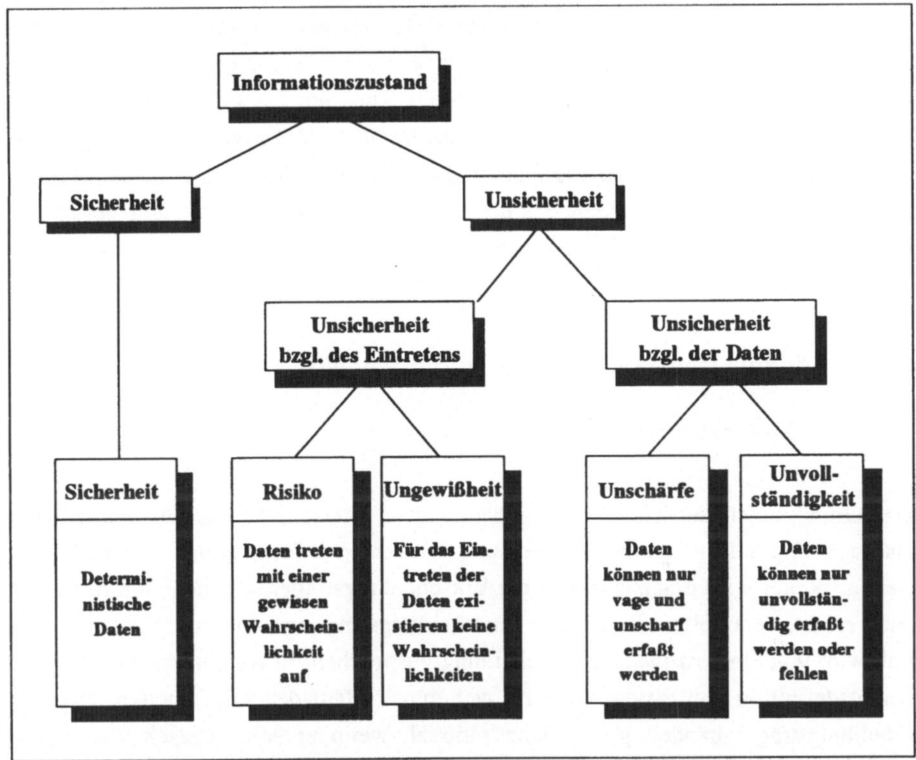

Abb. 2-1: Informationszustände einer Entscheidungssituation

Dem klassischen Grundmodell der Entscheidungstheorie mit vollkommenem Informationsstand liegen Annahmen zugrunde, die in der Praxis nicht erfüllt werden können. Seine Bedeutung liegt daher im theoretischen Konzept. Als gedankliche Grundlage in Entscheidungssituationen kann es wertvolle Hilfestellung geben.[52] Auf Grund seiner allgemeinen und flexiblen Struktur ist es außerdem auf alle betrieblichen Entscheidungsprobleme anwendbar. Um es allerdings zur konkreten Entscheidungsfin-

---

50 Vgl. Szyperski, N.; Winand, U.: (Entscheidungstheorie), S. 48; Laager, F.: (Entscheidungsmodelle), S. 14 f.
51 Vgl. Sieben, G.; Schildbach, T.: (Entscheidungstheorie), S. 30.
52 Vgl. Biethahn, J.; Mucksch, H.; Ruf, W.: (Informationsmanagement), S. 75; Götze, U.: (Szenario-Technik), S. 290.

dung mit Erfolg verwenden zu können, bedarf es einer Anpassung an die jeweilige spezifische Problemstruktur und Informationssituation. Dies trifft insbesondere auf eine adäquate Berücksichtigung der Unsicherheit zu.[53]

Trotz solcher situativer Modellanpassungen bestehen gegen den Einsatz von Entscheidungsmodellen einige grundsätzliche Einwände. Diese beziehen sich in erster Linie darauf, daß die Entscheidungsprämissen als gegeben und unhabhängig definiert werden.[54] Im Gegensatz zu solchen *geschlossenen* werden *offene* Modelle gefordert, bei denen die Entscheidungsprämissen und ihre Genese zu erklärende und damit abhängige Variablen darstellen.[55] Werden offene Modelle zur Entscheidungsfindung verwendet, können verhaltenswissenschaftliche Theorien aus dem Bereich der Psychologie mit in den Prozeß der Entscheidungsfindung einbezogen werden. Insbesondere durch die Integration der Ergebnisse aus der Theorie des menschlichen Lernens, der Wahrnehmung, des Denkens und des Problemlösens werden Bereiche gefüllt, die in den geschlossenen Modellen vernachlässigt bleiben.[56]

2.1.3.   Modifikationen des Entscheidungsmodells

2.1.3.1.   Rationalität einer Entscheidung

Das Grundmodell der Entscheidungstheorie geht in seiner klassischen Form davon aus, daß sämtliche für eine Entscheidung relevanten Informationen zur Verfügung stehen. Weiter wird unterstellt, daß der Entscheidungsträger alle diese Informationen auch erfaßt, verarbeitet und bei der Entscheidungsfindung berücksichtigt. In diesem Fall wird von einer *rationalen* Entscheidung gesprochen. In Anlehnung an die Rationalitätsdefinition von SIMON[57] soll im weiteren Verlauf der Arbeit gelten: Der Entscheidungsträger handelt genau dann rational, wenn er seine Entscheidung unter bewußter Berücksichtigung sämtlicher ihm bekannter Entscheidungsdeterminanten fällt.

---

[53]   Insbesondere für den Fall der Ungewißheit sind eine Vielzahl spezieller Entscheidungsregeln entwickelt worden, die in unterschiedlichem Maße zwischen optimistischer und pessimistischer Grundeinstellung gewichten; zu nennen sind in erster Linie Minimax- und Maximax-Regel sowie Hurwicz-, Laplace- und Savage-Niehans-Regel. Zu den verschiedenen Regeln vgl. z.B. Wöhe, G.: (Einführung), S. 135 ff.; Bamberg, G.; Coenenberg, A.G.: (Entscheidungslehre), S. 104 ff.

[54]   Vgl. Kirsch, W.: (Handhabung), S. 2.

[55]   Vgl. March, J.; Simon, H.A.: (Organizations), S. 31; zum Begriff des offenen und geschlossenen Modells vgl. Alexis, M.; Wilson, C.Z.: (Decision), S. 148 ff.

[56]   Vgl. Kirsch, W.: (Handhabung), S. 6.

[57]   Vgl. Simon, H.A.: (Rationality), S. 573.

In den klassischen normativen Entscheidungsmodellen wird streng rationales Entscheidungsverhalten durch das theoretische Konstrukt des *homo oeconomicus* nachgebildet. Den so modellhaft dargestellten Subjekten wird dann unterstellt, stets zu versuchen, mit den gegebenen Mitteln eine optimale Zielausprägung zu erreichen.[58] Die Kritik an den Entscheidungsmodellen, die auf dem Rationalitätsprinzip des homo oeconomicus aufbauen, ist nicht neu und entstand schon in den fünfziger Jahren, parallel zum Beginn des praktischen Einsatzes von Entscheidungsmodellen.[59] Aus zahlreichen empirisch-deskriptiven Untersuchungen geht eindeutig hervor, daß in der Praxis nicht vollständig rational gehandelt wird beziehungsweise unbedingte Rationalität des Entscheidenden selten beobachtet werden kann.[60]

Die Gründe für ein solches Abweichen von der rationalen Entscheidung können sehr vielfältig sein. Der Entscheidungsträger handelt zum einen nicht rational, weil seine eigenen Kapazitäten zur Informationsverarbeitung beschränkt sind; es wird in diesem Fall von *begrenzter* Rationalität ("bounded rationality") gesprochen. Auf dieses Phänomen hat SIMON schon 1957 hingewiesen und darauf weitere Theorien aufgebaut, die im Gegensatz zum homo oeconomicus zu einem anderen Typus von Entscheidungsträger führten, den er *administrative man* nannte.[61]

Sobald die limitierten individuellen Kapazitäten des Entscheidenden überschritten werden, rufen sie *kognitiven Streß* hervor.[62] Auf eine solche Überforderung reagiert das Individuum mit vom Ideal abweichendem Verhalten. Dabei wird davon ausgegangen, daß Informationen bei der Aufnahme in sogenannten *chunks* oder Informationseinheiten gruppiert und verschlüsselt werden. Jedes Individuum ist auf Grund physischer Invarianten nur in der Lage, ungefähr 7 ($\pm$2) Stimuli gleichzeitig zu verarbeiten und als chunks im Langzeitgedächtnis zu speichern.[63] Reichen die physiologischen Möglichkeiten nicht aus, um alle für die Entscheidung nötigen Informationen aufzunehmen, werden die Strategien für deren Verarbeitung reduziert. Beispielsweise

---

58 Vgl. Szyperski, N.; Winand, U.: (Entscheidungstheorie), S. 25.
59 So kam z.B. Allais bereits 1953 zu der Erkenntnis, daß in der Praxis nicht nach dem Prinzip der Nutzenmaximierung gehandelt wird, vgl. Allais, M.: (Comportement). Unter anderem wegen dieser Erkenntnis erhielt er 1988 den Nobelpreis für Ökonomie. Ein anderer früher Kritiker - und ebenfalls Nobelpreisträger - war Simon, vgl. Simon, H.A.: (Behaviour).
60 So z.B. Ellsberg, D.: (Risk). Große Beachtung fanden diese empirischen Resultate aber erst ab Ende der siebziger Jahre durch Kahneman & Tversky, vgl. Kahneman, D.; Tversky, A.: (Theory).
61 Vgl. Simon, H.A.: (Models).
62 Vgl. Kirsch, W.: (Handhabung), S. 20.
63 Vgl. Miller, G.: (Number), S. 81 ff.

werden statt komplexer Entscheidungs- oder Bewertungsregeln verstärkt einfache, heuristische "Daumenregeln" benutzt.[64]

Nach SIMON kommt es als Folge der menschlichen Invarianten bezüglich der Informationsaufnahme[65] bei Entscheidungen von großer Komplexität auch zu einer Verschiebung im Zielsystem. Da nicht alle Einflußfaktoren im Kalkül berücksichtigt werden können und somit eine objektiv suboptimale Entscheidung getroffen werden muß, ist das Individuum schon mit Lösungen zufrieden, die eigenen *Anspruchsniveaus* ("aspiration-levels") genügen; an die Stelle der Optimierung tritt die *Satisfizierung*.[66] Die Komplexität wird reduziert, da Bewertungen, Vergleiche und zusätzliche Anstrengungen ausbleiben, sobald die Anspruchsniveaus erreicht werden.[67] Allerdings stellt das Anspruchsniveau eine dynamische Größe dar und unterliegt ständigen Anpassungen durch den Entscheidenden. Tendenziell werden Ansprüche bei Erfolg angehoben und bei Mißerfolg gesenkt. Empirische betriebswirtschaftliche Untersuchungen scheinen die praktische Relevanz von Anpassungen der Anspruchsniveaus zu beweisen.[68]

Neben der Theorie der bounded rationality wird nichtideales Entscheidungsverhalten auch anderweitig erklärt. So wird bei *mangelhafter* Rationalität ("imperfect rationality") davon gesprochen, daß Fehler durch zu schematisches Denken entstehen.[69] In der kognitiven Psychologie wird davon ausgegangen, daß bei der menschlichen Informationsverarbeitung die Tendenz besteht, real vorliegende Zustände mit im eigenen kognitiven System abgespeicherten Schemata zu vergleichen und nach Übereinstimmungen zu suchen.[70] Potentielle Fehler entstehen dadurch, daß bei inkrementalem Suchverhalten Abweichungen schneller übersehen oder in ihrer Bedeutung zurückgestuft werden. Des weiteren treten Abweichungen zum postulierten rationalen Verhalten auf durch die Tendenz des Menschen, hohe Informationsbelastung und aufwendige Informationsverarbeitung zu vermeiden. In solchen Fällen wird von *Vermeidung* der Rationalität ("reluctant rationality") gesprochen.[71]

Besonders bei Folge- und Wiederholungsentscheidungen bietet auch die Theorie der *kognitiven Dissonanz* Erklärungen dafür, daß bei Entscheidungen nicht die Alterna-

---

[64] Vgl. Keen, P.; Scott Morton, M.: (Decision), S. 63; Simon, H.A.; Newell, A.: (Problem), S. 1 ff.

[65] Physische Begrenzungen der sensorischen Fähigkeiten existieren z.B. auch für die visuelle Aufnahmefähigkeit oder die Möglichkeiten zum simultanen Transport von Stimuli.

[66] Vgl. Simon, H.A.: (Models), S. 241 ff.

[67] Vgl. Cyert, R.M.; March, J.G.: (Theory); Kirsch, W.: (Handhabung), S. 24 f.

[68] Vgl. Hauschildt, J.: (Struktur), S. 737 f.; Hamel, W.: (Zielvariation), S. 758 f.

[69] Vgl. Reason, J.: (Classification), S. 15 ff.

[70] Vgl. Kluwe, R.H.: (Problemlösen), S. 135; Yu, P.L.: (Decision), S. 304.

[71] Vgl. Norman, D.A.: (Views), S. 123 ff.

tive mit dem maximalen Nutzen ausgewählt wird.[72] Nach der Theorie entsteht beim Individuum kognitive Dissonanz, wenn reale Beobachtungen nicht zu den eigenen inneren Vorstellungen passen.[73] Diese Inkonsistenzen zwischen der internen und der externen Informationsstruktur führen zu Spannungen, die der Mensch in der Regel durch weitere Suchaktionen zu bewältigen versucht. Allerdings erfolgt diese Suche mit dem Bedürfnis nach Rechtfertigung der eigenen inneren Strukturen, um die kognitiven Dissonanzen zu verringern. Dies hat zur Folge, daß Bestätigungsinformationen stärker aufgenommen werden als Faktoren, die den Vorstellungen widersprechen.[74] Erst wenn die weitere Suche die Spannungen nicht lösen kann, kommt es zu einer bewußten Veränderung der eigenen Problemstrukturen, da der Konflikt nicht mehr geleugnet werden kann.

Ein anderer Aspekt begrenzter Rationalität ist insbesondere von SIMON untersucht worden: Er wies darauf hin, daß beim Prinzip der Nutzenmaximierung eine Bewertung des Aufwandes der Suche nach dem Optimum unberücksichtigt bleibt.[75] Nach SIMON werden die Kosten zusätzlicher Informationsbeschaffung implizit dem erwarteten Nutzen gegenübergestellt. In aller Regel sind die Kosten eines vollkommenen Informationsstandes über sämtliche Einflußfaktoren der Entscheidung zu hoch (oder sogar unendlich hoch, wenn die notwendigen Informationen gar nicht beschafft werden können) und es kommt zu einer bewußt herbeigeführten eingeschränkten Rationalität, die SIMON *prozedurale* Rationalität ("procedural rationality") nennt.[76] Als Folge ergibt sich ein weiteres Argument dafür, daß wie bei der kognitiv begründeten "bounded rationality" Satisfizierung an die Stelle einer Optimierung tritt.[77] Da nicht alle Informationen beschafft werden, kann der Entscheidende eventuell bessere Lösungen nicht als solche erkennen.

Andere Autoren weisen auf zusätzliche Phänomene hin, die vollständige Rationalität verhindern. So sprechen KAHNEMAN & TVERSKY davon, daß die empirisch erforschte Risikoaversion von Individuen - selbst bei sehr hohen Eintrittswahrscheinlichkeiten - zu einer Einschränkung der Rationalität führe.[78] Allerdings werden bei derartigen Entscheidungen alle verfügbaren Informationen bewußt verwendet, es wird demnach rational gehandelt; die Risikoaversion stellt letztlich nur eine Form der Präferenzartikulation dar. Ebenso sind Einschränkungen der Rationalität im Zusammenhang mit

---

[72] Der Begriff wurde von Festinger geprägt, vgl. Festinger, L.: (Theory).
[73] Vgl. Szyperski, M.; Winand, U.: (Entscheidungstheorie), S. 36 f.
[74] Vgl. Kirsch, W.: (Handhabung), S. 42.
[75] Vgl. Simon, H.A.: (Sciences), S. 34 ff.
[76] Vgl. Tack, W.: (Handeln), S. 154; Simon, H.A.: (Sciences), S. 36 f.
[77] Vgl. Simon, H.A.: (Sciences), S. 36 f.
[78] Vgl. Kahneman, D.; Tversky, A.: (Theory).

unbewußtem und habitualisiertem Bewältigen von Routineaufgaben hier nicht relevant, da eine Entscheidung im Rahmen dieser Arbeit bewußtes Denken voraussetzt.[79]

Wird in einem Entscheidungsmodell ein Ansatz verfolgt, der deskriptive Elemente in einen modifizierten normativen Ansatz einbindet, erscheint die vielfach geführte Diskussion um die Rationalität von Entscheidungen überflüssig. Die unterschiedlichen Standpunkte verschiedener Ökonomen und Psychologen[80] beruhen im wesentlichen auf einem verschiedenartigen Umgang mit dem Begriff der Rationalität. Dabei scheint die Erkenntnis wichtig, daß Rationalität ein subjektiver und temporärer Begriff ist;[81] die Entscheidung über die individuelle Rationalität ist lediglich abhängig vom jeweiligen Informationsstand über die Umwelt, den momentanen persönlichen Präferenzen und dem Resultat einer Kosten-Nutzen-Abwägung über die Suche nach weiteren Informationen oder Lösungen.[82]

Bei Verwendung eines normativen Ansatzes wird davon ausgegangen, daß das Individuum stets versucht, im Rahmen seiner Möglichkeiten rational zu handeln. Eine solche subjektive Definition der Rationalität impliziert, daß dann auch der Begriff der Optimalität subjektiv gesehen werden muß. Die Auswahl einer "optimalen" Lösung ist demnach stets die Selektion einer subjektiv "besten" Lösung.[83]

Dieser subjektive Rationalitätsbegriff kann in einem normativen Ansatz aber nur dann eingesetzt werden, wenn das Modell einzelne Entscheidungen zum Inhalt hat. So können in aggregierten volkswirtschaftlichen Prognosemodellen notgedrungen nur begrenzt empirische Erkenntnisse über die Gründe individuellen suboptimalen Verhaltens in allgemeiner Form umgesetzt werden. In betriebswirtschaftlichen Entscheidungsmodellen dagegen ist eine Umsetzung wesentlich besser möglich, weil hier in aller Regel Einzelentscheidungen untersucht werden. Das Postulat der Rationalität bleibt in diesem Fall insofern bestehen, als daß durch einen präskiptiven Ansatz die Beschränkungen menschlicher Rationalität aufgegriffen werden und aus deren Analyse die subjektive Rationalität der Entscheidung so weit wie möglich verbessert

---

[79] Diese Unterscheidung zwischen gewohnheitsmäßigem Verhalten und echter Entscheidung ist auch in der Psychologie üblich, vgl. z.B. Katona, G.: (Analysis), S. 44 ff.

[80] Zur anhaltenden diesbezüglichen Diskussion vgl. z.B. Frey, B.: (Entscheidungsanomalien), S. 67 ff.; Earl, P.E.: (Economics), S. 718 ff.; Lea, S.; Tarpy, R.; Webley, P.: (Individual), S. 479 ff.

[81] Die deskriptive Forschung spricht auch von der subjektiven Maximierung des erwarteten Nutzens ("SEU-Modell"), vgl. Edwards, W.: (Theory). Die Anpassungen dieser Theorie an neuere empirische Ergebnisse mündeten in der sogenannten "Prospect Theory" von Kahneman & Tversky, vgl. Kahneman, D.; Tversky, A.: (Prospect). ·

[82] Vgl. Yu, P.L.: (Decision), S. 302.

[83] Vgl. Churchman, C.W.; Ackoff, R.L.; Arnoff, E.L.: (Operations), S. 120 ff. Neben den fehlenden Möglichkeiten des Individuums, alle Entscheidungsdeterminanten zu berücksichtigen, führt bei einer Optimierung auch die Artikulation von Präferenzen dazu, daß eine optimale Entscheidung stets subjektiv aufgefaßt werden muß.

wird. Dabei kann gerade die Berücksichtigung der verhaltenswissenschaftlichen Erkenntnisse, warum der Mensch nicht in der Lage ist, rational zu handeln, dazu beitragen, die letztlich getroffenen Entscheidungen qualitativ zu verbessern.

2.1.3.2. Komplexitätsreduktion und mentales Modell

Um die Übertragung des realen Problems in ein formales Modell homomorph durchzuführen, muß die Komplexität des Entscheidungsfeldes sinnvoll reduziert werden. Das Attribut "sinnvoll" kennzeichnet die modellimmanente Subjektivität einer solchen Vorgehensweise. Diese ist häufig Gegenstand grundsätzlicher Kritik an der Verwendung von Entscheidungsmodellen, da die aus dem Modell abgeleitete Entscheidung stark davon abhängt, welche Einflußfaktoren des Realproblems im Modell integriert sind. Eine diesbezügliche Kritik übersieht dabei jedoch das Ziel solcher Modelle. Ihre normative Aussagekraft ist nicht grundsätzlicher Art, sondern bezieht sich auf das agierende Individuum. Das aufgestellte Modell soll Hilfestellung zur subjektiv rationalen Entscheidung liefern. Es ist demnach nicht nur unvermeidlich, sondern sogar intendiert, daß der Modellkonfiguration persönliche Einschätzungen zugrunde liegen.[84]

Das Problem der Komplexitätsreduzierung bezieht sich aber nicht nur auf die verwendeten Entscheidungsmodelle. Ebenso ist von Bedeutung, wie der Entscheidungsträger intern für sich das bestehende Problem erfaßt und verarbeitet.[85] Durch die begrenzten kognitiven Verarbeitungskapazitäten des menschlichen Gehirns kommt es hier schon bei der Erfassung der Situation zu einer Selektion der Umweltfaktoren.[86] Für die Problemlösung wird ein inneres oder auch *mentales* Modell der spezifischen Realität aufgebaut.[87] Menschliches Problemlösen, die Suche nach einer Entscheidung wird grundsätzlich auf der Basis des individuellen mentalen Modells vollzogen.[88]

---

[84] Vgl. auch Laux, H.: (Entscheidungstheorie), S. 56 f.

[85] In neueren Entwicklungen der Kognitionspsychologie wird der menschliche Problemlöseprozeß als Informationsverarbeitungsprozeß gesehen, vgl. Newell, A.; Simon, H.A.: (Problem); Dörner, D.: (Problemlösen).

[86] Vgl. Lass, U.; Lüer, G.: (Problemlöseforschung), S. 310.

[87] Zum Begriff des mentalen Modells vgl. z.B. Johnson-Laird, P.N.: (Models), S. 396 ff.; Carroll, J.M.; Olson, J.R.: (Models), S. 45 ff.; Kluwe, R.H.: (Problemlösen), S. 125 f. Der Aufbau und die Verwendung mentaler Modelle in komplexen Situationen ist auch von Dörner et al. im Computerplanspiel "Lohhausen" untersucht worden, vgl. Dörner, D. et al.: (Lohhausen).

[88] Vgl. Norman, D.A.: (Observations), S. 12. Forrester bemerkt dazu: "A mental image is a model. All our decisions are taken on the basis of these models"; Forrester, J.: (Behavoir), S. 7.

Ein mentales Modell entsteht aus subjektiven Wahrnehmungen und den individuellen Fähigkeiten beim Umgang mit komplexen Umweltzuständen.[89] Zwischen einzelnen Individuen können große kognitive Differenzen bezüglich der Schwelle bestehen, ab der es zu einer Überladung mit Information kommt und der Entscheidende nicht mehr alles aufnehmen und verarbeiten kann.[90] Es existiert ein individuell unterschiedlicher Optimalpunkt an Komplexität, bei dem so viel Informationen wie möglich in den Entscheidungsprozeß einbezogen werden, ohne aber den Entscheider zu überfordern und ihn kognitivem Streß auszusetzen. Dieser Sachverhalt spiegelt sich in der Abbildung 2-2 als ein Ergebnis einer Untersuchung von SCHRODER, DRIVER & STREUFERT wider.[91] Unabhängig von den grundsätzlich unterschiedlichen individuellen Fähigkeiten, mit komplexen Situationen umgehen zu können, nimmt die Menge der verwendeten Informationen stetig ab, sobald die Komplexität das optimale Maß überschritten hat und weiter zunimmt.[92]

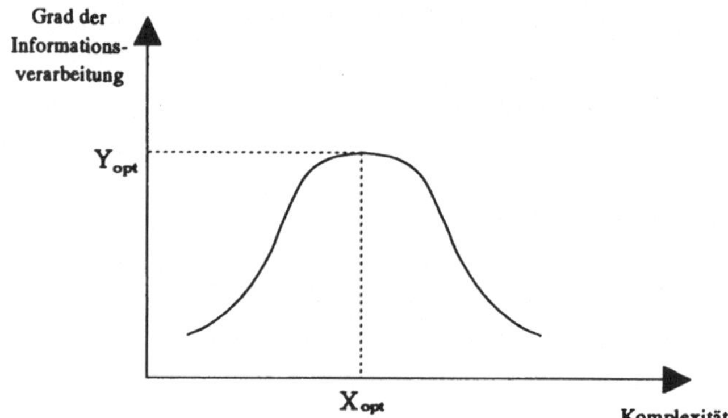

Abb. 2-2: Komplexität und Informationsverarbeitung[93]

Der Aufbau und die innere Repräsentation mentaler Modelle sind dynamischen Prozessen unterworfen. Mentale Modelle sind durch Instabilität und tendenziell geringe Präferenzaussagen gekennzeichnet.[94] Auf Grund ihrer aus der Komplexitätsreduzierung resultierenden Unvollständigkeit werden sie in ihrer Ausgestaltung permanent

---

89 Vgl. z.B. Lüer, G.; Opwis, K.: (Modelle), S. 6 ff.

90 Es wird auch vom Grad "kognitiver Komplexität" gesprochen, die der Entscheider verarbeiten kann und bei der sich interpersonelle Differenzen nachweisen lassen, vgl. Jungermann, H.: (Entscheiden), S. 201 f.; Keen, P.; Scott Morton, M.: (Decision), S. 73.

91 Die Aussage der abgebildeten Kurve wird auch als sogenannte "U-Kurven-Hypothese" bezeichnet, vgl. Schroder, H.M.; Driver, M.J.; Streufert, S.: (Information), S. 36 ff.

92 Vgl. Payne, J.W.: (Task), S. 366 ff.

93 Die Abbildung ist übernommen von Schroder, H.M.; Driver, M.J.; Streufert, S.: (Information), S. 37.

94 Empirische Untersuchungen haben ergeben, daß mentale Modelle in der Regel unvollständig, ungenau, instabil und häufig inkonsistent sind. Vgl. Tergan, S.-O.: (Grundlagen), S. 167; Norman, D.A.: (Observations), S. 10 ff.

durch externe Reize, sich verändernde Umweltbedingungen und Erfahrungswerte angepaßt. Auch im Laufe einer Entscheidungsfindung werden die internen Wissens- und Vernetzungsstrukturen in aller Regel im zeitlichen Ablauf modifiziert.

Mit der Existenz mentaler Modelle ergeben sich im Gegensatz zum klassischen Entscheidungsmodell zwei Stufen möglicher Komplexitätsreduzierung: Die Übertragung der realen Umwelt in ein formales Entscheidungsmodell erfolgt über das subjektive mentale Modell des Entscheidungsträgers; es wird zweifach transformiert. Dieser Sachverhalt ist in Abbildung 2-3 dargestellt.

Die Güte der durch ein Modell geleisteten Entscheidungshilfe hängt demnach nicht nur vom Homomorphiegrad der Abbildung des mentalen Modells in ein formales ab; sie wird auch von der Güte der Abbildung der Realität zu dem mentalen Modell beeinflußt.[95] Für die Qualität und damit auch die Akzeptanz der zu leistenden Entscheidungshilfe ist eine möglichst hohe Strukturäquivalenz zwischen Realproblem und mentalem Modell von ebenso großer Bedeutung wie eine möglichst große Homomorphie zwischen dem mentalen und dem mathematisch-formalen Modell.

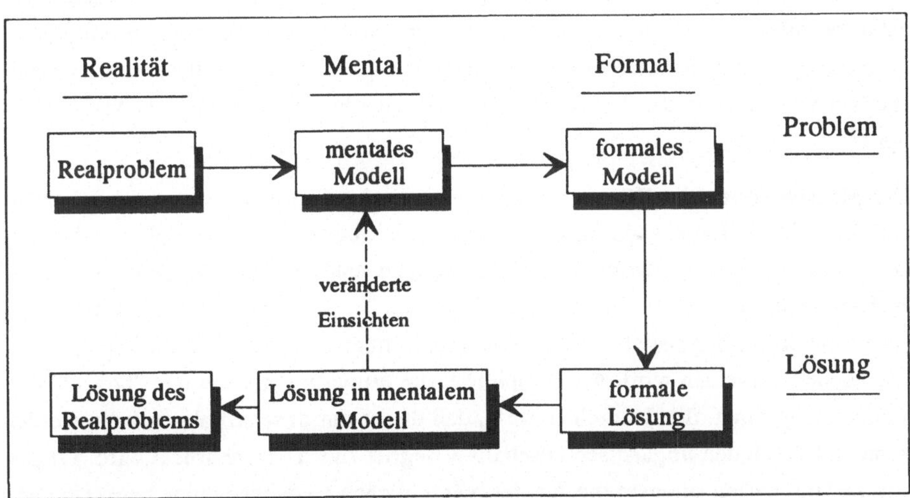

Abb. 2-3: Transformation des Realproblems im Rahmen eines Entscheidungsprozesses

Aus Abbildung 2-3 wird deutlich, daß mit der Berechnung einer für das formale Modell optimalen Lösung der Entscheidungsprozeß noch nicht beendet zu sein braucht. Die errechnete Lösung kann zu einer Veränderung des mentalen Modells beim Entscheidungsträger führen; in solchen Fällen wäre es erforderlich, auch das formale Modell entsprechend zu ändern und den Prozeß der formalen Entscheidungs-

---

[95] Zur Abbildungsfunktion und mentalen Repräsentation vgl. Seel, N.M.: (Weltwissen), S. 14 f.

hilfe erneut zu durchlaufen. Des weiteren können auch qualitative Aspekte, die sich nicht im formalen Modell quantifizieren lassen, auf die subjektiven Vorstellungen und damit auf die Entscheidung Einfluß nehmen. Formale Modelle unterstützen immer nur die Teilaspekte einer Entscheidung, die auch im Modell abgebildet sind; die endgültige Entscheidung unter Einbeziehung *aller* Einflußfaktoren muß dann vom Entscheidungsträger selbständig vorgenommen werden.

2.1.3.3.   Weitere Modifikationen des Entscheidungsmodells

Aus der Existenz mentaler Modelle und der damit verbundenen zweistufigen Transformation des Realproblems im Rahmen eines Entscheidungsprozesses ergibt sich die Notwendigkeit, das Grundmodell der Entscheidungstheorie weiter zu modifizieren, um die Entscheidungsunterstützung dem mentalen Modell anzupassen. Ausgangspunkt der folgenden Überlegungen ist die Erkenntnis, daß fast alle komplexen betrieblichen Problemstellungen mit einer Unsicherheit bezüglich der Informationsdaten behaftet sind, da nicht alle Daten exakt ermittelt werden können und einige Informationen nur unscharf zu erfassen sind oder ganz fehlen.[96] Diese Art der Unsicherheit wird aber in den konventionellen Entscheidungsmodellen nicht berücksichtigt.[97]

Der Mensch besitzt die Fähigkeit, mit solchen Problemsituationen umgehen zu können. Er ist in der Lage, vage Informationen zu verarbeiten und auch mit unvollständigen Informationen sinnvolle Schlußfolgerungen und Entscheidungen zu treffen. Hilfsmittel hierfür ist die menschliche Sprache. Die Unschärfe der Entscheidungssituation wird in linguistische Unschärfe transformiert, mit der dann das eigene mentale Modell aufgebaut wird. Als Beispiel sei die Forderung nach einem "hohen" Verkaufspreis genannt, die dadurch entsteht, daß dieser nur unscharf abgeschätzt werden kann und durch den linguistisch unscharfen Begriff "hoch" ausgedrückt wird. Linguistische Unschärfen spiegeln die Art der menschlichen Gedankengänge beim Umgang mit Datenunschärfe wider.[98] Die Unschärfe in menschlichen Gedanken ist sehr häufig eine Konsequenz aus der Unsicherheit, die bezüglich der Umweltdaten herrscht.[99]

---

[96] Vgl. Bellman & Zadeh, deren Arbeit zum großen Teil zur Verbreitung der Forschung mit unscharfen Daten und Mengen beigetragen hat; Bellman, R.E.; Zadeh, L.A.: (Decision-Making), S. B141; oder auch Warner, A.; Muir, A.: (Everything), S. 303; Zimmermann, H.-J.: (Fuzzy Sets), S. 594.

[97] Stattdessen wird fast ausschließlich von einer Unsicherheit bezüglich des Eintretens der Daten ausgegangen. Zur Klassifizierung der Arten von Unsicherheit vgl. Abbildung 2-1.

[98] Gaines führt dazu aus: "Natural language is not precise in itself, but it does exactly express our thoughts." Gaines, B.R.: (Foundations), S. 662.

[99] Vgl. Zimmermann, H.-J.: (Fuzzy Set Theory), S. 179.

Ist es nun einerseits die Regel, daß bei einer komplexen Entscheidung ein unscharfes mentales Modell vorliegt und ist es andererseits klar, daß eine Entscheidungshilfe ihr Augenmerk darauf legen muß, unabhängig von der Realsituation das mentale Modell des Entscheidenden möglichst genau formal abzubilden, ergibt sich die Notwendigkeit, auch im formalen Modell mit Datenunschärfe umgehen zu können. Im Vergleich zu den linguistischen Möglichkeiten, Unschärfe auszudrücken, stehen hierfür der formalen Sprache der Mathematik weit weniger Möglichkeiten zur Verfügung.[100] Konventionelle Entscheidungsmodelle versagen bei dem Versuch, (unscharfes) menschliches Empfinden und menschliche Urteile adäquat zu berücksichtigen.[101]

Kann die vorhandene Datenunschärfe in einem Entscheidungsmodell adäquat integriert werden, läßt sich dadurch der Grad an Homomorphie zwischen Realität (beziehungsweise mentalem Modell) und Entscheidungsmodell und so die Qualität der Lösung bezüglich des Rückschlusses auf das Realproblem entscheidend erhöhen. Die Integrationsmöglichkeit von Datenunschärfe - im Gegensatz zur Annahme vollständig deterministischen Datenmaterials - stellt eine Modifikation dar, die auf Grund der unscharfen Erfassung der Umweltfaktoren den Gegebenheiten des mentalen Modells genauer entspricht und so die Anwendbarkeit der Entscheidungsmodelle deutlich verbessert.

Um mit Hilfe von Modellrechnungen Entscheidungshilfe leisten zu können, ist es notwendig, die bestehenden Handlungsalternativen zu bewerten. Dazu müssen die bestehenden subjektiven Präferenzen und Vorstellungen aus dem mentalen Modell des Entscheidenden erfaßt und formal quantifiziert werden. Hierbei werden an die Präferenzen des Entscheidungsträgers gewisse Prämissen geknüpft. Die Präferenzrelation, die den Alternativen Nutzenwerte zuordnet, muß - um Sinn zu ergeben - in gewisser Weise geordnet sein. Eine beliebige binäre Relation stellt per definitionem eine Ordnung dar, falls sie

- vollständig (x R y oder y R x) und
- transitiv (x R y und y R z => x R z) ist.[102]

Dabei bedeutet die Vollständigkeit, daß sämtliche Alternativen direkt miteinander verglichen werden können.[103] Transitivität sagt aus, daß aus der Präferenz der Alternative x gegenüber Alternative y und der Präferenz von y gegenüber der Alternative z die Präferenz von x gegenüber z folgt. Es wird von einer *schwachen* Ordnung gespro-

---

100 Vgl. Rommelfanger, H.: (Entscheiden), S. 119.
101 Vgl. Zimmermann, H.-J.: (Entscheidungen), S. 785. Nach Zimmermann führt nicht zuletzt dieser Mangel häufig zur vollständigen Ablehnung quantitativer Entscheidungsverfahren in der betrieblichen Praxis.
102 Vgl. Bronstein, I.N.; Semendjajew, K.A.: (Taschenbuch), S. 547 ff.
103 Vgl. Bamberg, G.; Coenenberg, A.G.: (Entscheidungslehre), S. 32.

chen, wenn gleichrangige Elemente existieren können, unter denen Indifferenz herrscht. Ist dies ausgeschlossen, wird die Relation zu einer *starken* Ordnung.[104]

Die Existenz einer Ordnung ist für das Entscheidungsmodell von weitreichender Bedeutung: Es läßt sich zeigen, daß sich unter dieser Voraussetzung die Präferenzen in einer Funktion vom Alternativenraum in den Bereich der reellen Zahlen abbilden lassen.[105] Dies bedeutet wiederum, daß die Rangfolge der artikulierten Präferenzen bei der Transformation in numerische Rangzahlen erhalten bleibt und durch sie repräsentiert werden kann; die Abbildung erzeugt eine ordinale Nutzenfunktion.[106]

Auch wenn diese Prämissen theoretisch elegant und für ein Entscheidungsmodell sinnvoll sein mögen, resultieren aus ihnen Anwendungsprobleme: Das menschliche Entscheidungsverhalten ist häufig intransitiv; und dies nicht nur im Zeitablauf, sondern auch zeitpunktbezogen; zahlreiche empirische Untersuchungen haben diese These bestätigt.[107] Wird nun jedoch in Modellen zur Entscheidungshilfe Transitivität im Präferenzverhalten des Entscheidenden unterstellt, kann dies zu realitätsfernen Lösungen führen. Dies bedeutet allerdings nicht, daß auf die Forderung nach Transitivtät gänzlich verzichtet werden sollte. Transitivität ist ein Grundstein rationalen Handelns.[108] Entscheidend in diesem Zusammenhang ist, daß die Modelle dem Benutzer helfen sollen, eine für ihn optimale und rationale Entscheidung zu treffen. Und dies impliziert, daß gerade durch die Benutzung eines Entscheidungsmodells Transitivität der Urteile und Präferenzen so weit wie möglich erreicht werden soll.

Um dem Benutzer der Entscheidungsmodelle dabei zu helfen, muß an das Entscheidungsmodell die Grundforderung gestellt werden, mit den bestehenden Intransivitäten umgehen und sie sinnvoll verarbeiten zu können. Nichttransitive Präferenzen dürfen nicht dazu führen, daß durch die im Modell verwendeten Entscheidungsregeln völlig unrealistische Lösungen ermittelt werden. Es muß gewährleistet sein, daß auch bei etwaiger - irrationaler und unerwünschter - Intransitivität mit den Bewertungs und Entscheidungsregeln sinnvolle Lösungen berechnet werden.[109]

---

[104] Vgl. Schneeweiß, C.: (Planung), S. 93.
[105] Vgl. Schneeweiß, C.: (Planung), S. 91.
[106] Vgl. Bamberg, G.; Coenenberg, A.G.: (Entscheidungslehre), S. 32 f.
[107] Vgl. z.B. die Arbeiten von Tversky, A.: (Intransitivity); Schauenberg, B.: (Bedeutung) oder May, K.O.: (Intransitivity). Krelle und Schneeweiß führen die beobachteten Intransivitäten auf sogenannte "Fühlbarkeitsschwellen" zurück, jenseits derer keine Ergebnisunterschiede mehr erkannt würden, vgl. Krelle, W.: (Präferenz), S. 20 ff.; Schneeweiß, H.: (Entscheidungskriterien).
[108] Vgl. Laux, H.: (Entscheidungstheorie), S. 18.
[109] Diese Forderung steht im Widerspruch zur allgemein üblichen Entscheidungstheorie, bei der Transitivität trotz des Widerspruchs zur Realität als Prämisse vom Entscheidenden unterstellt wird, vgl. z.B. Laux, H.: (Entscheidungstheorie), S. 18; Bamberg, G.; Coenenberg, A.G.: (Entscheidungslehre), S. 32.

Weiterhin ist grundsätzlich jede Modifikation des entscheidungstheoretischen Grundmodells sinnvoll, die die Realitätsnähe beziehungsweise die Nähe zum mentalen Modell erhöht. Jede Annäherung der formalen Modellstrukturen an die tatsächlichen Problemfaktoren kann dazu beitragen, die Qualität der angebotenen Entscheidungshilfe zu erhöhen. Dabei erscheint es sinnvoll, spezifischen Problemstellungen auch spezifische Entscheidungsmodelle gegenüberzustellen.

2.1.4. Implikationen für die Entwicklung modellgestützter Entscheidungshilfen

Wenn es das Ziel von Entscheidungsmodellen sein soll, dem Entscheidenden Hilfe in realen Problemsituationen zur Verfügung zu stellen, hat sich die Notwendigkeit gezeigt, zur Erstellung normativer Vorgaben die psychologischen Erkenntnisse der deskriptiven Entscheidungstheorie in die Modellbildung zu integrieren.

Bezüglich der Rationalität der Entscheidungen bedeutet dies für die kognitiven Barrieren der menschlichen Informationsverarbeitung, daß versucht werden muß, die negativen Konsequenzen der bestehenden Invarianten zu mildern oder ganz auszuschalten. Das Entscheidungsmodell muß als eine Art Denkhilfe zur Bewältigung der Komplexität der realen Umwelt fungieren. Gezielte selektive Informationen und Berechnungen können zwar nicht die Kapazität des Entscheidungsträgers, aber den Grad der verarbeitbaren Komplexität erweitern. Der Entscheidende selbst braucht die Teilergebnisse nur noch mit den nicht im Modell abgebildeten Einflußfaktoren zu verdichten und zu bewerten, um zu einer endgültigen Lösung zu gelangen.

Um sinnvolle Entscheidungshilfe leisten zu können, muß im Modell berücksichtigt werden, daß der Mensch Entscheidungen auf der Basis seines subjektiven mentalen Modells trifft. Ziel eines Verfahrens zur Entscheidungsfindung muß demnach die Explikation der internen Modelle sein.[110] Im Fall der Ausrichtung an den realen Umweltgegebenheiten kann es zu Störungen und auch Implementierungswiderständen kommen, wenn sich das mentale Modell fundamental von dem realen Zustand unterscheidet. Das eigentliche Ziel der Modellanwendung, diesen Unterschied abzubauen, läßt sich dann nicht mehr erreichen.

Empirische Forschungen deuten darauf hin, daß das mentale Modell des Entscheidungsträgers in der Regel durch den Versuch geprägt ist, bestimmte Ansprüche zu satisfizieren. Daher sollte auch das Modell in Entscheidungssituationen mit Satisfizierung statt mit globaler Optimierung arbeiten. Dies bedeutet allerdings keineswegs

---

110 Vgl. z.B. Szyperski, M.; Winand, U.: (Entscheidungstheorie), S. 16.

einen grundsätzlichen Verzicht auf die Idee des Strebens nach optimalen Lösungen.[111] In gewisser Hinsicht bedeutet Satisfizierung lediglich, daß auf Grund der Komplexität der Umwelt eine zusätzliche Suche nach noch besseren Lösungen ab einem bestimmten Punkt unmöglich wird - und damit Optimalität gar nicht erreicht werden kann -, oder aber die bei der Suche entstehenden Kosten den zusätzlichen Nutzen übersteigen. Aus diesem Grunde werden Anspruchsniveaus festgelegt, die diese Punkte des gewünschten "Grades der absoluten Optimalität" repräsentieren.

Sind Anspruchsniveaus erst einmal bestimmt, wird allerdings sehr wohl nach dem Prinzip der Optimierung vorgegangen, indem versucht wird, die bestehenden Anspruchsniveaus bezüglich des eigenen Zielsystems und der eigenen Präferenzen simultan so weit wie möglich zu erreichen und zu übertreffen. Das Konzept der Satisfizierung beruht daher indirekt auf der subjektiven, prozeduralen Rationalität. Innerhalb dieses "Metabereiches" der Suche nach der subjektiv besten Lösung, der durch zu satisfizierende Anspruchsniveaus geprägt ist, wird im spezifischeren Objektbereich weiter dem Prinzip der Optimierung gefolgt.[112] Dies bedeutet für das zu benutzende Entscheidungsmodell, daß im Metabereich satisfizierende Anspruchsniveaus festgelegt werden sollten und dann unter diesen Prämissen die optimale Entscheidung gesucht wird.

Wird dem Prinzip der Abbildung des mentalen Modells gefolgt, muß das verwendete Entscheidungsmodell in der Lage sein, mit Unschärfe der Daten umgehen zu können. Eine solche Möglichkeit bietet die Theorie der *Fuzzy Sets*, auf die im in dieser Arbeit entwickelten Verfahren zur Entscheidungshilfe zurückgegriffen wird. Auf sie wird ausführlich im Abschnitt 3.2. eingegangen. Sie bietet weiterhin den Vorteil, daß bei ihrer Verwendung sowohl sichere als auch unsichere, weil unscharfe, Umweltzustände gemeinsam modelliert werden können. Die Theorie der Fuzzy Sets erweist sich für die Verwendung innerhalb einer Entscheidungshilfe auch noch aus anderer Sicht als besonders geeignet: Bei der Frage nach der Transitiviät der Entscheidungen wird die Auswahl von den in Frage kommenden Modellen stark duch die Forderung eingeschränkt, daß in einem Entscheidungsmodell das menschliche Unvermögen zu transitiven Urteilen verarbeitet werden muß, ohne zu unsinnigen Lösungen zu gelangen. Im Gegensatz zu den meisten anderen Methoden ist die Theorie der Fuzzy Sets in der Lage, mit Intransitivitäten umgehen zu können.[113] Trotz nichtkonsistenter Bewertungen kann hier eine sinnvolle Rangfolge von Alternativen ermittelt werden.

---

[111] Simon bemerkt: "No one in his right mind will satisfice, if he can just as well optimize". Er erläutert weiter: "In the real world we usually do not have the choice between satisfactory and optimal solutions, for we only rarely have a method of finding the optimum." Simon, H.A.: (Sciences), S. 64.

[112] Zu den Begriffen des Meta- und Objektbereiches vgl. Laux, H.: (Entscheidungstheorie), S. 54 f.

[113] Vgl. Marshall, J.D.: (Decision), S. 160; Zadeh, L.A.: (Basis), S. 3 ff.

2.2. Entscheidungsunterstützungssysteme

2.2.1. Begriff und Formen eines Entscheidungsunterstützungssystems

Die Ansätze zur betrieblichen Entscheidungsunterstützung sind geprägt durch die Idee, Entscheidungs- und Planungshilfen für unternehmerische Situationen anzubieten. Durch die Entwicklungen im Bereich der Computertechnologie in den siebziger Jahren entstand das Konzept, diese Unterstützung mit Hilfe eines computergesteuerten Systems durchzuführen. Der Begriff eines Entscheidungsunterstützungssystems (EUS) wird dabei im deutschen Sprachgebrauch synonym für die international übliche Bezeichnung des Decision Support Systems (DSS) verwendet. Als Schöpfer dieser Bezeichnung gelten GORRY & SCOTT MORTON, die ein DSS als elektronisches System zur Unterstützung von Entscheidungen in un- oder semistrukturierten Situationen definierten.[1] Damit betrifft ein solches System diejenigen Situationen, die gar nicht oder nur teilweise automatisiert durchführbar sind.[2]

Die semantische Bedeutung von Entscheidungsunterstützungs- oder Decision Support- Systemen ist allerdings keineswegs einheitlich. Es existieren eine Vielzahl unterschiedlicher Definitionen über Wesen und Inhalt eines Decision Support Systems. In einer weiten Fassung wird alles, was in irgend einer Weise eine Entscheidung unterstützt, als ein solches System angesehen.[3] In etwas spezifischerer Form wird ein Entscheidungsunterstützungssystem[4] definiert als interaktives Computerprogramm, welches analytische Modelle und Methoden benutzt, um Entscheidungsträgern bei ihren Entscheidungen zu helfen.[5] Andere Autoren stellen noch weitergehendere (Maximal-)Anforderungen auf.[6] Im folgenden soll jedes Computersystem, das mit problembezogenen Daten unter Zuhilfenahme von Modellen und Methoden zur Entscheidungsfindung beiträgt und in seinem Verlauf dem Entscheidenden interaktiv auf den Gang der Analyse Einfluß nehmen läßt, als Entscheidungsunterstützungs-

---

1   Vgl. Gorry, G.; Scott Morton, M.: (Framework), S. 61.
2   Zum Begriff der un- bzw. semi-strukturierten Probleme vgl. z.B. Keen, P.; Scott Morton, M.: (Decision), S. 86 f.
3   Vgl. Sprague, R.H.: (Framework), S. 8.
4   Im weiteren Verlauf dieser Arbeit wird dieser Begriff anstelle seines angelsächsischen Synonyms benutzt.
5   Vgl. Adelman, L.: (Decision), S. 2. Ähnliche Definitionen sind z.B. bei Alter oder Sprague & Carlson zu finden, vgl. Alter, S.: (Decision), S. 1; Sprague, R.H.; Carlson, E.D.: (Building).
6   Vgl. z.B. Mertens, P.: (Decision), S. 168 f.; Werner, L.: (Entscheidungsunterstützungssysteme), S. 53 ff.

system bezeichnet werden.[7] Dies bedeutet, daß ein solches System notwendigerweise mindestens aus einer Daten-, einer Modell- , einer Methoden- und einer Dialog-Komponente bestehen muß.[8] Die Grundstruktur eines Entscheidungsunterstützungssystems wird aus Abbildung 2-4 ersichtlich.

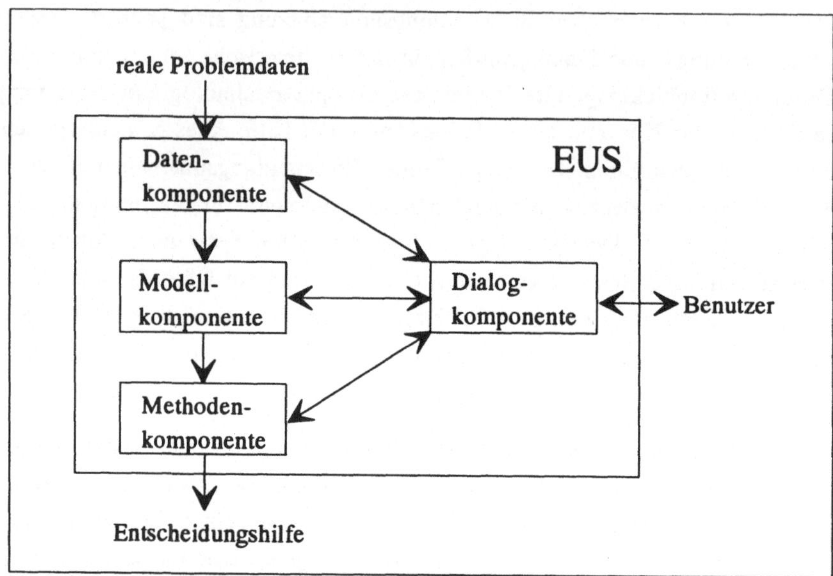

Abb. 2-4: Grundstruktur von Entscheidungsunterstützungssystemen

Entscheidungshilfe leistet ein solches System, indem bestimmte, maschinell durchführbare Teilaufgaben durch das Computersystem erledigt und als Teilaspekte in den Gesamtprozeß der Entscheidungsfindung eingebracht werden.[9] Die Kontrolle über die Entscheidung verbleibt beim Systembenutzer, dem lediglich gewisse, z.B. rechenintensive Aufgaben abgenommen werden, die sich automatisieren und programmieren lassen. Durch das System wird der Benutzer in die Lage versetzt, mehr Einflußfaktoren mit in die Entscheidung einbeziehen zu können, da durch die automatisierten Berechnungen des Computers die Komplexität der vom Entscheidungsträger zu bewältigenden Aufgaben reduziert wird. In der Praxis werden eine Vielzahl von Entscheidungsunterstützungssystemen in den unterschiedlichsten betrieblichen Funktionsbereichen eingesetzt.[10]

Neben einem System dieser Form kann das Management im betrieblichen Alltag noch auf andere Weise rechnerbezogen unterstützt werden. Unter dem Oberbegriff

---

[7]   Vgl. auch Jarke, M.: (Kopplung), S. 1; Duchessi, P.; Belardo, S.; Seagle, J.P.: (Intelligence), S. 85.

[8]   Vgl. z.B. Ginzberg, M.J.; Stohr, E.A.: (Decision), S. 17; Turban, E.: (Decision), S. 75.

[9]   Vgl. Keen, P.; Scott Morton, M.: (Decision), S. 58.

[10] Über Anwendungen in den Jahren von 1971-1988 geben Eom & Lee einen Überblick, vgl. Eom, H.; Lee, S.M.: (Survey), S. 65 ff.

Management-Unterstützungs- (oder Management-Support-) System[11] werden sämtliche zur Lösung eines Entscheidungsproblems beitragenden Datenverarbeitungs-, Informations- und Kommunikationstechnologien subsumiert.[12] In erster Linie wird dabei zwischen Management-Informations-, Entscheidungsunterstützungs- und Experten-Systemen unterschieden.[13]

Management-Informationssysteme (MIS) setzen auf einer Ebene auf, welche die Beschaffung und Bereitstellung entscheidungsrelevanter Informationen zum Inhalt haben.[14] Die zusätzliche Bereitstellung rein datenorientierter Informationen führt jedoch häufig zu kognitiven Überlastungen: Statt die menschliche Kapazität zur Informationsverarbeitung zu erhöhen, nimmt lediglich die Komplexität der Entscheidung noch weiter zu. Diese Erkenntnis führte unter anderem zum Scheitern des Konzeptes der MIS und daraufhin zur Entwicklung von Entscheidungsunterstützungssystemen.[15]

Expertensysteme (XPS) verfolgen einen anderen Ansatz. Im Gegensatz zu Entscheidungsunterstützungssystemen wird hier der menschliche Problemlöseprozeß nicht unterstützt, sondern simuliert.[16] Mit Hilfe des Computers wird versucht, das Wissen und die Problemlösefähigkeit von Experten reproduzierbar zu machen.[17] Dies hat zur Folge, daß Entscheidungen vom System wissensbasiert getroffen werden können, indem die potentielle Vorgehensweise eines Experten durch das System auf die spezifische Problemstellung angewendet wird. Dem Systembenutzer wird die Entscheidung somit vollständig abgenommen. Trotz des erfolgreichen Einsatzes von Expertensystemen in der Diagnostik und Fehleranalyse sind betriebswirtschaftliche Anwendungen bisher hinter den Erwartungen zurückgeblieben.[18]

Als Form einer echten *unterstützenden Hilfe* des menschlichen Entscheidungsprozesses fungiert demnach nur das Entscheidungsunterstützungssystem. Dabei kann die Unterstützung umso sinnvoller konzipiert werden, je spezifischer die Problemstellung bekannt ist. Mit wachsendem Umfang der vom System zu bewältigenden Leistungen steigt notwendigerweise auch die Problembezogenheit des Systems.[19]

---

11 Zur Begriffsbildung vgl. Scott Morton, M.: (State).
12 Vgl. Behme, W.: (Entscheidungsunterstützungssysteme), S. 180; Krallmann, H.: (Systeme), S. 165.
13 Vgl. Krallmann, H.: (Entscheidungsunterstützungssysteme), S. 109 f.
14 Vgl. Keen, P.; Scott Morton, M.: (Decision), S. 1 f.
15 Vgl. z.B. Ackoff, R.L.: (Management), S. 147 ff.; Ginzberg, M.J.: (Diagnosis), S. 459 ff.; Huckert, K.: (Entwurf), S. 425.
16 Vgl. Harmon, P.; King, D.: (Expertensysteme), S. 8 f.
17 Vgl. Puppe, F.: (Einführung), S. 2.
18 Vgl. Adelman, L.: (Decision), S. 3 f.
19 Vgl. Krallmann, H.: (Entscheidungsunterstützungssysteme), S. 109.

Um dennoch ein möglichst flexibles und ganzheitliches Werkzeug der Entscheidungshilfe zu sein, kann ein Unterstützungssystem in zwei Ebenen definiert werden: Auf einer unteren Stufe besteht es aus einer spezifischen Entscheidungshilfe für eine spezifische Problemstruktur. In einer übergeordneten, ganzheitlichen Ebene können diese einzelnen Entscheidungshilfen in einem Meta-System zusammengefaßt werden. So lassen sich eine Vielzahl von Entscheidungsunterstützungssystemen auf unterschiedlichster methodischer Basis parallel zusammenführen und kombinieren. Dies gilt von vollständig algorithmisch bis zu wissensbasiert durchgeführter Entscheidungshilfe. Je nach Struktur des vorliegenden Problems können dann vom Systembenutzer verschiedene Bausteine der unteren Ebene bedarfsweise angewendet werden.[20]

Die vorliegende Arbeit hat ein Entscheidungsunterstützungssystem der unteren Ebene zum Inhalt. Das hier entwickelte System kann somit auch als eine Art Baustein für ein Meta-System aufgefaßt werden.

2.2.2.   Struktur eines Entscheidungsunterstützungssystems

2.2.2.1.   Entscheidungsunterstützung und Problemlösen

Eine menschliche Entscheidung kann nur dann sinnvoll unterstützt werden, wenn auch bekannt ist, wie das Individuum zu ihr gelangt. Die Entscheidung ist kein punktuelles Ereignis, sondern ein Prozeß, der schon mit der Wahrnehmung eines Problems beginnt.[21] Zur Charakterisierung und Analyse dieses Prozesses einer Entscheidung liegt der Versuch nahe, ihn in einzelne Phasen zu gliedern. Es existieren eine Vielzahl verschiedener Konzepte, deren Phaseneinteilungen allerdings im wesentlichen in zwei verschiedene Grundtypen eingestuft werden können. So unterscheidet SIMON in[22]

---

[20] So könnte z.B. ein sinnvoller Ansatz darin liegen, spezifischen Problemen bestimmte Modelle und den Modellen bestimmte Verfahren zur Generierung von Lösungen wissensbasiert zuzuordnen, bevor ein EUS das Verfahren auf das Modell anwendet und so zur Entscheidungshilfe beiträgt. Zu solchen Ansätzen bezüglich der Modellauswahl vgl. z.B. Binbasioglu, M.; Jarke, M.: (DSS), S. 213 ff.; bezüglich der Methodenauswahl vgl. Kolb, S.: (EskiMo).

[21] Vgl. Szyperski, M.; Winand, U.: (Entscheidungstheorie), S. 6.

[22] Vgl. Simon, H.A.: (Management), S. 1 ff. Ähnliche Kategorisierungen sind z.B. zu finden bei: Witte, E.: (Analyse), S. 114 ff.; Heinen, E.: (Einführung), S. 52; Busse von Colbe, W.; Laßmann, G.: (Betriebswirtschaftstheorie), S. 31 ff.; Steiner, D. et al.: (Mensch-Maschine), S. 61.

- intelligence (Problemerkennung und Informationssuche)
- design (Alternativengenerierung)
- choice (Bewertung der Handlungsalternativen und Auswahl).

Im Gegensatz dazu wird in anderen Phasenschemata der Begriff der Entscheidung noch weiter gefaßt und die Kontrolle als zusätzliche Phase des Entscheidungsprozesses eingeführt.[23] In dieser Version ist der Begriff der Entscheidung mit dem der Problemlösung identisch.[24]

Eine Einteilung des menschlichen Entscheidungsprozesses in verschiedene Phasen birgt allerdings auch Gefahren in sich. So wird implizit der Eindruck erweckt, daß die einzelnen Phasen disjunkt sind und in einer bestimmten zeitlichen Reihenfolge ablaufen. Dies entspricht jedoch nicht der Realität.[25] Die Schemata geben höchstens ein grobes Raster der Vorgänge im Problemlöser wieder. Es treten immer eine Vielzahl von Überdeckungen und Überschneidungen auf, da die Phasen oft parallel ablaufen und auch inhaltlich miteinander verbunden sind.[26] So müssen z.B. bei der Problemerkennung bereits Überlegungen zur Such- und Realisationsphase durchgeführt werden, um entscheiden zu können, ob eine Lösung des Problems überhaupt möglich ist und weitere Aktivitäten sich lohnen.[27] Auch ist der Prozeß der Problemdefinierung und Informationsverarbeitung solange nicht endgültig abgeschlossen, bis auch der Entscheidungsprozeß nicht vollständig beendet worden ist. Es ist weiterhin evident, daß für unterschiedliche Problemstrukturen - wie z.B. verschiedene Schwierigkeitsgrade - der Umfang einzelner Phasen sowie der Schwerpunkt des Gesamtprozesses verschieden ausgeprägt sind.[28]

Trotz der Erkenntnis, daß sich der tatsächliche Sachverhalt nur angenähert schematisch darstellen läßt, liefert das Phasenschema des menschlichen Entscheidungsprozesses eine gute Grundlage zum Entwurf eines Entscheidungsunterstützungssystems. Die Zielrichtung sollte dabei stets sein, so weit wie möglich individuell auf den Benutzer und dessen Eigenschaften einzugehen. Mit der Identifizierung einer bestimmten Phase zu einem bestimmten Zeitpunkt der Entscheidungsfindung kann auch eine für diese Phase adäquate Hilfe angeboten werden. Besteht das System aus

---

23 Vgl. Irle, M.: (Macht), S. 48. Zu diesem Ansatz vgl. z.B. auch Raffée, H.: (Grundprobleme), S. 96.

24 Es wird dabei implizit zwischen einem Problem und einer Aufgabe unterschieden in der gleichen Art, in der zwischen einer echten und einer habitualisierten, routinemäßigen Entscheidung differenziert wird; zur Unterscheidung zwischen Aufgabe und Problem vgl. z.B. Dörner, D.: (Problemlösen), S. 10 f.

25 Vgl. entsprechende Untersuchungen z.B. von Witte, E.: (Phasen-Theorem), S. 625 ff.; Cyert, R.M.; Simon, H.A.; Trow, D.B.: (Observation), S. 245 f.

26 Vgl. Raffée, H.: (Grundprobleme), S. 97.

27 Vgl. Laux, H.: (Entscheidungstheorie), S. 11.

28 Vgl. Szyperski, M.; Winand, U.: (Entscheidungstheorie), S. 11.

verschiedenen Modulen, die den einzelnen Phasen entsprechen, kann durch eine flexible Handhabung der Module der Entscheidungsträger seinen Problemlöseprozeß auf das System übertragen. Der Benutzer ist dann in der Lage, das System so zu steuern, daß dessen Ablauf - soweit dieser sich überhaupt in einzelnen Phasen darstellen läßt - seinen eigenen dynamischen Denkprozessen entspricht.

2.2.2.2.   Interaktivität im Rahmen einer Entscheidungsunterstützung

Bei dem Versuch, den Prozeß der menschlichen Entscheidungsfindung in einem System möglichst genau nachzuvollziehen, ergibt sich das Problem, daß die einzelnen Phasen je nach Art der zu treffenden Entscheidung nicht nur einmal auftreten, sondern sich im Laufe des gesamten Prozesses mehrfach wiederholen. Als Beispiel sei hier die Phase der Problemerkennung und -formulierung angeführt; durch neue Erkenntnisse und Einblicke in das reale Problem kommt es - zumindest graduell - zu einer permanenten Anpassung des mentalen Modells. Um den Entscheidungsprozeß trotzdem im System sinnvoll nachvollziehen zu können, reicht eine Aufteilung in einzelne Phasenmodule allein nicht aus. Vielmehr muß erreicht werden, daß der Entscheidungsträger das System seinen eigenen Gedankengängen entsprechend kontrollieren und steuern kann. Dies ist nur durch eine Interaktivität zwischen System und Benutzer zu erreichen.

Die Interaktivität des Systems muß dabei so weitreichend wie möglich sein, um den Phasen des menschlichen Entscheidungsprozesses jederzeit zu entsprechen. Die Struktur des Entscheidungsunterstützungssystems muß es außerdem erlauben, daß intern Teilentscheidungen im Kontext einer Gesamtentscheidung getroffen werden können, die für sich genommen alle Phasen eines Entscheidungsprozesses durchlaufen. Insbesondere bei sehr komplexen Entscheidungen werden vom Individuum meist nur Teilprobleme angegangen und erst nach deren Lösung neue Informationen und Alternativen gesucht.[29]

Dieses Vorgehen entspricht auch der Theorie der Anspruchsniveaus und der Satisfizierung. Wenn eine Lösung zum Problem der vorläufig und temporär gesetzten Anspruchsniveaus gefunden ist und ein Referenzpunkt vorliegt, werden neue Anspruchsniveaus gesetzt, bis eine endgültige Entscheidung des Problems gefällt wird. Wie empirische Untersuchungen zeigen, werden neue Anspruchsniveaus stets durch den relativen Vergleich mit alten Niveaus gebildet. Der Entscheidungsprozeß wird so mehr durch relative Vergleiche als durch direkte Berechnungen determi-

---

[29]   Vgl. Szyperski, M.; Winand, U.: (Entscheidungstheorie), S. 13.

niert.[30] Diese Strategie des Herantastens an die optimale Lösung entspricht auch der Theorie der inkrementalen Änderungen, nach der das Individuum nur nach den Alternativen Ausschau hält, die vom gegenwärtigen Zustand nicht allzu weit entfernt liegen.[31] LINDBLOM entwickelte daraus die These, daß das gesamte menschliche Problemlöseverhalten durch kleine unzusammenhängende Schritte geprägt ist, dem sogenannten "muddling through".[32]

Auch die unstrukturierte und inkrementale Suche nach Teillösungen macht eine weitreichende Interaktivität des Systems erforderlich. Die Phasenmodule des Problemlöseprozesses müssen so flexibel einsatzbar sein, daß die Reihenfolge sowie Wiederholungen vom Benutzer gesteuert werden können, und daß es auch im Zusammenhang mit der Theorie der Satisfizierung möglich ist, komplette Lösungen von separaten Teilproblemen im Rahmen der Gesamtproblemlösung zu generieren.

Vielfach wird der Zweck eines präskriptiven Modells auch unter einem anderen Schwerpunkt gesehen. Die Notwendigkeit, das bestehende Problem in ein formales Modell zu übertragen, führt den Benutzer zu einer besseren Einsicht über sein tatsächliches Problem und dessen Strukturen.[33] Die Errechnung von Teillösungen durch das System hilft dem Benutzer, die bestehenden Zusammenhänge besser zu erkennen. Mittels einer interaktiven Modifizierung des Modells und seiner Anspruchsniveaus kommt es so idealerweise zu einem ständigen Kreislauf zwischen "problem finding" und "problem solving",[34] wobei sich die Qualität der errechneten Lösungen spiralförmig erhöht.[35] Auch aus diesem Grund ergibt sich demnach die Forderung nach einem interaktiven System.

Mit diesem Kreislauf verbunden ist auch die Möglichkeit, Lernprozesse des Systembenutzers im Verfahrensablauf zu berücksichtigen. Ein interaktiver Verfahrensablauf ist in der Lage, ein durch die verbesserten Einsichten des Entscheidungsträgers verändertes mentales Modell direkt auf das System zu übertragen; nur so ist gewährleistet, daß sich die Berechnungen auch auf die aktuellen Vorstellungen beziehen.[36] Das

---

30   Vgl. Chien, G.: (Product), S. 284.

31   Vgl. Kirsch, W.: (Handhabung), S. 27.

32   Vgl. zu dieser Theorie Braybrooke, D.; Lindblom, C.E.: (Stategy); Lindblom, C.E.: (Science).

33   So spricht z.B. Henig davon, daß die Verwendung von Entscheidungsmodellen nur allein dazu dienen, die Problemstrukturen besser zu erkennen; das Ergebnis der verwendeten Modelle sei letztlich irrelevant und unrealistisch, die Benutzung solcher Modelle erhielten nur aus obigen Grund ihre Berechtigung. Vgl. Henig, M.: (Foundations), S. 219. Eine ähnliche Aussage trifft auch Hax, H.: (Entscheidungsmodelle), S. 15 f.

34   Vgl. Mantey, P.; Sutton, J.: (Computer), S. 339.

35   Schwarz spricht von einer "kognitiven Befruchtung" von System- und Denkprozeß, vgl. Schwarz, W.H.: (Systeme), S. 143.

36   Vgl. Little, J.D.C.: (Research), S. 6.

anfängliche Grob-Modell wird - z.B. durch neue Anspruchsniveaus - immer weiter verfeinert, bis eine endgültige Lösung für das Ausgangsproblem gefunden ist.[37]

Dabei wird wieder die originäre Aufgabe des Systems deutlich: Es unterstützt den Entscheidungsträger lediglich in den intellektuell formalisierbaren Teilbereichen der Entscheidungsfindung. Die Komponenten der Bewertung und der intuitiven Einschätzung der errechneten Lösung sowie deren Verdichtung zusammen mit den nicht-quantifizierbaren Einflußfaktoren des Problems zu einem Gesamturteil bleiben in der Hand des Systembenutzers.[38] Die Interaktion ermöglicht erst die Synthese zwischen den formal-intellektuellen Leistungen des Computers und den intuitiven Bewertungsmöglichkeiten des Entscheiders, ohne die natürliche Abfolge des Problemlösevorganges zu verändern. Mensch und Computer können ihre jeweiligen Stärken zusammenführen, und es kommt zu den gewünschten synergetischen Effekten.[39] Wesentlich dabei ist, daß der Entscheidungsträger die Steuerung und die Kontrolle über den Verfahrensablauf behält. Durch die Interaktivität kann so auch der vielfach erhobene Vorwurf entkräftet werden, daß die Benutzung formaler Modelle den Einsatz beispielsweise von Intuition verhindere.[40]

2.2.3. Implikationen für die Entwicklung computerbasierter Systeme zur Entscheidungsunterstützung

Aus der grundsätzlichen Zielsetzung, Entscheidungsunterstützungssysteme so aufzubauen, daß ihr Ablauf dem menschlichen Problemlösungsprozeß entspricht, ergibt sich eine Anzahl von Anforderungen. Auf hoher Abstraktionsstufe ist es grundlegend erforderlich, die verschiedenen Phasen des menschlichen Problemlöseprozesses in ebensolchen Modulen im System zu repräsentieren. Außerdem muß gewährleistet sein, daß der Entscheidende diese Module im Systemablauf interaktiv steuern und flexibel einsetzen kann. Aus diesen beiden Grundforderungen lassen sich auf feiner gegliederten Ebenen weitere Aspekte ableiten.

Für den in dieser Arbeit verfolgten Ansatz einer spezifischen Entscheidungsunterstützung durch ein mathematisches Modell führt die Forderung nach einzelnen Systemphasen zu den Programmteilen Modellformulierung und -erstellung, Modellrechnung und -lösung, Analyse und Kontrolle der Lösung, Modellmodifikation und Entschei-

---

[37] Vgl. Pfleger, S.: (Ergänzung), S. 185.
[38] Vgl. Keen, P.; Scott Morton, M.: (Decision), S. 58 f.
[39] Vgl. Szyperski, M.; Winand, U.: (Entscheidungstheorie), S. 17.
[40] Vgl. Hax, H.: (Entscheidungsmodelle), S. 15 f.

dung.[41] In Verbindung mit den aus der deskriptiven Entscheidungstheorie gewonnen Anforderungen[42] ergibt sich daher für das System folgende Struktur:

In der Phase der Modellkonfigurierung wird versucht, das (vorläufige) mentale Modell des Entscheidungsträgers möglichst genau in die mathematische Form zu übertragen. Dieses Modul muß so aufgebaut sein, daß es jederzeit wieder verwendet werden kann, wenn der Systembenutzer auf Grund geänderter Auffassungen oder Präferenzen das Modell modifizieren möchte. Um den Charakteristika des mentalen Modells zu entsprechen, sollte das formale Modell[43]

- einfach,
- robust,
- leicht zu kontrollieren,
- anpassungsfähig,
- in den wesentlichen Aspekten vollständig sein und
- einfachen Mensch-Maschinen-Dialog ermöglichen.

An die Phase der Modellerstellung oder auch -modifikation schließt sich die Berechnungsphase mit Lösungsgenerierung an. Sie kann in sich weiter untergliedert sein; in diesem Falle sollte auch innerhalb dieser Phase die Möglichkeit gegeben sein, das Modell eventuell wieder zu verändern. Um dem menschlichen Entscheidungsprozeß zu entsprechen, sollte die Lösungssuche so aufgebaut sein, daß sich der Entscheidungsträger durch die Lösung von kleinen Teilproblemen der endgültigen Entscheidung schrittweise nähert. Weiterhin sollten - der Theorie des anspruchsorientierten Satisfizierens folgend - Anspruchsniveaus festgelegt werden, an Hand derer das System Lösungen errechnet; bereits erstellte Lösungen können dabei für den weiteren Verlauf der Entscheidungsfindung als Referenzpunkte zur Orientierung dienen. Die generierten Lösungen zeigen dann an, inwieweit die Ansprüche zufriedengestellt werden.

Eng mit diesem Modul verbunden ist im Programmablauf die Kontrolle und Analyse einer errechneten Lösung. Aus ihr können sich mehrere Konsequenzen ergeben, deren Auswirkungen im System zu berücksichtigen sind. Zum einen muß die Möglichkeit zur Programmbeendigung gegeben sein, wenn die errechnete Teillösung endgültig sein soll. Dies ist mit der Entscheidung im engeren Sinne, der Wahl einer Handlungsalternative, gleichzusetzen. Zum anderen kann es durch die Lösungsanalyse zu Veränderungen der Vorstellungen über das Realproblem kommen, was sich in Modifikationen des Modells widerspiegeln sollte. Dabei können zwei Stufen unterschieden

---

41 Zur Umwandlung der Problemphasen in Modellphasen vgl. auch Churchman, C.W.; Ackoff, R.L.; Arnoff, E.L.: (Operations), S. 22 ff.

42 Vgl. dazu Abschnitt 2.1.4.

43 Die Anforderungen wurden von Little formuliert, vgl. Little, J.D.C.: (Models), S. 467.

werden. Die äußere Stufe beschreibt Modelländerungen, die die grundsätzlichen Vorstellungen über Art und Form des Problems betreffen.[44]

In einer inneren Stufe der Modelländerung befindet sich der Entscheidende lediglich in der inkrementalen Suchphase nach besseren Lösungen innerhalb des bestehenden Modells, was sich z.B. durch die Variation von Anspruchsniveaus äußern kann. Es wird dann lediglich ein neues Teilproblem gelöst, um sich der endgültigen Entscheidung weiter zu nähern. Dieser Vorgang der Modellmodifikation und Lösungsgenerierung kann vom Entscheidungsträger beliebig lange fortgesetzt werden. Allerdings wäre es - gerade in komplexeren Entscheidungssituationen - auch eine Form der Entscheidungshilfe, den Systembenutzer in manchen Bereichen zu leiten, z.B. bei der Wahl seiner Anspruchsniveaus oder durch die Bereitstellung von Abbruchkriterien.

Bei der Realisierung möglichst hoher Interaktivität kommt der Ausgestaltung des Mensch-Computer-Dialoges demnach eine große Bedeutung zu. Die klassische Form der Dialogführung ist das "Question-Answer"-Prinzip.[45] Die Möglichkeit, in den Systemablauf ausschließlich durch vorgegebene Antwortstrukturen eingreifen zu können, entspricht jedoch bei weitem nicht den hier gestellten Anforderungen. Um dem Anwender so großen Einfluß wie möglich einzuräumen, ihm andererseits aber auch so wenig kognitiven Streß wie möglich auszusetzen, sollte die Modellkonstruktion durch full-screen-Eingabemasken[46] realisiert und der gesamte Programmablauf durch Menüsysteme gesteuert werden können.[47] Bei der Präsentation einer errechneten Lösung lassen sich mit Hilfe von Graphiken sinnvolle zusätzliche Hilfestellungen für die Einordnung und Analyse der errechneten Werte geben; die vom System durchgeführten Rechnungen werden übersichtlicher und verständlicher. Graphiken tragen dazu bei, die Akzeptanz der Rechenoperationen zu erhöhen. Dies ist insbesondere beim sogenannten "Visual Interactive Modelling" (VIM) der Fall, bei dem Graphiken nicht nur zur Präsentation der endgültigen Ergebnisse verwendet werden, sondern die Problemlösung während des gesamten Prozesses unterstützen.[48]

Werden Entscheidungsunterstützungssysteme betrachtet, die sich aus einzelnen Unterstützungsformen zu einem Meta-System zusammensetzen, ergeben sich noch weitere allgemeine Anforderungen. In einem solchen Gesamtsystem müssen für unterschiedliche Anwender verschiedene Vorgehensweisen bereitgestellt werden.

---

[44] Dies wäre z.B. der Fall, wenn der Entscheidungsträger erkennen würde, daß sich sein Problem aus mehreren Zielen anstatt der bisher angenommenen Einzelzielsetzung zusammensetzt.

[45] Vgl. z.B. Sprague, R.H.; Carlson, E.D.: (Building), S. 199 f.

[46] Vgl. Ilg, R.; Ziegler, J.: (Interaktionstechniken), S. 113.

[47] Vgl. Shneiderman, B.: (Designing), S. 85 ff.

[48] Zum VIM vgl. z.B. Bell, P.: (Modelling), S. 274 ff.; Bright, J.G.; Johnston, K.J.: (VIM), S. 357 ff.

Dies bedeutet, daß die Art der Unterstützung vom unterschiedlichen Wissensstand des Benutzers abhängig sein sollte. Außerdem muß das System differenzieren können, ob die Entscheidung von einer einzigen Person oder einer Gruppe von Entscheidern getroffen wird.[49] Da diese Gesichtspunkte für den in dieser Arbeit verfolgten Ansatz eines spezifischen Entscheidungunterstützungssystems nicht relevant sind, wird auf sie im folgenden nicht weiter eingegangen.

---

[49] Es wird in diesem Fall von "Group Decision Support Systemen" (GDSS) gesprochen.

3. Lineare Optimierung mit fuzzy Daten und unter mehrfacher Zielsetzung

Das folgende Kapitel behandelt die mathematischen Verfahren, mit deren Hilfe betriebliche Entscheidungen im zu entwickelnden System unterstützt werden sollen. In einer kurzen Einführung werden die verschiedenen Konzepte der Optimierung vorgestellt. Aus der Analyse des bisherigen betrieblichen Einsatzes werden Anforderungen abgeleitet, die Optimierungsverfahren innerhalb einer Entscheidungsunterstützung erfüllen sollten. Im Anschluß daran werden Fuzzy Sets beschrieben und analysiert, wie sich diese in die Theorie der Linearen Optimierung integrieren lassen. Es folgt eine Auseinandersetzung mit den Verfahren der Linearen Optimierung unter mehrfacher Zielsetzung und eine Analyse der Kombinationsmöglichkeiten dieser Verfahrensklasse mit der Linearen Fuzzy Optimierung.[1] Aus der Analyse sowohl der Linearen Fuzzy Optimierung als auch der Linearen Optimierung unter mehrfacher Zielsetzung werden wiederum jeweils Implikationen für den Aufbau eines Optimierungsverfahrens innerhalb eines Systems zur Entscheidungsunterstützung abgeleitet.

3.1. Optimierung

3.1.1. Konzepte der Optimierung

Die Optimierung, das Streben nach optimalen Lösungen, ist das wesentliche Charakteristikum des Forschungsgebietes des Operations Research.[2] Vielfach wird unter dieser Bezeichnung auch Optimalplanung verstanden.[3] Allerdings sind in der Literatur unterschiedliche Definitionen des Begriffs des Operations Research zu finden.[4] Im weiteren Verlauf wird im wesentlichen der Auffassung von MÜLLER-MERBACH gefolgt, nach der durch Operations Research optimale Entscheidungen mit mathema-

---

[1] Der Begriff "fuzzy" wird im folgenden in Anlehnung an die allgemein übliche Terminologie immer dann groß geschrieben, wenn er in Zusammenhang mit dem feststehenden Begriff der "Linearen Optimierung" verwendet wird und im übrigen als Adjektiv angesehen.

[2] Vgl. Ellinger, T.: (Operations), S. 2; Dürr, W.; Kleibohm, K.: (Operations), S. 15.

[3] Vgl. z.B. Müller-Merbach, H.: (Operations), S. 1.

[4] Die unterschiedlichen Auffassungen reichen von "einer losen Sammlung mathematischer Verfahren" (Heinen) bis zur "Anwendung wissenschaftlicher Erkenntnisse auf das Problem der Entscheidungsfindung in der Unsicherheits- und Risikosituation" (nach Müller-Merbach), vgl. Heinen, E.: (Einführung), S. 219; Müller-Merbach, H.: (Bewährung), S. 140 f.

tischen Methoden vorbereitet werden sollen.[5] Dabei soll der Begriff der Entscheidungsvorbereitung hier im Sinne einer Entscheidungshilfe, als unterstützender Teil eines ganzheitlichen Prozesses der Problemlösung verstanden werden. In dieser Form können die Optimierungsverfahren des Operations Research in ein Entscheidungsunterstützungssystem integriert werden, das die in Kapitel zwei entwickelten Anforderungen erfüllt.

Verfahren der Optimierung können in den unterschiedlichsten Problemsituationen angewendet werden. Gemeinsam ist ihnen nur die mathematische Grundstruktur mindestens eines Zieles und eines zu optimierenden Zielvektors der Entscheidungsvariablen.[6] Die Vielfalt der betrieblichen Problembereiche mit ihren unterschiedlichsten Datenstrukturen verhindert den Einsatz eines universell einsetzbaren Optimierungsverfahrens und hat daher zur Entwicklung spezifischer Optimierungsverfahren geführt.

Das mit Abstand bekannteste Verfahren des Operations Research ist die *Lineare Optimierung* oder auch *Lineare Programmierung*.[7] Ihr wird im Vergleich zu den übrigen Methoden bisweilen eine so dominante Bedeutung beigemessen, daß der Begriff der Linearen Optimierung synonym für das gesamte Spektrum der Optimierungsverfahren des Operations Reseach verwendet wird.[8] Kennzeichnend für Aufgaben in der Linearen Optimierung ist die optimale Aufteilung knapper Ressourcen.[9] Die Suche nach einer optimalen Lösung erfolgt dabei in einem stetigen Alternativenraum. Neben einer zu minimierenden oder zu maximierenden Zielfunktion der Entscheidungsvariablen existiert im Modell eine Anzahl[10] von Nebenbedingungen, die das Erreichen des Zieles einschränken. Wie der Verfahrensname schon andeutet, werden sowohl die Zielfunktion als auch die Restriktionen im Modell mittels linearer Gleichungen und Ungleichungen ausgedrückt.[11]

Ist eine homomorphe Abbildung der Realität nicht durch lineare Strukturen zu erreichen, müssen dementsprechend andere Verfahren zur Lösung herangezogen werden,

---

5   Vgl. Müller-Merbach, H.: (Operations), S. 2. Zu ähnlichen Definitionen vgl. auch Churchman, C.W.; Ackoff, R.L.; Arnoff, E.L.: (Operations), S. 18; Kern, W.: (Operations), S. 12.

6   Vgl. Beale, E.M.L.: (Introduction), S. 1.

7   Vgl. z.B. Runzheimer, B.: (Operations), S. 21; Dürr, W.; Kleibohm, K.: (Operations), S. 20.

8   Vgl. Müller-Merbach, H.: (Operations), S. 88.

9   Vgl. Dürr, W.; Kleibohm, K.: (Operations), S. 20.

10   Es muß mehr als ein Engpaß vorliegen, da anderenfalls mit Hilfe einfacher Prioritätsrechnungen die optimale Lösung berechnet werden kann; im Fall der Gewinnmaximierung z.B. durch eine relative Deckungbeitragsrechnung; hierzu vgl. z.B. Kilger, W.: (Plankostenrechnung).

11   Im Rahmen dieser Arbeit werden - wie allgemein üblich - die Begriffe "Nebenbedingung" und "Restriktion" synonym verwendet.

die unter dem Begriff der *Nichtlinearen Optimierung* subsumiert werden.[12] Die diesbezüglichen Verfahren lassen sich in die *quadratische*,[13] *hyperbolische*,[14] *geometrische*[15] und *separable*[16] Optimierung untergliedern. Die jeweiligen Verfahren sind für die verschiedenartigen Nichtlinearitäten von Zielfunktion und/oder Nebenbedingungen konzipiert.[17]

Neben dem Kriterium der Linearität existieren noch weitere Spezifika der Problemdaten, die Verfahrensvariationen mit sich bringen, wie die *ganzzahlige* Optimierung,[18] die Optimierung unter *mehrfacher Zielsetzung* oder die *parametrische* Optimierung.[19] Auch bezüglich der Unsicherheit der Daten des Ausgangsproblems sind verschiedene Optimierungsverfahren entwickelt worden. Für die Rechnung mit Eintrittswahrscheinlichkeiten führte dies zur *stochastischen* Optimierung oder des *Chance-Constrained-Programming*.[20] Die mögliche Unschärfe gewisser Problemdaten wird mit Hilfe der Theorie der *Fuzzy Sets* erfaßt, die Verfahren des *Fuzzy Programming* errechnen dann die unter diesen Bedingungen optimale Lösung. Da das in dieser Arbeit enwickelte Verfahren die Lineare Optimierung mit unscharfen Daten unter mehrfacher Zielsetzung zum Inhalt hat, wird auf diese beiden Klassen der Optimierung in den Abschnitten 3.2. und 3.3. näher eingegangen.

Bei Planungsproblemen, die sich in mehreren, zeitlich nacheinander eintretenden Perioden beschreiben lassen, wird die optimale Lösung mit Hilfe der *dynamischen*

---

[12]   Weitere Umschreibung dieses Begriffs lauten "Nichtlineare Programmierung" oder "Non-Linear Programming", weshalb sich auch die Abkürzung "NLP" durchgesetzt hat.

[13]   Probleme der quadratischen Optimierung sind durch ebensolche Zielfunktionen bei linearen Nebenbedingungen gekennzeichnet. Zu den einzelnen Verfahren der quadratischen Optimierung vgl. z.B. Bloech, J.: (Programmierung), S. 374 - 378; Fromm, A.: (Optimierungsmodelle), S. 29 - 59.

[14]   Unter hyperbolischen Optimierungsaufgaben werden Probleme verstanden, bei denen die Restriktionen linear sind und sich die Zielfunktion aus dem Quotient zweier linearer Funktionen zusammensetzt; vgl. z.B. Schaible, S.: (Analyse); Böhm, K.: (Quotientenprogrammierung); Krekó, B.: (Optimierung), S. 84 - 92.

[15]   Die geometrische Optimierung bezeichnet den allgemeinen Fall, bei dem Zielfunktion und Nebenbedingungen beliebige Polynome und die Variablen auch multiplikativ miteinander verknüpft sein können; vgl. dazu z.B. Rubbe, T.: (Programmierung).

[16]   Es werden dabei die nichtlinearen Strukturen durch lineare Teilfunktionen approximiert, vgl. z.B. Krekó, B.: (Optimierung), S. 197 - 216.

[17]   Einen Überblick über die nichtlineare Optimierung gibt Bloech, J.: (Programmierung), S. 369 - 382.

[18]   Zur ganzzahligen Optimierung oder "Integer Programming" vgl. z.B. Taha, H.A.: (Programmierung); Piehler, J.: (Optimierung); Hu, T.C.: (Programmierung).

[19]   Vgl. Gass, S.I.; Saaty, T.L.: (Algorithm); Dinkelbach, W.: (Sensitivitätsanalysen).

[20]   Vgl. Charnes, A.; Cooper, W.W.: (Programming); Kramm, R.: (Programming); Abel, P.; Thiel, R.: (Produktionsmodelle).

Programmierung[21] oder durch *Entscheidungsbaumverfahren*[22] gesucht. Der Prozeß kann dabei durch gewisse Heuristiken wie beispielsweise *Branch-and-Bound*-Techniken, durch die die Enumeration aller mögliche Alternativen beschränkt wird, effizienter gestaltet werden. So wie in den Entscheidungsbaumverfahren kann auch die allgemeine Anwendung von Heuristiken und einfachen Entscheidungsregeln in gewisser Hinsicht als Optimierung bezeichnet werden, da sie zur qualitativen Verbesserung der Problemlösung beiträgt. Dabei ist allerdings zu berücksichtigen, daß die Anwendung nicht notwendigerweise zur besten Lösung führt, die unter dem vorliegenden Informationsstand erreicht werden könnte.

Eine solche Einschränkung muß auch bezüglich der *Simulation* getroffen werden.[23] Hierbei werden Entscheidungen dadurch verbessert, daß reale Systeme nachgebildet und die Auswirkungen von Variationen der Modellparameter analysiert werden; die Simulation entspricht dabei in vielen Merkmalen dem Experimentieren.[24] Im Sinne der Suche nach optimalen Lösungen kann diese Vorgehensweise des Operations Research ebenfalls als Optimierung angesehen werden.[25]

Eine andere Problemkonstellation der Optimierung wird in der *Spieltheorie* aufgegriffen.[26] Hier werden Entscheidungen optimiert, bei denen eine direkte Konkurrenzsituation besteht und die potentiellen Entscheidungen des oder der jeweiligen Konkurrenten mit in die eigene Strategiewahl einbezogen werden. Auf Grund ihrer begrenzten Handhabbarkeit schon kleinerer Problemstellungen kommt der Spieltheorie in betrieblichen Problemen nur eine theoretische Bedeutung zu.[27]

Als weitere Verfahrensgruppe der Methoden des Operations Research kann die *Graphentheorie* eingestuft werden, die sich mit Problemen befaßt, bei denen Netze aus Knoten und Kanten optimiert werden sollen.[28] Liegen schließlich Probleme der Projektplanung vor, kommen die Verfahren der *Netzplantechnik* zum Einsatz. In ihnen werden die verschiedenen Tätigkeiten des verfolgten Projektes in einen zeitli-

---

21 Zur dynamischen Programmierung vgl. Bellman, R.E.: (Programming); Schneeweiß, C.: (Programmieren); Künzi, H.P.; Müller, O.; Nievergelt, E.: (Einführungskurs). Bloech, J.: (Programmierung, dynamische), S. 342 - 349.

22 Vgl. z.B. Blohm, H.; Lüder, K.: (Investition), S. 250 - 257.

23 Zur Simulation vgl. z.B. Biethahn, J.: (Optimierung); Mertens, P.: (Simulation); Pflug, G.; Dieter, U. (Hrsg.): (Simulation).

24 Vgl. Biethahn, J.: (Optimierung), S. 5.

25 Vgl. Biethahn, J.: (Optimierung), S. 23 ff.

26 Als Begründer dieser Theorie gelten von Neumann und Morgenstern, vgl. Neumann, J. von; Morgenstern, O.: (Spieltheorie). Zu diesem Thema vgl. z.B. auch Vajda, S.: (Einführung); Owen, G.: (Spieltheorie).

27 Vgl. Ellinger, T.: (Operations), S. 12.

28 Zur Graphentheorie vgl. z.B. Hässig, K.: (Methoden). Die Verbindung von Graphentheorie mit verschiedenen Branch-and-Bound-Techniken spielt besonders in der Optimierung logistischer Prozesse eine Rolle, vgl. Bloech, J.; Ihde, G.B.: (Distributionsplanung).

chen Rahmen gestellt und die gegenseitigen Abhängigkeiten erfaßt, um zu optimalen dynamischen Zeitplänen der Projektrealisation zu gelangen.[29]

Die Vielzahl der Optimierungsverfahren macht deutlich, daß der Anwender eine - der eigentlichen Problemlösung vorgeschaltete - Methoden-Entscheidung zu treffen hat. Die Wahl eines geeigneten Verfahrens ist abhängig von der jeweiligen Problemsituation und der Struktur des formalen Modells.

3.1.2. Betriebliche Anwendung von Optimierungsverfahren

Gerade in der betrieblichen Praxis existiert eine Vielzahl verschiedenster Problemstrukturen, die eine Anwendung der Optimierungsverfahren des Operations Research sinnvoll erscheinen läßt.[30] Es wird jedoch beobachtet, daß die Anzahl der dazu verwendeten *Methoden* sehr eingeschränkt ist. Wie aus empirischen Untersuchungen hervorgeht, werden in erster Linie die Lineare Optimierung, die Simulation und die Netzplantechnik angewendet.[31] Da die Netzplantechnik und die Simulation in ihrer Anwendungsbreite eingeschränkt sind, werden die betrieblichen Anwendungsfälle stark durch die Lineare Optimierung dominiert. In deren Rahmen wiederum ist es fast ausschließlich die von DANTZIG entwickelte *Simplex-Methode*,[32] die zur Lösung von praktischen Problemstellungen benutzt wird.[33] Wegen der Dominanz der Linearen Optimierung ist das Augenmerk im folgenden auf deren Anwendungen gerichtet.[34]

---

29 Zur Netzplantechnik und seiner speziellen Verfahren vgl. z.B. Schwarze, J.: (Netzplantechnik); Johnson, K.L.: (Grundlagen).

30 Zu den vielfältigen Anwendungsmöglichkeiten vgl. z.B. Bloech, J.: (Optimierung), S. 11 ff.

31 Vgl. Eom, H.; Lee, S.M.: (Survey), S. 70 ff. Danach wurden bei 203 untersuchten betrieblichen Anwendungen in 62 Fällen lineare Programmierungsmethoden, in 41 Fällen Simulation und in 15 Fällen Methoden der Netzplantechnik benutzt. Zu ähnlichen Verhältnissen vgl. auch Raiszadeh, F.M.; Lingaraj, B.P.: (Applications), S. 940 f.

32 Die Methode wurde 1947 entwickelt, aber erst später publiziert, vgl. Dantzig, G.B.: (Application), S. 259 - 392. Zum Simplexverfahren und seinem betrieblichen Einsatz vgl. auch Bloech, J.: (Optimierung).

33 Interessanterweise ist die Lineare Optimierung schon vor der Entwicklung der sie beherrschenden Simplexmethode 1939 von dem russischen Mathematiker Kantorovicz eingeführt worden; dies blieb aber geraume Zeit unbeachtet. Erst lange nach der Entwicklung der Simplexmethode 1949 wurden diese Arbeiten 1966 übersetzt und einer breiten Öffentlichkeit zugänglich gemacht; vgl. Kantorovicz, L.V.: (Methods), S. 366 - 422.

34 Andere Verfahren der Linearen Optimierung sind etwa die Ellipsoidmethode von Kachijan oder Projektions- und Gradientenverfahren. Zu einer Synthese von Simplexmethode und dem Verfahren von Kachijan vgl. Brunner, J.: (Möglichkeiten).

Es zeigt sich, daß nicht nur die Anzahl der in der Praxis verwendeten Methoden äußerst beschränkt ist;[35] Optimierungsverfahren werden auch nur in sehr wenigen *Problembereichen* regelmäßig eingesetzt.[36] Dabei ist sicherlich zu berücksichtigen, daß zum einen nicht alle erfolgreichen Anwendungen in der Fachliteratur wiedergegeben werden; zum anderen sind viele der in der Theorie aufgeführten Anwendungen zwar relevant, finden aber im betrieblichen Alltag nur sehr selten statt und sind deshalb nicht Gegenstand von Publikationen über praktische Realisierungen von Optimierungsmethoden. Als Beispiel hierfür mag die Standortwahl gelten.[37]

Trotzdem kann die Berücksichtigung dieser Gesichtspunkte nicht das Gesamtbild revidieren, das sich aus den Untersuchungen bezüglich des praktischen Einsatzes der Methoden des Operations Research ergibt. Der Einsatz von Optimierungsverfahren des Operations Research ist im allgemeinen weit hinter den Erwartungen zurückgeblieben.[38] So wird auch die Lineare Optimierung selten regelmäßig verwendet, und zudem meist lediglich in wenigen Bereichen wie der Produktionsprogrammplanung,[39] der Logistik zur Transport- und Tourenplanung[40], bei Mischungsproblemen[41] oder bei Zuordnungsproblemen wie z.B. bei Raum-, Personaleinsatz- und Auftragsreihenfolgeplanungen.[42]

Die Frage, weshalb Optimierungsverfahren nur so selten eingesetzt werden, hängt zusammen mit der Frage nach den Gründen dafür, daß neben der Linearen Optimierung keine anderen Verfahren des Operations Research in der Praxis angewendet werden. In beiden Fällen geht es um die Effizienz des Einsatzes eines formalen Modells. Die Lineare Optimierung zeichnet sich dadurch aus, daß sie robust und ein-

---

35   Vgl. z.B. Kathawala, Y.: (Applications), S. 988.

36   So ergab eine Studie von Naylor & Schauland, daß - in vorwiegend amerikanische Groß-firmen - in nur 4% der Fälle für die Unternehmensplanung Optimierungsmodelle eingesetzt wurden, vgl. Naylor, T.H.; Schauland, H.: (Survey), S. 927 - 937. Zu ähnlichen Ergebnissen gelangen Ledbetter & Cox, vgl. Ledbetter, W.N.; Cox, J.F.: (Techniques), S. 19 - 21.

37   Zur methodengestützten Wahl des Standortes vgl. Bloech, J.: (Industriestandorte).

38   Vgl. z.B. Müller-Merbach, H.: (Entscheidungsvorbereitung), S. 12; Kern, W.: (Operations), S. 131.

39   Vgl. z.B. Fleischmann, B.: (Operations-Research-Modelle), S. 347 - 372; Green, T.; Newsom, W.; Jones, R.: (Survey), S. 669 - 676.

40   Vgl. z.B. Golden; B.L.; Wasil, E.A.: (Routing), S. 6 - 17; Powell, W.; Sheffi, Y.: (Design), S. 12 - 29; Golden, B.L.; Assad, A.A.: (Perspectives), S. 803 - 810; Diruf, G.: (Probleme), S. 5 - 23.

41   Vgl. z.B. Charnes, A.; Cooper, W.W.; Mellon, B.: (Blending), S. 135 - 159; Bodington, C.E.; Baker, T.E.: (History), S. 117 - 127;

42   So berichten Andreu & Corominas über den erfolgreichen Einsatz der Linearen Optimierung zur Raum- und Zeitplanung während der olympischen Sommerspiele 1992 in Barcelona, vgl. Andreu, R.; Corominas, A.: (SUCCES92), S. 1 - 12. Zu anderen diesbezüglichen Anwendungen vgl. z.B. Ferland, J.; Guénette, G.: (Decision), S. 15 - 21; Dinkel, J.; Mote, J.; Venkataramanan, M.A.: (Decision), S. 853 - 864.

fach zu handhaben ist. Demgegenüber finden z.B. die Methoden der nichtlinearen und stochastischen Optimierung in der Praxis keine Verwendung, da sie aufwendig, kompliziert und nicht in allen Fällen einsatzfähig sind.

Die Gründe liegen in einem Dilemma der Modellbildung. Die Abbildung eines Problems mit Hilfe eines formalen Modells stellt zwangsläufig immer eine Approximation der Realität dar. Demzufolge muß bei der Anwendung verschiedener Optimierungsverfahren zwischen der Abbildungsgenauigkeit des Problems einerseits und der Handhabbarkeit der jeweiligen Verfahren andererseits abgewogen werden. Einerseits werden flexible, einfach zu handhabende und steuerbare Werkzeuge benötigt, die andererseits jedoch so realitätsnah sein müssen, daß die Aussagekraft erhalten bleibt und der Umkehrschluß auf das Realproblem noch möglich ist. Komplizierte Verfahren werden nicht akzeptiert, einfache Verfahren sind nicht realistisch genug, um sinnvoll angewendet werden zu können. So können zwar lineare Modelle nichtlineare Strukturen ausreichend gut approximieren, insgesamt stellen aber auch sie ein Abbild des Problems dar, das in vielen Anwendungsbereichen für eine sinnvolle Entscheidungshilfe nicht realistisch genug ist.[43] Es existieren oft zu viele qualitative Einflußfaktoren, die in formalen Modellen entweder gar nicht abgebildet oder nur unter stark einschränkenden Bedingungen quantifiziert werden können.[44]

Eine weitere Ursache für die Nichtanwendung von Optimierungsverfahren in der betrieblichen Praxis liegt in der Struktur der Methoden begründet. Die Methoden richten sich nicht nach den Bedürfnissen ihrer Anwender, sondern fast ausschließlich nach der mathematischen Durchführbarkeit.[45] Die Disziplin des Operations Research - ursprünglich aus den Bedürfnissen der Praxis entstanden - hat sich von einem interdisziplinären Ansatz zunehmend in die Richtung einer technisch-formalen Mathematik gewandelt, die Methoden und Modelle allein aus theoretischer Sichtweise weiterentwickelt und sich nicht nach den Anforderungen richtet, die sich aus einer potentiellen praktischen Anwendung ergeben.[46] Die fehlende Orientierung am Anwender und die mangelnde Einbeziehung des menschlichen Verhaltens führt dazu, daß die Rechenoperationen für den Entscheidungsträger nicht nachvollziehbar sind, und er zu keiner Phase der Berechnungen die Möglichkeit hat, steuernd Kontrolle

---

[43]   Vgl. Ackoff, R.L.: (Future), S. 97; Müller-Merbach, H.: (Entscheidungsvorbereitung), S. 12.

[44]   Deutlich wird dies z.B. bei dem Versuch, OR-Verfahren in der strategischen Unternehmensplanung einzusetzen, deren Problemsituationen auch durch eine Vielzahl qualitativer Faktoren determiniert wird, die nicht im Modell abgebildet werden können. Vgl. z.B. Felzmann, H.: (Unterstützung), S. 834 - 845; Dobschütz, L. von: (Planung), S. 127 - 134; Sellstedt, B.: (Methods).

[45]   Vgl. Harris, D.J.: (Planning), S. 14.

[46]   Vgl. die Einleitung dieser Arbeit. Ackoff spricht einer solchen Form der wissenschaftlichen Forschung jede Berechtigung ab, vgl. Ackoff, R.L.: (Future). S. 93.

über die durchgeführten Rechnungen auszuüben.[47] Dies führt zu mangelnder Akzeptanz, die sich letztlich in der Nichtanwendung der Optimierungsverfahren widerspiegelt.[48]

Die Möglichkeit, selber den Verfahrensablauf - und damit auch den eigenen Entscheidungsprozeß - beeinflussen zu können, stellt eine wichtige Voraussetzung für die Akzeptanz von Optimierungsverfahren dar.[49] Eine solche Steuerung und Kontrolle ist aber nur dann möglich, wenn die Verfahren interaktiv ausgerichtet sind; dies ist allerdings in den klassischen Optimierungsmethoden nicht gegeben. Durch die fehlende Interaktivität können auch keine Lernprozesse des Entscheidungsträgers im Rahmen der Optimierung berücksichtigt werden.

Im Gegensatz zur obigen Argumentation und Kritik wird die Entwicklung des betrieblichen Einsatzes der Verfahren des Operations Research von der theoretischen Seite aus nach wie vor als außerordentlich vielversprechend angesehen.[50] Dieser Glaube an einen breiten Einsatz muß jedoch als unrealistisch eingestuft werden, solange nicht bei der Entwicklung geeigneter Verfahren auf die beschriebenen Anwendungsbarrieren eingegangen wird.

3.1.3. Implikationen für die Entwicklung von Optimierungsverfahren

Bei der Entwicklung eines eigenen Optimierungsverfahrens im Rahmen einer Entscheidungsunterstützung muß versucht werden, die analysierten Ursachen für die "Nicht-Anwendung" von Optimierungsverfahren aufzuheben oder zumindest zu reduzieren. Dies bedeutet, daß zum einen das Ziel sein muß, die mathematisch-formalen Modelle realitätsnäher zu gestalten, ohne dabei die flexible Einsetzbarkeit und einfache Handhabbarkeit reduzieren zu müssen. Zum anderen muß dem Entscheidungsträger die Möglichkeit gegeben werden, auch während der vom Verfahren durchgeführten Rechnungen steuernd in den Ablauf eingreifen zu können und jederzeit die Kontrolle über die Verfahrensrechnungen zu behalten. Das Verfahren sollte sich dabei an den Ansprüchen des potentiellen Anwenders orientieren.

---

47 Vgl. Börsig, S.; Frey, D.: (Widerstand), S. 2 f.; Dantzig, G.B.: (Operations), S. 26.

48 Vgl. Ackoff, R.L.: (OR), S. 473; Müller-Merbach, H.: (Entscheidungsvorbereitung), S. 16.

49 Sprowls & Steiner führen dazu aus: "Managers get to the top trough the exercise of their judgement and they will not delegate this judgement to computer models". Sprowls, C.; Steiner, G.: (Planning), S. 412.

50 Vgl. Commission on OR: (OR), S. 837 - 869; [CONDOR] - Committee on the Next Decade in Operations Research: (Operations), S. 619 - 637. Dieses Komitee kommt zu dem Schluß:"...we are confident that the next decade will, indeed, be the decade of operations research", S. 622.

Als Ausgangspunkt sollten die Verfahren mit linearen Strukturen operieren, da die Berücksichtigung von Nichtlinearitäten in den meisten Fällen zu keiner wesentlichen Verbesserung der Abbildungsgenauigkeit führen,[51] aber verfahrenstechnische Schwierigkeiten mit sich bringen. Die Abbildungsgenauigkeit zur Realität wird viel mehr durch die Prämisse vollständig deterministischer Daten als durch die Verwendung linearer Gleichungen eingeschränkt.[52] Sowohl bei der Simplexmethode als auch bei den übrigen Verfahren der Linearen Optimierung wird unterstellt, daß alle Daten bezüglich der Einflußfaktoren der betreffenden Entscheidung vollständig oder zumindest völlig verusachungsgerecht erfaßt werden können. Diese Anforderung ist in der Praxis fast nie erfüllt, was in entscheidendem Maße dazu beiträgt, daß die errechneten Lösungen nur einen ungenügenden Umkehrschluß vom Modell zum Realproblem zulassen.

Da stattdessen die Daten der Realprobleme sehr häufig nur unscharf zu erfassen sind,[53] führt dies zu der schon in anderem Zusammenhang erhobenen Forderung, die Theorie der unscharfen Mengen oder *Fuzzy Sets* in die Optimierung zu integrieren. Durch eine derartige Berücksichtigung der Unschärfe der vorhandenen Daten kann das Verfahren den realen Gegebenheiten wesentlich besser angepaßt werden. Ein weiterer Vorteil der Theorie der unscharfen Mengen besteht darin, sowohl unscharfe als auch deterministische Daten gemeinsam in einem Modell berücksichtigen zu können, wodurch das Verfahren flexibel dem jeweiligen Informationsstand angepaßt werden kann.

Auch jede andere Modifikation der klassischen Linearen Optimierung, die das Modell realitätsnäher macht, aber gleichzeitig die flexible und problemlose Benutzung nicht beeinträchtigt, kann dazu beitragen, die Anwendbarkeit solcher Verfahren zu erhöhen. Dies scheint insbesondere für eine Optimierung unter mehrfacher Zielsetzung zuzutreffen,[54] was auch durch den zunehmenden praktischen Einsatz dieser Verfahrensvariante bestätigt wird.[55]

Die gesteigerte Realitätsnähe solcher Verfahrensinnovationen beruht aber nicht nur auf einer erhöhten Abbildungsgenauigkeit des Realproblems, sondern hängt eng mit

---

[51]   Vgl. z.B. Krekó, B.: (Lehrbuch), S. 12; Stahlknecht, P.: (Strategien), S. 43.

[52]   Es sei daran erinnert, daß in Anlehnung an Abbildung 2-1 deterministische Daten in dieser Arbeit mit sicheren Daten gleichgesetzt werden und damit nicht wie in einigen anderen Publikationen im alleinigen Gegensatz zu stochastischen Daten stehen.

[53]   Vgl. Bellman, R.E.; Zadeh, L.A.: (Decision-Making), S. B141; Zimmermann, H.-J.: (Fuzzy Sets), S. 594.

[54]   Vgl. Little, J.D.C.: (Research), S. 8.

[55]   In den letzten Jahren ist nach der Untersuchung von Eom & Lee insbesondere die Anwendungen der Verfahren der Linearen Optimierung mit mehreren Zielen und des - der Verwendung von Anspruchsniveaus ähnlichen - sogenannten "Goal-Programming" gestiegen; vgl. Eom, H.; Lee, S.M.: (Survey), S. 71.

den im zweiten Kapitel dieser Arbeit entwickelten Anforderungen an Entscheidungsunterstützungssysteme in bezug auf Problemlöseprozesse zusammen.[56] Optimierungsmethoden, die zur Unterstützung der menschlichen Entscheidungsfindung eingesetzt werden sollen, dürfen keine von diesem Prozeß losgelöste Strukur besitzen. In der Konsequenz bedeutet dies, daß Optimierungsverfahren vor allem dann Sinn ergeben, wenn sie interaktiv aufgebaut sind. An die Stelle des Optimierungsverfahrens muß das Optimierungssystem, an die Stelle einer statischen Optimierung ein dynamischer Lösungs*prozeß* treten, der dem mentalen Prozeß der Problemlösung des Entscheidungsträgers entspricht.[57] Die Schwerpunkte eines Optimierungssystems sollten sich in Richtung einer interaktiven Steuerung im Rahmen eines Gesamtsystems verschieben,[58] innerhalb dessen der Benutzer mehrere Teilprobleme mit Hilfe des Optimierungsverfahrens löst.

Die hier aufgestellten Anforderungen stellen weder eine grundlegend neue Erkenntnis dar noch erheben sie den Anspruch, im Fall ihrer konsequenten Umsetzung alle Anwendungsprobleme des Operations Research zu lösen. Aber sie können dazu beitragen, die Lücke zwischen theoretischer Entwicklung und praktischem Einsatz ein wenig zu schließen. Zusammenfassend ergibt sich die Forderung nach einem linearen Optimierungssystem, das auf der Simplexmethode aufbaut, gleichzeitig jedoch die mögliche Unschärfe der Daten berücksichtigt, die Verfolgung mehrerer Ziele ermöglicht sowie die Optimierung in einen interaktiven, vom Entscheidungsträger gesteuerten Prozeß der Lösungssuche einbettet.

---

[56] Vgl. insbesondere Abschnitt 2.2.3.
[57] Vgl. Gass, S.I.: (Model), S. 59.
[58] Die gleiche Meinung vertreten z.B. auch Anthonisse, J.M.; Lenstra, J.K.; Savelsbergh, M.W.: (Screen), S. 418; Eden, C.; Williams, H.; Smithin, T.: (Wisdom), S. 240; Müller-Merbach, H.: (Entscheidungsvorbereitung), S. 17 f.

3.2. Lineare Fuzzy Optimierung

3.2.1. Grundlagen der Fuzzy Set-Theorie

3.2.1.1. Unschärfe und Fuzzy Sets

> *"Soweit sich mathematische Gesetze auf die Realität beziehen,*
> *sind sie unsicher. Und soweit sie sicher sind, beziehen sie sich*
> *nicht auf die Realität."*[1]

Die adäquate Berücksichtigung der den realen Problemen anhaftenden Unsicherheit ist ein entscheidender Faktor für die Qualität und Aussagekraft mathematischer Modelle. Für den Umgang mit diesem unvollkommenen Informationsstand innerhalb der Modelle existieren verschiedene Konzepte, die sich zum einen auf die Unsicherheit bezüglich des Eintretens der Ereignisse und zum anderen auf die Unsicherheit bezüglich der Beschreibung von Umweltfaktoren beziehen.[2]

Die Unsicherheit bezüglich des Eintretens eines Ereignisses wird mit Hilfe der Wahrscheinlichkeitstheorie abgebildet. Trotz der Unsicherheitssituation handelt es sich hierbei um eindeutig und scharf beschriebene Ereignisse, deren Informationsmangel allein im unsicheren Ergebniszustand begründet ist. Beispiele hierfür sind Aussagen der folgenden Art: "Die Wahrscheinlichkeit, mit einem Würfel eine Augenzahl größer als 3 zu würfeln, ist 0.5", oder: "Der Absatz des Produktes X wird mit einer Wahrscheinlichkeit von 0.7 in diesem Monat größer sein als 2000 Stück".

Das Ergebnis des betrachteten Ereignisses ist ebenfalls eindeutig: Entweder ist die Augenzahl größer als 3 oder nicht; entweder ist der Absatz größer als 2000 Stück oder nicht. Die vorher getroffenen Aussagen sind entweder wahr oder falsch. Die Wahrscheinlichkeitstheorie entspricht daher in ihrem *dichotomen* Ansatz der dualen Aussagenlogik. In neuerer Zeit werden Unsicherheitssituationen bezüglich des Eintretens insbesondere bei der Konstruktion von Expertensystemen auch mit den - der Wahrscheinlichkeitstheorie verwandten - Theorien der Evidenz und des Glaubens behandelt.[3]

Bei der Modellierung der Unschärfe wird von einem grundsätzlich anderen Ansatz ausgegangen. Er basiert auf der Erkenntnis, daß der Mensch sein mentales Modell und seine Problemlösung nicht auf der traditionell-mathematischen, zweiwertigen

---

[1] Einstein, A.: Geometrie und Erfahrung, zitiert nach: Kosko, B.: (Networks), S. 263.
[2] Zur Klassifizierung der Unsicherheiten vgl. Abbildung 2-1.
[3] Vgl. dazu Dempster, A.P.: (Probabilities), S. 325 - 339; Shafer, G.: (Theory).

Logik aufbaut.[4] Seine Gedankenmuster gleichen statt des "entweder-oder"-Typs eher einem "mehr-oder-weniger"-Typ.[5]

Die Gründe hierfür liegen zum einen an der Tatsache, daß reale Probleme zumeist schlecht strukturiert vorliegen ("ill-structured-problems") und sich deshalb nicht genau erfassen lassen; das mentale Modell besitzt dann notwendigerweise, aus Mangel an Informationen, nur vage Strukturen. Zum anderen ist das Individuum auf Grund seiner beschränkten Kapazität zur Informationsverarbeitung gar nicht in der Lage, möglicherweise exakt erfaßbare Zusammenhänge in ihrer vollen Komplexität in seinem mentalen Modell zu verarbeiten; es kommt zu einer Komplexitätsreduzierung, und diese äußert sich in Form von Ungenauigkeiten und Unschärfen.[6] Den Menschen zeichnet dabei die Fähigkeit aus, mit solchen Ungenauigkeiten und Unschärfen umgehen zu können. Trotz der Unschärfe des "Dateninputs" ist er in der Lage, Inferenzen, Vergleiche und Beurteilungen durchzuführen und zu sinnvollen Entscheidungen zu gelangen.[7] Gerade dieses Vermögen hebt das menschliche Gehirn gegenüber künstlichen Systemen wie Computern hervor.[8]

Die bestehende Unschärfe wird im mentalen Modell mit Hilfe der Linguistik verarbeitet. Unscharfe Zustände können so umschrieben werden, daß das Gehirn mit ihnen operieren kann. Die Sprache bietet auch die Möglichkeit, menschliche Wertvorstellungen wie Präferenzen oder Empfindungen unscharf auszudrücken.[9] Ausgehend von obiger Beschreibung kann die Unschärfe unterschieden werden in:[10]

- *intrinsische* Unschärfe: Sie ist bedingt durch den unscharfen Ausdruck menschlicher Empfindungen. Der das reale Phänomen bezeichnende sprachliche Begriff stellt keine exakte Beschreibung dar und läßt sich nur unscharf formalisieren; als Beispiel sei ein "hoher" Absatz genannt.

---

4   Vgl. Zadeh, L.A.: (Fuzzy Set Theory), S. 3 f.

5   Vgl. Zimmermann, H.-J.: (Fuzzy Sets), S. 594.

6   Zadeh beschreibt dieses Inkompatibilitätsprinzip wie folgt: "When complexity increase, our ability to make precise and yet significant statements ... diminishes until a treshold is reached beyond which complexity, precision and significance can no longer coexist." Zadeh, L.A.: (Approach), S. 250.

7   Diese Fähigkeiten werden fast ständig gebraucht. Das Beispiel einer Straßenüberquerung macht deutlich, wieviele unscharfe Faktoren schon hier, bei einer relativ unkomplexen Situation, in die Entscheidung einfließen (Abschätzung der Entfernung und Geschwindigkeit des nächsten Autos, der Weglänge und der benötigten Zeit, erforderliche Gehgeschwindigkeit usw.), die einen auf dichotomer Logik aufgebauten Computer vor unlösbare Probleme stellt.

8   Vgl. z.B. Bellman, R.E.; Zadeh, L.A.: (Decision-Making), S. B 142.

9   Vgl. Rommelfanger, H.: (Entscheiden), S. 4.

10   Zur Unterteilung vgl. Zimmermann, H.-J.: (Fuzzy Sets), S. 594.

- *informationale* Unschärfe: Sie ist Ausdruck der begrenzten Kapazität des menschlichen Kurzzeitgedächtnisses und der daraus resultierenden unscharfen Reduzierung komplexer Zusammenhänge. Als Beispiel sei eine "vertrauenswürdige Person" oder ein "gutes Betriebsklima"[11] angeführt.

- unscharfe *Relationen*: Sie sind der Ausdruck unscharfer Vergleiche zwischen Größen, die keinen dichotomen Charakter besitzen und sich nicht eindeutig zueinander in Beziehung setzen lassen, wie z.B.: "etwas jünger als" oder "ungefähr so groß wie".

Entscheidungen sind durch menschliches Schlußfolgern und Urteilsvermögen geprägt.[12] Sollen betriebswirtschaftliche Entscheidungsprozesse mathematisch modelliert werden, besteht daher die unabdingbare Notwendigkeit, Unschärfen der obigen Form im formalen Modell zu berücksichtigen.

Ein Weg zur schlüssigen Integration von Unschärfe in Modellen der Entscheidungsunterstützung bietet die Theorie der unscharfen Mengen oder *Fuzzy Sets*, die 1965 von L.A. ZADEH begründet wurde.[13] Die dieser Theorie zugrundeliegende Idee besteht darin, daß im Gegensatz zur klassischen Mengenlehre für ein Element nicht mehr gefordert wird, daß es entweder zu einer Menge gehört oder nicht.[14] Der Zustand zwischen Zugehörigkeit und Nichtzugehörigkeit wird als eine Erweiterung des klassischen Mengenbegriffs durch einen Übergangsbereich ersetzt, in dem mehrwertige, graduelle Zugehörigkeit zugelassen ist.[15] Mit Hilfe der Fuzzy Set-Theorie ist es möglich, die angesprochenen Arten der Unschärfe in einem formalen Modell auszudrücken und operationalisierbar zu machen. So können linguistisch unscharf ausgedrückte Einflußfaktoren quantifiziert, im formalen Modell abgebildet und dadurch in die Entscheidungsunterstützung einbezogen werden.[16]

---

11   Vgl. Buscher, U.; Roland, F.: (Fuzzy Sets), S. 313.
12   Vgl. Zimmermann, H.-J.: (Fuzzy Set Theory), S. 4.
13   Vgl. Zadeh, L.A.: (Fuzzy Sets), S. 338 - 353. Zadehs Entwicklungen haben weitreichende Vorläufer aus den verschiedensten Wissenschaftsdisziplinen. So befaßten sich schon W.G. Leibniz und B. Russell mit Unschärfen insbesondere linguistischer Natur. Mehrwertige Logik wurde von polnischen Wissenschaftlern wie S. Lukasiewicz zu Beginn dieses Jahrhunderts in einer den Fuzzy Sets verwandten Form entwickelt. Auch in der Physik wurde mit Ungenauigkeiten der gleichen Art umgegangen, so z.B. in Heisenbergs "Prinzip der Unsicherheit". H. Weyl schließlich entwickelte für die Unschärfe eine mathematische Axiomatik. Aus diesem Grund werden Zadehs Fuzzy Sets von einigen Wissenschaftlern auch lediglich als "rediscovery" bezeichnet. Zu einer solchen Kritik sowie der geschichtlichen Beschreibung vgl. z.B. Ostasiewicz, W.: (Century), S. 17 - 20.
14   Vgl. Lehmann, I.; Weber, R.; Zimmermann, H.-J.: (Fuzzy Set), S. 1.
15   Vgl. Buscher, U.; Roland, F.: (Fuzzy-Set-Modelle), S. 8.
16   Vgl. Milling, P.: (Entscheidungen), S. 726.

3.2.1.2. Fuzzy Operationen

Um den Anspruch eines vollständigen mathematischen Konzeptes zu erfüllen, muß der Bereich, in dem graduelle Zugehörigkeit eines Elementes zu einer Menge erlaubt ist, eindeutig definiert sein. Dies wird in der Fuzzy Set-Theorie mittels einer reellwertigen *Zugehörigkeitsfunktion* erreicht, die einem Mengenelement genau einen Zugehörigkeitswert zuordnet.[17]

(3.1) **Definition:** Sei X eine Menge von Objekten, so heißt:

$$\tilde{A} := \left\{ \left(x; f_{\tilde{A}}(x)\right) \mid x \in X \right\}$$

eine unscharfe Menge oder Fuzzy Set auf X.

Die Zugehörigkeitsfunktion f: X -> [0;1] ordnet den Elementen einen Zugehörigkeitswert zwischen 0 und 1 zu. Die Größe dieses Intervalls ist lediglich Konvention und könnte theoretisch aus den gesamten reellen Zahlen bestehen. Die Beschränkung erfolgt in der Absicht, Fuzzy Sets mit dem klassischen Mengenbegriff vergleichbar zu machen. Da dort eine Nichtzugehörigkeit durch eine 0 und die Zugehörigkeit durch eine 1 symbolisiert wird, bietet das voranstehende Intervall eine logische Darstellung für eine partielle Zugehörigkeit eines Elementes zu einer Menge. Weiterhin ergibt sich hierdurch die Möglichkeit, im Rahmen der Fuzzy Sets auch klassische scharfe Mengen darzustellen, deren Zugehörigkeitsfunktion dann nur die Werte 0 oder 1 annehmen können.[18]

Beispiel 3-1: Der Zusammenhang zwischen Unschärfe und Fuzzy Sets soll an der unscharfen Relation "die Teilmenge der Zahlen, die wesentlich größer sind als 20" erläutert werden. In der klassischen Mengentheorie müßte ein konkreter Wert bestimmt werden, ab dem die Aussage als "wahr" eingestuft wird. Wäre beispielsweise die Zahl 25 als eine solche Grenze festgelegt, so besäßen alle Werte kleiner als 25 einen Zugehörigkeitswert von 0. Das bedeutet, daß sie vollständig nicht zu der Menge der Zahlen gehörten, die wesentlich größer als 20 sind. Durch die Fuzzy Set-Theorie kann diese Absolutheit durchbrochen werden und durch die Zugehörigkeitsfunktion ein Übergangsbereich modelliert werden. Abbildung 3-1 gibt eine mögliche Zuordnung beispielhaft wieder.

---

17 Im folgenden wird stets das Tildezeichen "~" benutzt um auszudrücken, daß es sich um eine unscharfe Menge, eine unscharfe Operation oder eine unscharfe Zahl handelt.

18 Vgl. Bandemer, H.; Gottwald, S.: (Einführung), S. 124 f.

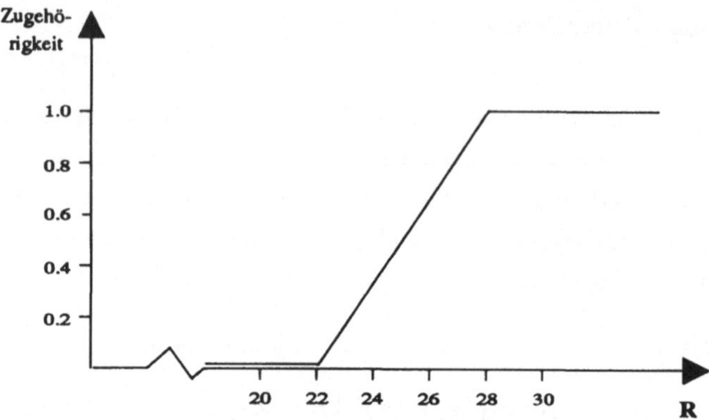

Abb. 3-1: Beispielhafte Zugehörigkeitsfunktion für Zahlen "wesentlich größer als 20"

Um mit Fuzzy Sets exakt umgehen zu können, müssen sie zu einer Algebra erweitert werden, d.h. Operationen zur Verknüpfung unscharfer Objekte - sogenannte Operatoren - definiert werden.[19] Die im folgenden aufgeführten Definitionen des Durchschnitts, der Vereinigung, des Komplements und der Teilmenge unscharfer Mengen entsprechen den ursprünglich von ZADEH vorgestellten Operatoren.[20] Für den Umgang mit Fuzzy Sets sind dies allerdings nicht die einzig möglichen und denkbaren Verknüpfungsformen.[21]

(3.2) Definition: Die Zugehörigkeitsfunktion der *Schnittmenge* zweier Fuzzy Sets $\tilde{A}$ und $\tilde{B}$ ist punktweise durch das Minimum definiert:

$$f_{\tilde{A}\cap\tilde{B}}(x) := \min\{f_{\tilde{A}}(x), f_{\tilde{B}}(x)\} \quad \forall x \in X$$

(3.3) Definition: Die Zugehörigkeitsfunktion der *Vereinigungsmenge* zweier Fuzzy Sets $\tilde{A}$ und $\tilde{B}$ ist punktweise durch das Maximum definiert:

$$f_{\tilde{A}\cup\tilde{B}}(x) := \max\{f_{\tilde{A}}(x), f_{\tilde{B}}(x)\} \quad \forall x \in X$$

(3.4) Definition: Die Zugehörigkeitsfunktion des *Komplements* eines Fuzzy Sets $\tilde{A}$ ist definiert durch:

$$f_{\tilde{A}^c}(x) := 1 - f_{\tilde{A}}(x) \quad \forall x \in X$$

---

19 Vgl. Bronstein, I.N.; Semendjajew, K.A.: (Taschenbuch), S. 551.
20 Vgl. zu den folgenden Definitionen Zadeh, L.A.: (Fuzzy Sets), S. 339 - 343.
21 In der Forschung innerhalb der Fuzzy Sets ist es daher für spezifische Anwendungsgebiete auch zur Entwicklung einer Vielzahl verschiedener Operatoren gekommen; ein Überblick gibt z.B. Klir, G.J.; Folger, T.A.: (Fuzzy Sets), S. 37 - 61.

(3.5) Definition: Ein Fuzzy Set $\tilde{A}$ ist genau dann im Fuzzy Set $\tilde{B}$ enthalten, wenn gilt:

$$f_{\tilde{A}}(x) \leq f_{\tilde{B}}(x) \quad \forall x \in X$$

Ist $\tilde{A}$ in $\tilde{B}$ und gleichzeitig $\tilde{B}$ in $\tilde{A}$ enthalten, so sind die beiden unscharfen Mengen identisch.

In Abbildung 3-2 werden die Schnitt- und Vereinigungsmenge der beiden Fuzzy Sets "viel kleiner als 10" und "viel größer als 3" beispielhaft dargestellt.

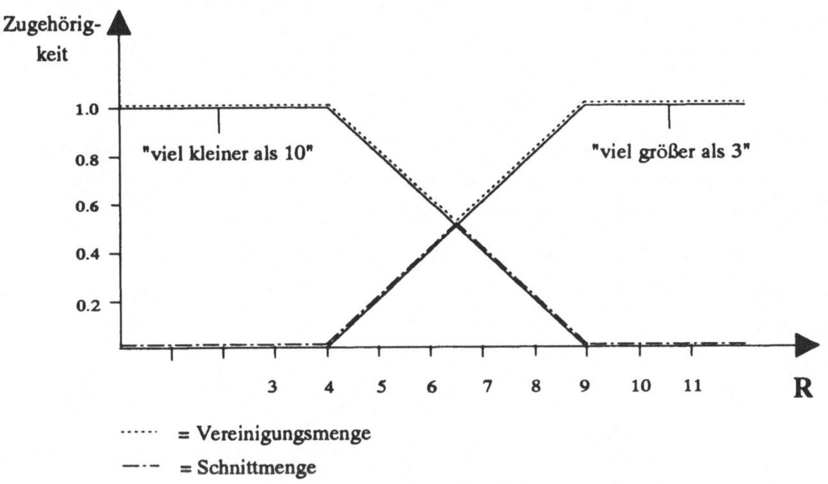

Abb. 3-2: Schnitt- und Vereinigungsmenge zweier Fuzzy Sets mit Minimum- und Maximum-Operator.

Werden die Verknüpfungen auf diese Weise definiert, ergeben sich axiomatische Folgerungen. Durch einfaches Einsetzen in die Definitionsgleichungen läßt sich beweisen, daß die Gesetze der Kommutativität, der Assoziativität, der Distributivität und die Gesetze von de Morgan erfüllt sind. Der Minimum- und Maximum-Operator können so als unscharfes Äquivalent zu den klassischen Logikoperatoren "UND" und "ODER" aufgefaßt werden.[22]

Mit den bisherigen Definitionen lassen sich lediglich unscharfe *Mengen* miteinander vergleichen. Um auch mit einzelnen unscharfen *Elementen* operieren zu können, müssen zusätzlich Konzepte der klassischen Mathematik auf Fuzzy Sets übertragen werden. Von fundamentaler Bedeutung hierfür ist das von ZADEH bereits 1965 erwähnte und später weiterentwickelte *Erweiterungsprinzip* ("extension principle").[23] Mit ihm können algebraische Operationen wie Addition und Multiplikation auf

---

22   Vgl. Rommelfanger, H.: (Entscheiden), S. 19.
23   Vgl. Zadeh, L.A.: (Fuzzy Sets), S. 352 f.; zur weiterentwickelten Form vgl. Zadeh, L.A.: (Concept), S. 236; Dubois, D.; Prade, H.: (Fuzzy Sets), S. 36 f.

unscharfe Punkte übertragen werden. Die Definition ist weiter gefaßt und bezieht sich allgemein auf mehrstellige Operatoren:

(3.6) Definition: Sei $X = X_1 \times X_2 \times \ldots \times X_n$ das kartesische Produkt scharfer Mengen. Sei $g : X \rightarrow Y$ eine Abbildung von X zur scharfen Menge Y. Seien weiter $\tilde{A}_1, \ldots, \tilde{A}_n$ unscharfe Teilmengen von $X_1, \ldots, X_n$. Dann wird nach dem Erweiterungsprinzip durch g in der Bildmenge Y eine unscharfe Bildmenge $\tilde{B}$ induziert, die folgende Zugehörigkeitsfunktion aufweist:

$$f_{\tilde{B}}(y) = \begin{cases} \sup\limits_{(x_1,\ldots,x_n) \in g^{-1}(y)} \min\{f_{\tilde{A}_1}(x_1), \ldots, f_{\tilde{A}_n}(x_n)\} & \text{für} \quad g^{-1}(y) \neq \emptyset \\ \\ 0 & \text{sonst} \end{cases}$$

Beispiel 3-2: Zur Veranschaulichung des Prinzips sei der Operator nur zweistellig. Betrachtet wird die Addition der beiden unscharfen Zahlen A ("ungefähr 2") und B ("ungefähr 5"). Die Abbildung 3-3 gibt die Zugehörigkeitsfunktionen der beiden zu addierenden fuzzy Zahlen und ihre Summe wieder. Sie kann mit C ("um 7") beschrieben werden, wobei das Adjektiv "um" unschärfer als "ungefähr" interpretiert werden soll.

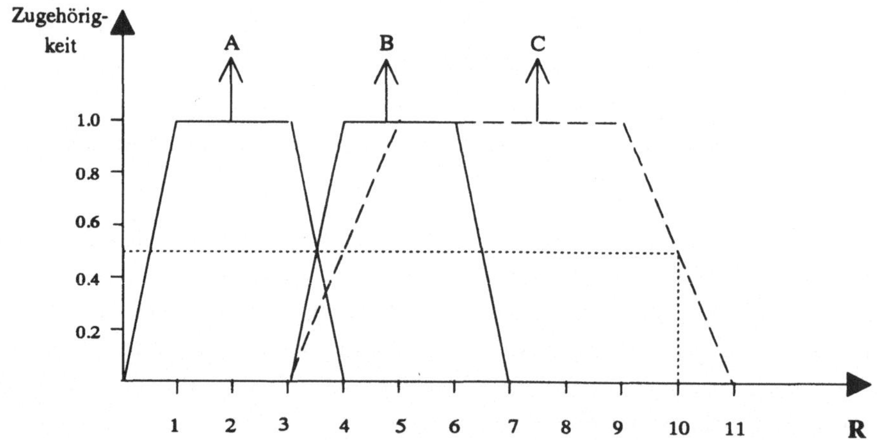

Abb. 3-3: Addition zweier unscharfer Zahlen nach dem Erweiterungsprinzip

Die Methodik des Erweiterungsprinzips soll exemplarisch am Mengenpaar (10;0.5) der unscharfen Summe erläutert werden: Untersucht werden alle Punkt-Kombinationen, deren Summe 10 ergibt. Der Zugehörigkeitswert für die Summe ergibt sich nach dem Erweiterungsprinzip aus dem Minimum der Zugehörigkeitswerte der beiden Summanden, also beispielsweise

$$
\begin{aligned}
\textbf{(3.7)} \qquad (3.0;1.0) + (7.0;0.0) &= (10.0;0.0) \\
(3.5;0.5) + (6.5;0.5) &= (10.0;0.5) \\
(4.0;0.0) + (6.0;1.0) &= (10.0;0.0)
\end{aligned}
$$

Aus allen möglichen Kombinationen, die als Summe 10 ergeben, wird dann das Supremum über den Zugehörigkeitswerten der jeweiligen Summe gebildet.[24] Bei einer Summe von 10 führt dies zu einem Zugehörigkeitswert von 0.5. Das gleiche Verknüpfungsprinzip läßt sich auch auf die anderen Grundrechenarten übertragen.

Um die Operationen mit fuzzy Zahlen leichter durchführen zu können, haben sich bestimmte Darstellungsformen durchgesetzt. So ist eine unscharfe Zahl eindeutig bestimmt, sobald der linke und der rechte Rand (R_l, R_r) des Bereiches zum Niveau 1.0, die linke und die rechte Spreizung (S_l, S_r) bis zum Niveau 0 sowie die Funktionen festgelegt sind, die den Übergang vom Niveau 1.0 zum Nullniveau beschreiben. Mit diesen - neben der Zugehörigkeitsfunktion - einzig relevanten Angaben (R_l,R_r,S_l,S_r) können Rechnungen nach dem Erweiterungsprinzip direkt durchgeführt werden. Diese sogenannte LR-Darstellung von fuzzy Zahlen ergibt im Beispiel 3-2:

$$
\textbf{(3.8)} \qquad (1,3,1,1) + (4,6,1,1) = (1+4;\ 3+6;\ 1+1;\ 1+1) = (5,9,2,2)
$$

Wie auch schon bei der Verknüpfung unscharfer Teilmengen, ist auch die hier angegebene Definition des Erweiterungsprinzips nicht die einzig mögliche. Andere Vorschläge zu alternativen Versionen gehen insbesondere auf DUBOIS & PRADE zurück.[25]

3.2.1.3. Fuzzy Sets und Wahrscheinlichkeitstheorie

Die Diskussion um den Zusammenhang zwischen der durch Fuzzy Sets abgebildeten Unschärfe und der mit Hilfe von Wahrscheinlichkeiten ausgedrückten Unsicherheit ist so alt wie die Fuzzy Sets selbst. Aus den Fuzzy Sets heraus wurde eine *Möglichkeitstheorie* ("possibility theory") entwickelt, die sich eng an ihr wahrscheinlichkeitstheoretisches Äquivalent anlehnt.[26] Wird der Wertebereich der Zugehörigkeitsfunktionen auf das Intervall [0,1] normiert, so können eine Möglichkeitsverteilung und ein Möglichkeitsmaß so definiert werden, daß sie formal der Axiomatik der Wahrscheinlichkeitstheorie entsprechen.[27] Auch die Zugehörigkeitsfunktion eines Fuzzy Sets läßt sich als eine Form der *charakteristischen Funktion* einer Menge darstellen und somit in den allgemeinen mathematischen Sprachgebrauch integrieren.

---

24   Im hier betrachteten Fall entspricht das Supremum dem Maximum.

25   Vgl. Dubois, D.; Prade, H.: (Comment), S. 357 ff.; Dubois, D.; Prade, H.: (Fuzzy Sets), S. 37 f.

26   Vgl. Zadeh, L.A.: (Basis), S. 3 - 28.

27   Vgl. hierzu z.B. Rommelfanger, H.: (Entscheiden), S. 48 - 52.

Basierte die Möglichkeitstheorie zu Beginn ausschließlich auf den von ZADEH eingeführten Operatoren, sind mittlerweile auch neuere Entwicklungen in die Theorie einbezogen worden und haben sie zu einem breiten Fundament der Fuzzy Sets werden lassen.[28]

Durch den Versuch, die unscharfen Mengen möglichst umfassend, genau und zu den Wahrscheinlichkeiten parallel zu definieren, drängt sich ein bewertender Vergleich beider Ausdrucksformen der Unsicherheit auf.[29] Dieser ist aber aus mehreren Gründen problematisch und unfruchtbar: Eine Bewertung der Güte ist schon alleine deshalb nicht möglich, da sich beide Theorien auf völlig verschiedene Sachverhalte beziehen; die verschiedenen Arten der Unsicherheit des unscharfen und stochastischen Ansatzes sind inhaltlich disjunkt.[30] Außerdem sind die Fuzzy Sets trotz Möglichkeitstheorie - im Gegensatz zur Wahrscheinlichkeitstheorie - nicht einheitlich definiert. Schon aus der Vielzahl möglicher plausibler Definitionen des Durchschnitts und der Vereinigung zweier unscharfer Mengen wird deutlich, wie viele Freiräume bei der Interpretation der Fuzzy Set-Theorie existieren.[31]

Diese Variationsmöglichkeiten sind aber auch nötig, da die Theorie der Fuzzy Sets in den unterschiedlichsten Zusammenhängen für verschiedenste Anwendungsgebiete eingesetzt werden kann. Und dabei kann es notwendig sein, daß beispielsweise zur Abbildung des menschlichen Umgangs mit Unschärfe andere Verknüpfungsoperatoren verwendet werden, als wenn mit Hilfe der Fuzzy Sets chemische Prozesse zu überwachen sind. Es kann daher nicht das Ziel sein, diese Variationsbreite durch vereinheitlichende Definitionen künstlich einzuengen.

Aus der vorstehenden Argumentation heraus wird auch deutlich, daß Fuzzy Set- und Wahrscheinlichkeitstheorie nicht in Konkurrenz, sondern komplementär zueinander stehen und sich ergänzen können.[32] Je nach Ausprägung der in einem Problem

---

28 Vgl. Dubois, D.; Prade, H.: (Possibility).

29 Zu einem Vergleich der Methodologien vgl. Roubens, M; Teghem, J.Jr.: (Comparison), S. 119 - 132.

30 Trotzdem kann es natürlich zu einer gewissen Form von Überschneidung kommen, wenn z.B. eine Wahrscheinlichkeit unscharf beschrieben ist ("es ist ziemlich wahrscheinlich, daß...") oder auch bei zufallsabhängigen Zugehörigkeitswerten einer unscharfen Menge. Dies schränkt die Gültigkeit obiger Aussage allerdings keinesfalls ein. Zum gemeinsamen Auftreten von Möglichkeit und Wahrscheinlichkeit vgl. z.B. Buckley, J.J.: (Programming), S. 353 - 364; Freeling, A.N.: (Possibilities), S. 67 - 81; Hirota, K.: (Probabilistic Sets), S. 184 - 196.

31 Eine gleichlautende Aussage trifft auch Zimmermann, vgl. Zimmermann, H.-J.: (Fuzzy Set Theory), S. 126.

32 Im Gegensatz dazu sehen einige Autoren die Fuzzy Optimierung fälschlicherweise als Konkurrenz zur stochastischen Programmierung an, vgl. z.B. Yazenin, A.V.: (Programming), S. 171 - 180. Einen Ansatz, der die beiden Theorien miteinander verbindet, beschreiben dagegen Hanuscheck, R.; Goedecke, U.: (Reduktion), S. 479 - 486.

existenten Unsicherheiten sollten entweder stochastische oder unscharfe Ansätze
gewählt, oder aber, im Fall eines parallelen Auftretens, beide Formen der Unsicherheit in einem System verarbeitet werden.

3.2.1.4. Praktische Anwendung von Fuzzy Sets

Seit ihrer Entwicklung im Jahr 1965 hat die Theorie der Fuzzy Sets weltweit eine
große Verbreitung erfahren. Nach eher sporadischen Weiterentwicklungen der Ideen
in den siebziger Jahren und zu Beginn des darauffolgenden Jahrzehnts ist das welt-
weite Interesse an den Fuzzy Sets seit Ende der achtziger Jahre sprunghaft gestiegen;[33] insbesondere Westeuropa scheint dabei erst am Anfang der kommerziellen
Anwendung der Fuzzy Set-Technologie zu stehen.[34]

In der ersten Phase nach ihrer Einführung wurde die Theorie der unscharfen Mengen
vornehmlich im Bereich der *Mustererkennung* ("pattern recognition") verwendet.[35]
Hierbei wird wie beim verwandten *Fuzzy Clustering* versucht, mit Hilfe der Fuzzy
Set-Theorie ungenaue Daten zu analysieren, zu strukturieren und vorhandenen
Mustern zuzuordnen.[36] Anwendung findet die Theorie z.B. bei Handschrifterken-
nung, Bar-Codierung oder im betrieblichen Bereich der Qualitätskontrolle.[37]

Der Schwerpunkt der Forschungsarbeit liegt zur Zeit auf den Gebieten des *Fuzzy
Control* und der *Fuzzy Expertensysteme*. In Expertensystemen kann die Fuzzy Set-
Theorie dazu verwendet werden, das unscharfe Wissen über die Problemlösung
adäquat abzubilden. Die bestehende Aufgabe, menschliches problemspezifisches
Wissen zu speichern und damit Problemlösungen zu simulieren, wird umso besser
erfüllt, je genauer die Unschärfe bei der menschlichen Problemlösung nachgebildet
werden kann. Der Einbezug von Fuzzy Sets bietet gute Voraussetzungen, die Qualität
dieser Simulation verbessern zu können; erfolgreiche Implementationen z.B. in der
medizinischen Diagnose bestätigen dies.

Beim Fuzzy Control wird die Theorie der Fuzzy Sets auf den Bereich der technischen
Steuerung von Maschinen bezogen.[38] Dabei wird häufig die Technik des *Approximate Reasoning* verwendet, bei dem aus unscharfen Mengen Schlußfolgerungen
gezogen werden und automatisierte Inferenzmechanismen in Systemen entwickelt

---

33 Vgl. Zimmermann, H.-J.; von Altrock, C.: (Prinzipien), S. 12.
34 Vgl. Fuchs, H.: (Schwamm), S. 129 - 135.
35 Vgl. Rödder, W.; Zimmermann, H-J.: (Analyse), S. 3.
36 Vgl. z.B. Bezdek, J.C.: (Pattern); Kandel, A.: (Techniques).
37 Vgl. Zimmermann, H.-J.; von Altrock, C.: (Prinzipien), S. 12.
38 Vgl. z.B. Zimmermann, H.-J.; von Altrock, C.: (Prinzipien), S. 9.

werden können.[39] Die meisten kommerziellen Anwendungen der letzten Jahre kommen aus dem Bereich des Fuzzy Control.[40] Insbesondere in Japan ist die Erforschung dieser Technologie seit Mitte der achtziger Jahre stark forciert worden,[41] was zur Folge hat, daß weltweit fast sämtliche Anwendungen aus Japan stammen.[42] Dabei reicht die Palette von der Systemregelung von Mischungsvorgängen chemischer Großprozesse über den Ausgleich von Schwenkungsunschärfen in Videokameras bis hin zur Steuerung von Fuzzy Waschmaschinen und ähnlichen Haushaltsgeräten.[43]

Der Einsatz der Fuzzy Set-Theorie kann aber auch dann erfolgsversprechend sein, wenn die endgültige Entscheidung nicht vollständig in automatisierter Form durchgeführt wird, sondern dem Entscheidungsträger überlassen bleibt. Dies bedeutet, daß unscharfe Mengen auch Anwendung in Systemen zur Entscheidungsunterstützung finden können. Wenn auf Grund der Unschärfe der realen Probleme und der Unschärfe innerhalb des menschlichen Problemlöseprozesses der Einbezug von Fuzzy Sets dazu führt, daß die Realitätsnähe des Modells verbessert und damit die Qualität der geleisteten Hilfestellung gesteigert werden kann, lassen sich Fuzzy Sets in alle Verfahren des Operations Research sinnvoll integrieren.[44]

3.2.2. Integration von Fuzzy Sets in die Lineare Optimierung

3.2.2.1. Spezifischer Entscheidungsansatz der Linearen Fuzzy Optimierung

Die Integration von Fuzzy Sets in betriebliche Entscheidungsmodelle geht auf BELLMAN & ZADEH zurück.[45] Fast alle der später entwickelten Fuzzy Optimierungsverfahren basieren auf dem dort entwickelten Konzept, das im folgenden erläutert werden soll. Ausgangspunkt der Überlegungen ist die klassische Entscheidungssitua-

---

[39]   Vgl. Zadeh, L.A.: (Concept), S. 333.

[40]   Vgl. Zimmermann, H.-J.: (Fuzzy Set Theory), S. 209.

[41]   Im Gegensatz dazu war die Erforschung der verschiedenen Fuzzy-Technologien zu diesem Zeitpunkt in Westeuropa noch unterentwickelt. So schätzte Zimmermann noch 1984 die Anzahl der auf diesem Gebiet tätigen westdeutschen Wissenschaftler auf ungefähr 10, vgl. Zimmermann, H.-J.: (Fuzzy Sets), S. 604.

[42]   In Japan existiert eine Institution, die über ein Budget von circa 50 Millionen US-Dollar verfügt und nur die Verbesserung der Fuzzy Technologie zum Inhalt hat, vgl. Zimmermann, H.-J.; von Altrock, C.: (Prinzipien), S. 12.

[43]   Vgl. Kosko, B.: (Networks), S. 18. Bei der Steuerung von fuzzy Autos mit optimaler Regelung der Straßenlage oder dem Ausweichen von Hindernissen werden die vollen Potentiale der Anwendung von Fuzzy Sets deutlich, da ein solches System auch in der Lage ist, Probleme wie die bereits geschilderte Kreuzungsüberquerung zu lösen.

[44]   Zu betrieblichen Anwendungen der OR-Verfahren vgl. Zimmermann, H.-J.: (Fuzzy Set Theory), S. 283 - 332.

[45]   Vgl. Bellman, R.E.; Zadeh, L.A.: (Decision-Making), S. B 141 - B 164.

tion, in der ein Ziel verfolgt wird und eine Zielwerterhöhung durch gewisse Nebenbedingungen eingeschränkt wird. Die Suche nach einer optimalen Entscheidung im Sinne einer optimalen Zielausprägung wird im Grundmodell der Linearen Optimierung durch folgende Struktur ausgedrückt:[46]

$$
\begin{array}{rlcl}
\textbf{(3.9)} \qquad \text{Max} & Z(X) & = & c^T X \\
\text{u.d.Nb.:} & A \cdot X & \leq & b \\
& X & \geq & 0
\end{array}
$$

$$
\begin{array}{rcll}
\text{mit} \quad X & := & \text{Vektor der Entscheidungsvariablen} \\
c & := & \text{Vektor der Zielfunktionskoeffizienten} \\
A & := & \text{Matrix der Restriktionskoeffizienten} \\
b & := & \text{Vektor der Restriktionsgrenzen}
\end{array}
$$

Die optimale Lösung wird dadurch ermittelt, daß im zulässigen Bereich, in dem alle Restriktionen gleichzeitig eingehalten werden, nach der Kombination der Entscheidungsvariablen gesucht wird, die den höchsten Zielwert ergibt.

Liegen unscharfe Modelldaten vor, so kann die Frage, ob in einem bestimmten Punkt alle Nebenbedingungen erfüllt sind oder nicht, nicht mehr eindeutig beantwortet werden. Das Prinzip ist es nun, auch die Nebenbedingungen simultan zu optimieren. Das bedeutet, daß im Fall der Datenunschärfe versucht wird, sowohl die Zielfunktion als auch die Restriktionen optimal zu erfüllen.[47] Die beste Handlungsalternative ergibt sich aus dem Durchschnitt von Ziel und Restriktionen:

"Decision = Confluence of Goals and Constraints".[48]

Die Optimierung verlagert sich damit auf eine andere, einheitliche Ebene. Es werden jetzt nur noch Erfüllungsgrade von Zugehörigkeitsfunktionen maximiert. In diesem Sinne besitzen Ziel und Nebenbedingungen die gleiche Struktur; die Optimierung verfolgt einen *symmetrischen Ansatz*, bei dem sowohl Ziel als auch Nebenbedingun-

---

[46]   Auf diese Darstellungsform lassen sich ohne Beschränkung der Allgemeinheit sämtliche Problemstrukturen der Linearen Optimierung zurückführen, da durch eine Multiplikation mit (-1) eine zu minimierende in eine zu maximierende Zielfunktion transformiert werden kann und "$\geq$"- in "$\leq$"-Restriktionen umgewandelt werden können, ohne die Gültigkeit der Optimierungsrechnungen zu beeinträchtigen. Vgl. Bloech, J.: (Optimierung), S. 117 f. Auch Gleichungen lassen sich durch die Aufspaltung in eine "$\geq$"- und eine "$\leq$"-Ungleichung in die Struktur des Grundmodells überführen.

[47]   Bellman & Zadeh erwähnen die Parallelität einer solchen Vorgehensweise zur Optimierung von Zielfunktionen unter Restriktionen mittels des Lagrange-Multiplikators oder Penalty-Funktionen, bei denen auch Zielerreichung und Einhaltung der Nebenbedingungen innerhalb einer Funktion simultan betrachtet und optimiert werden; vgl. Bellman, R.E.; Zadeh, L.A.: (Decision-Making), S. B 148.

[48]   Bellman, R.E.; Zadeh, L.A.: (Decision-Making), S. B 149.

gen "so weit wie möglich" erfüllt werden. Die simultane Vergleichbarkeit des "so weit wie möglich" wird durch die alleinige Betrachtung des Niveaus, mit dem die einzelnen Ungleichungen erfüllt sind, erreicht. Dieses Niveau der Zugehörigkeit stellt das für jede Ungleichung zu maximierende Ziel dar.

Um das Ziel und die Restriktionen auf diese Weise miteinander vergleichen zu können, wird die Zielfunktion künstlich "fuzzifiziert", indem auch für sie eine Zugehörigkeitsfunktion zu erstellen ist. Dazu werden potentielle Zielwerte bezüglich ihres Akzeptanzgrades bewertet, so daß ein Intervall der möglichen Zielausprägung entsteht, welches die Befriedigung bezüglich der Zielerreichung symbolisiert. Durch die gleichzeitige Maximierung der Zugehörigkeiten der Restriktionen werden diese zu neuen "Fuzzy-Zielen", bei denen ebenfalls ein möglichst hoher Erfüllungsgrad angestrebt wird.[49]

Ein derartiger Entscheidungsansatz entspricht seinem Wesen nach einer Nutzenmaximierung, bei der in gewisser Weise die "Gesamtbefriedigung" maximiert wird. Während der Zugehörigkeitswert der Zielfunktion direkten Nutzencharakter besitzt, ist dies bei den Restriktionen nur indirekt gegeben. Es sollte beachtet werden, daß die Zugehörigkeitsfunktion einer Nebenbedingung originär dazu dient, die bestehende Unschärfe zu beschreiben.[50] Allerdings liegt einer Bestimmung, wie weit eine unscharfe Restriktion im äußersten Fall überschritten werden kann, ebenfalls ein Akzeptanzgedanke für den unscharfen Begriff zugrunde. Dies wird auch nur von wenigen Autoren bezweifelt.[51]

Aus der Modellstruktur folgt evident, daß eine Erhöhung des Zielniveaus gleichzeitig zu einer Reduzierung bezüglich der graduellen Einhaltung zumindest einer Nebenbedingung führt.[52] Die Restriktionen, die in der optimalen Lösung eine höhere Gesamtbefriedigung verhindern, verlieren dann automatisch in ihrem Niveau an Zugehörigkeit. Dies gilt umgekehrt auch für das Ziel, sobald das Niveau einer bindenden Restriktion erhöht wird. Die Gegensätzlichkeit von Ziel und Restriktionen bestimmt die Entscheidung auch im Fall deterministischer Daten; der Unterschied besteht in dem Spielraum, der durch die Unschärfe und der damit verbundenen partiellen Mengenzugehörigkeit entsteht. Durch die Integration von Fuzzy Sets ist es möglich, das Ziel graduell zu erhöhen und dadurch die Restriktion "partiell" zu verletzen. Es entsteht damit aber auch gleichzeitig die Notwendigkeit, über diesen Spielraum zu ent-

---

[49]   Vgl. Wolf, J.: (Fuzzy-Modelle), S. 30.

[50]   Zu diesem Unterschied der Zugehörigkeitsfunktion bei Ziel und Restriktionen vgl. Inuiguchi, M.; Ichihashi, H.; Tanaka, H.: (Programming), S. 46.

[51]   So z.B. von Asai, K.; Tanaka, H.; Okuda, T.: (Decision), S. 257 - 277. Die Autoren begründen mit einer solchen Argumentation die Ablehnung des symmetrischen Entscheidungsansatzes.

[52]   Im anderen Fall würden die Nebenbedingungen die Zielerreichung nicht einschränken.

scheiden und die Optimierung darauf auszurichten. Der Zusammenhang zwischen Ziel- und Restriktionserfüllung soll an einem - aus Demonstrationszwecken bewußt einfach gewählten - Beispiel erläutert werden:[53]

Beispiel 3-3: Für ein Fußballspiel sollen die Eintrittspreise festgelegt werden. Es bestehe dabei einerseits das Ziel, einen möglichst hohen Gewinn zu erzielen, was sich in der Forderung eines "möglichst hohen Eintrittspreises" niederschlägt. Andererseits besteht die Einschränkung der Spieler, sportlichen Erfolg nur durch ausreichende Zuschauerunterstützung erreichen zu können, was sich in der Forderung nach einem "möglichst geringen Eintrittspreis" widerspiegelt. Ein möglicher Verlauf der Zugehörigkeitsfunktionen von Ziel und Nebenbedingung ist in Abbildung 3-4 dargestellt.

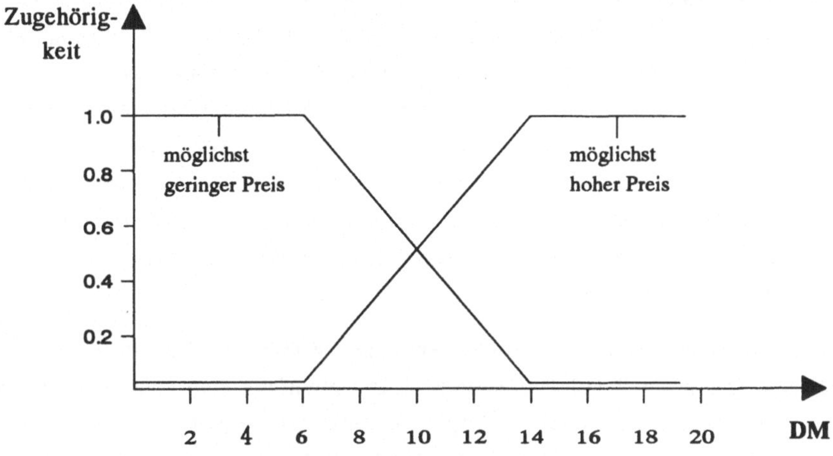

Abb. 3-4: Fuzzy Entscheidungsansatz nach BELLMAN & ZADEH

Die Optimierung erfolgt wie im Falle vollständig deterministischer Daten ausschließlich im Bereich der zulässigen Lösungen. Dieser besteht aus allen Handlungsalternativen, bei denen sämtliche Zugehörigkeitsfunktionen von Ziel und Restriktionen *zugleich* einen Wert größer Null annehmen:

(3.10) $f_i(X) > 0$ für $i = 1,\dots,m+1$
mit m = Anzahl der Nebenbedingungen.

Bei der Suche nach der optimalen Lösung dieser Problemstellung wird das komplementäre Zusammenspiel von Ziel und Nebenbedingung deutlich, da sich der Zugehörigkeitswert der Restriktion verringert, sobald das Zielniveau (durch einen höheren Preis) angehoben wird und vice versa. Die Lösung stellt demnach notwendigerweise einen *Kompromiß* dar, bei dem der Begriff der "simultanen" Maximierung aller

---

[53] Das Beispiel erfolgt in Anlehnung an die Ausführungen von Buscher & Roland, vgl. Buscher, U.; Roland, F.: (Fuzzy-Set-Modelle), S. 10 f.

Systembedingungen genauer interpretiert werden muß. Die Wahl einer Handlungsalternative wird abhängig von der Auslegung der unscharfen Schnittmengenbildung. Das Problem besteht darin, einen Operator für die Schnittmengenbildung zu finden, der die jeweilige Entscheidungssituation adäquat wiedergibt. Bei Verwendung des Minimum-Operators ergibt sich für das Beispiel 3-3 ein Eintrittspreis von 10 DM, da für Ziel und Restriktion simultan ein maximaler Zugehörigkeitswert von 0.5 erreicht werden kann.

Aus dem hier vorgestellten Entscheidungsansatz mit unscharfen Daten lassen sich Folgerungen für die Art der Problemstellungen und ihrer Modelle ableiten. Zum einen liegt es wegen der Gleichbehandlung von Ziel und Nebenbedingungen auf der Hand, daß die Vorgehensweise auch auf solche Probleme übertragen werden kann, bei denen mehr als ein Ziel existiert.[54] An der Struktur der Suche nach einer optimalen Lösung ändert sich auf Grund der Maximierung der Zugehörigkeitswerte nichts; es wird nach wie vor ein Kompromiß zwischen allen Systemungleichungen gesucht.[55] Zum anderen läßt sich die Vorgehensweise der Optimierung von Erfüllungsgraden als Entscheidungsansatz auch dann anwenden, wenn in einem Modell sowohl scharf als auch unscharf formulierte Systemungleichungen vorliegen, da sich deterministische Daten ebenfalls - als spezielle Fuzzy Sets - ohne Probleme in das zu optimierende System integrieren lassen.[56]

Wird der symmetrische Ansatz *nicht* verwendet, ergibt sich bei der Existenz von unscharfen Daten als Resultat der Optimierung ebenfalls eine unscharfe Menge.[57] Eine solche "nichtsymmetrische" Vorgehensweise hat allerdings den gravierenden Nachteil, daß aus der Optimierung keine eindeutige Handlungsempfehlung abgeleitet werden kann; die Verfahren sind demnach für eine sinnvolle Entscheidungsunterstützung nicht ohne weiteres geeignet.[58] Um dies zu verhindern, d.h. trotz Beibehaltung des ursprünglichen Unterschiedes von Zielfunktion und Restriktionen zu einer eindeutigen Lösung zu gelangen, lassen sich zwei verschiedene Vorgehensweisen anwenden.

---

54   Vgl. Zimmermann, H.-J.: (Fuzzy Programming), S. 48.

55   Im Gegensatz dazu bestehen in rein deterministischen Entscheidungsmodellen grundlegende Unterschiede zwischen Modellen mit einem und mehreren Zielen. Dies liegt daran, daß bei mehreren Zielen auch bei deterministischen Daten ein Kompromiß zwischen diesen gefunden werden muß.

56   Die Zugehörigkeitsfunktionen degradieren in diesem Fall zu klassischen charakteristischen Funktionen, die nur die Werte 0 oder 1 annehmen können.

57   Zu solchen Verfahren vgl. Orlovski, S.A.: (Programming), S. 197 - 201 und Orlovski, S.A.: (Programming Problems), S. 136 - 145 sowie Tanaka, H.; Ichihashi, H.; Asai, K.: (Decision), S. 146 - 154.

58   Die gleiche Meinung vertritt auch Rommelfanger; vgl. Rommelfanger, H.: (Entscheiden), S. 165.

Eine Möglichkeit besteht darin, die Nebenbedingungen nach einer Optimierung zu transformieren, um sie ex post mit der Zielfunktion zusammenzuführen und mit ihr vergleichbar zu machen. Letztlich resultieren daraus aber die gleichen Vergleichsprobleme zwischen Zielfunktion und Restriktion wie beim symmetrischen Ansatz. Außerdem wird das Problem dadurch noch ungenauer abgebildet, da die endgültige Entscheidung nach einem solchen ex-post-Vergleich auf der Grundlage doppelt transformierter Informationen getroffen werden muß.

Eine andere Vorgehensweise bietet sich durch die Zuhilfenahme der parametrischen Optimierung. Verfahren dieser Art gehen auf CHANAS zurück.[59] Mit Hilfe eines einheitlichen Parameters können alle Zugehörigkeitswerte innerhalb des Unschärfe-Intervalls erreicht werden. Allerdings haftet auch dieser Vorgehensweise der Nachteil an, eher eine Simulation und ein Experimentieren mit verschiedenen Erfüllungsgraden darzustellen. Zwar werden gegenüber dem ex-post-Vergleich von Ziel und Nebenbedingungen mehr Informationen bereitgestellt, das endgültige Urteil mit der Bestimmung eines optimalen Parameterwertes wird jedoch nicht unterstützt und obliegt der freien Einschätzung des Entscheidungsträgers. Für den parametrischen Ansatz wirkt sich weiter nachteilig aus, daß mit ihm nur Probleme mit einer Zielfunktion zu lösen sind.

Die grundsätzlichen Vorbehalte an nichtsymmetrischen Ansätzen zur Behandlung von fuzzy Daten in Optimierungsmodellen bedeutet jedoch nicht, daß der symmetrische Ansatz keine Schwachstellen besitzt und nicht verbesserungsfähig wäre. Die Kritik richtet sich in erster Linie an die per definitionem absolut gleichrangige Behandlung von Zielen und Nebendbedingungen. Eine "äußere" Symmetrie, die eine Optimierung auf der Grundlage der Erfüllungsgrade aller Zugehörigkeiten beschreibt, erscheint sinnvoll; eine "innere" Symmetrie hingegen, die eine Gleichwertigkeit und Gleichgewichtung aller Systemungleichungen unterstellt, muß abgelehnt werden. Im originären symmetrischen Entscheidungsansatz kann nicht danach differenziert werden, ob die Einhaltung einer Nebenbedingung für die Entscheidung als besonders wichtig gilt, oder ob einem Ziel größere Bedeutung beigemessen wird als gewissen anderen Nebenbedingungen. Schon BELLMAN & ZADEH haben darauf hingewiesen, daß es in manchen Situationen erforderlich sein könnte, diese Gleichwertigkeit aufzuheben.[60] Dazu muß eine Form der Verknüpfung aller Systemungleichungen gefunden werden, bei der trotz unterschiedlicher Gewichtung einzelner Ungleichungen eine simultane Maximierung der Zugehörigkeitswerte möglich ist.

---

[59] Vgl. Chanas, S.: (Use), S. 243 - 251; Chanas, S.: (Programming), S. 303 - 313.
[60] Vgl. Bellman, R.E.; Zadeh, L.A.: (Decision-Making), S. B 150.

3.2.2.2.   Verknüpfungsoperator in der Linearen Fuzzy Optimierung

Der Einsatz der Theorie der Fuzzy Sets in der Linearen Optimierung nach dem symmetrischen Entscheidungsansatz erfordert eine Entscheidung darüber, wie der Zusammenschluß von Zielen und Nebenbedingungen formal durchgeführt werden sollte. Das Streben nach simultaner Maximierung aller Modell-Zugehörigkeitsfunktionen erfordert die Spezifikation eines Verknüpfungsoperators, der die unscharfe Schnittmengenbildung repräsentiert.

BELLMAN & ZADEH schlagen bei der Einführung des unscharfen Entscheidungsansatzes ZADEHS Basisdefinitionen folgend den Minimum-Operator als Form der Aggregation vor.[61] Dies bedeutet, daß sich der Zugehörigkeitswert des Durchschnitts zweier oder mehrerer unscharfer Mengen jeweils nach dem kleinsten Wert der betrachteten Mengen richtet. Eine optimale Entscheidung bei der Schnittmengenbildung von mehreren Ungleichungen äußerst sich dann in einem Lösungspunkt, bei dem der minimale Zugehörigkeitswert möglichst groß ist; die Vorgehensweise entspricht folglich einem Max-Min-Ansatz.[62]

Die Kritik an der Verwendung des Minimum-Operators richtet sich gegen seine fehlende Realitätsnähe. Eine solche Form der Aggregation repräsentiert eine äußerst pessimistische Haltung, da sie dem Grundsatz "eine Kette ist nur so stark wie ihr schwächstes Glied" folgt.[63] Diese Einstellung entspricht aber in aller Regel nicht der menschlichen Denkweise im Laufe eines Entscheidungsprozesses. Diesbezügliche empirische Untersuchungen sind mehrfach durchgeführt worden und haben sämtlich die Untauglichkeit des Minimum-Operators für die Verwendung in unscharfen Entscheidungsmodellen bestätigt;[64] die beobachteten Werte waren stets höher als die zu pessimistischen Werte, die mit dem Minimum-Operator prognostiziert worden waren.[65] Schon BELLMANN & ZADEH haben bei ihrer Einführung der Fuzzy Sets in die Entscheidungstheorie darauf hingewiesen, daß der Minimum-Operator nicht für alle Entscheidungssituationen geeignet sein dürfte. Sie schlugen stattdessen für diese Fälle

---

[61]   Vgl. Bellman, R.E.; Zadeh, L.A.: (Decision-Making), S. B 149.

[62]   Vgl. Bellman, R.E.; Zadeh, L.A.: (Decision-Making), S. B 150.

[63]   Vgl. Rommelfanger, H.: (Entscheiden), S. 24.

[64]   In empirischen Untersuchungen von Operatoren wird getestet, wie durch Versuchspersonen ermittelte Aggregationsbewertungen mit Hilfe der untersuchten Operatoren prognostiziert werden können.

[65]   Vgl. Rödder, W.: (Connectives); Thole, U.; Zimmermann, H.-J.; Zysno, P.: (Suitability), S. 167 - 180; Zimmermann, H.-J.; Zysno, P.: (Connectives), S. 37 - 51.

das *algebraische Produkt* als Verknüpfungsoperator für das logische "UND" vor:[66]

(3.11) Definition: Das algebraische Produkt zweier unscharfer Mengen $\tilde{A}$ und $\tilde{B}$ bezeichnet die unscharfe Menge mit der Zugehörigkeitsfunktion:

$$f_{\tilde{A}*\tilde{B}}(x) := f_{\tilde{A}}(x) \cdot f_{\tilde{B}}(x) \quad \forall x \in X$$

Der algebraisches-Produkt-Operator beschreibt zwar eine optimistischere Grundeinstellung des Entscheidungsträgers, die sich nicht mehr ausschließlich nach dem niedrigsten Zugehörigkeitswert einer zu schneidenen Gruppe von Systemungleichungen richtet, bildet aber die menschliche Denkweise in unscharfen Entscheidungssituationen in aller Regel noch mangelhafter ab.[67] Eine Verwendung muß aus diesem Grunde genauso ausgeschlossen werden wie die des Maximum-Operators, der einer zu optimistischen Grundeinstellung entspricht und außerdem eher das logische "ODER" als das für die Schnittmengenbildung im Optimierungsmodell geforderte "UND" repräsentiert.

Aus empirischen Untersuchungen wird deutlich, daß der ideale Operator im Bereich zwischen dem Minimum- und dem Maximum-Operator definiert sein sollte. Als entscheidendes Gütekriterium wird dabei die Möglichkeit zu einer *Kompensation* angesehen.[68] Eine Kompensation wird im Zusammenhang mit der Aggregation von Fuzzy Sets wie folgt definiert:[69]

(3.12) Definition: Sei $f_{\tilde{C}}(x) := f_{\tilde{A}}(x) * f_{\tilde{B}}(x)$ die Zugehörigkeitsfunktion der Aggregation zweier unscharfer Mengen. Der Operator "$*$" wird genau dann als kompensatorisch bezeichnet, wenn eine Veränderung in $f_{\tilde{A}}(x)$ durch eine entsprechende Veränderung in $f_{\tilde{B}}(x)$ so aufgehoben (kompensiert) werden kann, daß $f_{\tilde{C}}(x)$ konstant bleibt.

An einem Beispiel soll deutlich gemacht werden, daß die Fähigkeit zur Kompensation eine essentielle Voraussetzung dafür ist, sinnvolle Entscheidungsunterstützung leisten zu können.[70]

Beispiel 3-4: Es sollen die beiden gleichrangigen Ziele bestehen, ein altes Auto einerseits *möglichst sofort* und andererseits zu einem *möglichst hohen* Preis zu verkaufen. Es bestehe die Möglichkeit, den Wagen zu einem Preis von 10.000.- DM zu verkau-

---

66 Aus diesem Grund verwenden sie zur Definition ihres Entscheidungsansatzes auch den - gegenüber dem die reine Schnittmenge darstellenden Begriff "Intersection" - allgemeineren Begriff "Confluence", vgl. Bellman, R.E.; Zadeh, L.A.: (Decision-Making), S. B 150.

67 Zu diesbezüglichen empirischen Ergebnissen vgl. Thole, U.; Zimmermann, H.-J.; Zysno, P.: (Suitability), S. 167 - 180.

68 Vgl. Schwab, K.-D.: (Konzept), S. 6.

69 Vgl. Zimmermann, H.-J.: (Decision), S. 197.

70 Vgl. Zimmermann, H.-J.: (Fuzzy Set Theory), S. 361.

fen, allerdings erst in 9 Tagen. Der Wert des Wagens wird vom Besitzer auf 500.- DM geschätzt, wodurch sich für den angestrebten "möglichst hohen" Verkaufspreis eine Zugehörigkeitsfunktion ergibt, die bei 400.- DM beginnt, Werte größer als Null anzunehmen und bei 700.- DM volle Zugehörigkeit zur Menge der "möglichst hohen Verkaufspreise" erreicht. Die Zugehörigkeitsfunktion des Zeit-Zieles hat das Niveau 1 nur am selben Tag und soll nach 10 Tagen auf Nullniveau gesunken sein.

Einem Aggegationsoperator zur simultanen Erfüllung beider Ziele ohne Kompensation ist es nun nicht möglich, den "überoptimalen" Verkaufspreis so in das Entscheidungskalkül einzubeziehen, daß die schlechte Erfüllung des Zeitzieles kompensiert wird und der Entscheidungsalternative eine hohe aggregierte Zugehörigkeit zugesprochen wird. Es erscheint plausibel, daß der Entscheidende in dieser Situation angesichts des hohen Geldbetrages bereit ist, in bezug auf die Zeit Konzessionen zu machen und die bestehende Entscheidungsalternative höher bewertet als beispielsweise mit einem Niveau von ungefähr 0.1, wie es mit dem Minimum-Operator errechnet würde.[71]

In der Literatur ist eine Vielzahl von kompensatorischen Operatoren entwickelt worden, deren Zugehörigkeitswerte zwischen den beiden Extrema Minimum- und Maximum-Operator liegen. Eine einfache Möglichkeit zur Berücksichtigung von Kompensation bei der Verknüpfung unscharfer Mengen bieten das *arithmetische* und das *geometrische Mittel*. Werden diese beiden Operatoren in einem Optimierungsverfahren verwendet, so entspricht das Streben nach Optimalität in diesen Fällen der Suche nach einem maximalen arithmetischen - oder geometrischen - Mittelwert der Zugehörigkeitswerte der betrachteten unscharfen Ungleichungen.[72]

(3.13)   Definition: Seien $\tilde{A}_i, i = 1, \ldots, n$ unscharfe Mengen. Dann wird die Menge mit der Zugehörigkeitsfunktion

i) $f(x) := \frac{1}{n} \sum\limits_{i=1}^{n} f_{\tilde{A}_i}(x)$

als arithmetisches-Mittel-Verknüpfung der $\tilde{A}_i$ und

ii) $f(x) := \prod\limits_{i=1}^{n} f_{\tilde{A}_i}(x)^{\frac{1}{n}}$

als geometrisches-Mittel-Verknüpfung der $\tilde{A}_i$ bezeichnet.

---

[71] Der Minimum-Operator ist nicht-kompensatorisch: kleine Werte können nicht durch große Werte in der Gesamtbewertung ausgeglichen werden, da ausschließlich das Minimum den Aggregationswert determiniert.

[72] Dabei kann es durchaus vorkommen, daß einige Restriktionen nur sehr kleine Erfüllungsgrade besitzen.

Die empirischen Tests bezüglich der Anwendbarkeit dieser beiden Operatoren in Entscheidungsmodellen zeigen unterschiedliche Resultate. In einigen speziellen Anwendungsfällen zeigten arithmetisches und geometrisches Mittel akzeptable Aggregationsergebnisse.[73] Weitaus höher jedoch ist die Anzahl der Anwendungen, bei denen die beiden Operatoren nicht oder nur ungenügend zur Behandlung der realen Probleme herangezogen werden können.

Das sich in den Untersuchungen abzeichnende Problem, für verschiedene Situationen unterschiedliche Operatoren zu benötigen, kann durch die Einführung von Parametern zumindest gemildert werden. Die Flexibilität erhöht sich, da eine den jeweiligen Anforderungen entsprechende Ausprägung der Verknüpfungsform gewählt werden kann. Bei der Verwendung des arithmetischen oder geometrischen Mittels als Operator kann eine Parametrisierung durch die variable Gewichtung der einzelnen Summanden erfolgen, solange die Summe der Gewichte 1 ergibt:

$$(3.14) \quad \text{i)} \quad f(x) := \sum_{i=1}^{n} \alpha_i f_{\tilde{A}_i}(x) \quad \text{mit} \quad \sum_{i=1}^{n} \alpha_i = 1$$

$$\text{ii)} \quad f(x) := \prod_{i=1}^{n} f_{\tilde{A}_i}(x)^{\sigma_i} \quad \text{mit} \quad \sum_{i=1}^{n} \sigma_i = 1$$

Ein weiterer Weg, parametrische kompensatorische Operatoren zu erhalten, ist die Wahl einer konvexen Linearkombination zweier unterschiedlicher Operatoren. Die einfachste Form eines solchen zusammengefügten Operators entsteht durch die Kombination von Minimum- und Maximum-Operator:[74]

$$(3.15) \quad f(x) := \gamma \cdot \min_{i=1,\ldots,n} \{f_{\tilde{A}_i}(x)\} + (1-\gamma) \cdot \max_{i=1,\ldots,n} \{f_{\tilde{A}_i}(x)\} \quad \text{mit } \gamma \in [0,1]$$

Einen etwas andere Form wählt WERNERS, um der Tatsache besser Rechnung zu tragen, daß der Schnittmengenbildung unscharfer Mengen eher durch den Minimum- als den Maximum-Operator ensprochen wird. Der Aggregationsoperator setzt sich deshalb aus Minimum- und Arithmetischem-Mittel-Operator zusammen:[75]

$$(3.16) \quad f(x) := \gamma \cdot \min_{i=1,\ldots,n} \{f_{\tilde{A}_i}(x)\} + (1-\gamma) \cdot \frac{1}{n} \sum_{i=1}^{n} f_{\tilde{A}_i}(x) \quad \text{mit } \gamma \in [0,1]$$

---

[73] Vgl. Rommelfanger, H.; Unterharnscheidt, D.: (Kompensation), S. 361 - 369; Zimmermann, H.-J.; Zysno, P.: (Connectives), S. 42 f.

[74] Vgl. Zimmermann, H.-J.: (Programming), S. 109.

[75] Vgl. z.B. Werners, B.: (Entscheidungsunterstützung), S. 164. Entsprechend wird hier neben dem logischen "UND" das (für die Optimierung nicht relevante) logische "ODER" als Linearkombination von Maximum- und Arithmetischen-Mittel-Operator definiert.

Der von ZIMMERMANN & ZYSNO vorgeschlagene γ-*Operator* wählt als Extremoperatoren die algebraische Summe und das algebraische Produkt, wobei die algebraische Summe wie folgt definiert ist:[76]

(3.17) Definition: Die algebraische Summe zweier unscharfer Mengen $\tilde{A}$ und $\tilde{B}$ bezeichnet die unscharfe Menge mit der Zugehörigkeitsfunktion:

$$\begin{aligned} f(x) \; &:= \; f_{\tilde{A}}(x) + f_{\tilde{B}}(x) - f_{\tilde{A}}(x) \cdot f_{\tilde{B}}(x) \\ &= \; 1 - \left[(1 - f_{\tilde{A}}(x)) \cdot (1 - f_{\tilde{B}}(x)) \right] \end{aligned}$$

Die Verwendung dieser beiden, als Einzeloperatoren ungenügenden Verknüpfungsformen wird von den beiden Autoren dadurch gerechtfertigt, daß bei der Aggregation mehrerer unscharfer Mengen durch die alleinige Betrachtung von Minimum und Maximum zu viele mögliche Informationen der "Zwischenzugehörigkeitswerte" vernachlässigt werden.[77] Der γ-Operator setzt sich aus dem gewichteten Produkt von algebraischer Summe und algebraischem Produkt wie folgt zusammen:[78]

(3.18) Definition: Seien $\tilde{A}_i, i = 1, \ldots, n$ unscharfe Mengen. Als γ-Verknüpfung der $\tilde{A}_i$ wird die Menge mit der Zugehörigkeitsfunktion

$$f(x) := \left(\prod_{i=1}^{n} f_{\tilde{A}_i}(x) \right)^{1-\gamma} \cdot \left(1 - (\prod_{i=1}^{n} (1 - f_{\tilde{A}_i}(x))) \right)^{\gamma} \quad \forall x \in X$$

und mit $\gamma \in [0, 1]$ bezeichnet.

Der Parameter γ kann im Intervall zwischen 0 und 1 beliebig variiert werden. Da seine Größe den Grad der zugelassenen Kompensation widerspiegelt, wird er auch als *Kompensationsparameter* bezeichnet.

Neben den hier vorgestellten sind noch eine Vielzahl weiterer kompensatorischer, parametrischer Operatoren entwickelt worden.[79] Eine Verallgemeinerung stellen Klassen von Operatoren dar. Die den Mengendurchschnitt repräsentierende Klasse wird dabei als *t-Norm*, die eine allgemeine Vereinigung beschreibende Klasse als *t-Conorm* bezeichnet.[80]

---

[76]   Die Gleichheit der beiden Zeilen ergibt sich aus der allgemeingültigen Umformung
a+b-ab = 1-(1-a-b+ab) = 1-(1-a)(1-b) für alle reellen Zahlen a und b.

[77]   Vgl. Zimmermann, H.-J.; Zysno, P.: (Connectives), S. 47.

[78]   Vgl. Zimmermann, H.-J.; Zysno, P.: (Connectives), S. 47.

[79]   So z.B. die Operatoren von Hamacher, Yager, Luhandjula und Dubois & Prade; vgl. Hamacher, H.: (Aggregationen), S. 106; Yager, R.R.: (Class), S. 236 - 238; Luhandjula, M.K.: (Operators), S. 248; Dubois, D.; Prade, H.: (Class), S. 43 - 61.

[80]   Zu den Klassen und seinen axiomatischen Anforderungen vgl. z.B. Dubois, D.; Prade, H.: (Review), S. 90 ff.; Yu, Y.: (Norms), S. 251 - 264.

Die verwirrende Vielzahl existierender Operatoren wirft die Frage auf, welchem für das Verfahren der Linearen Fuzzy Optimierung der Vorzug gegeben werden sollte. Es muß jedoch die ernüchternde Feststellung getroffen werden, daß keiner der entwickelten Verknüpfungsformen in der Lage ist, die Art, in der unscharfe Daten vom menschlichen Gehirn aggregiert und bewertet werden, in optimaler Weise übergreifend nachzubilden. So konnte z.B. in einer Untersuchung von ROMMELFANGER & UNTERHARNSCHEIDT keiner der getesteten Operatoren den gestellten Signifikanzkriterien genügen.[81] In einigen Fällen schnitten zwar der γ-Operator, der arithmetisches-Mittel-Operator oder die Konvexkombination von Minimum- und Maximum-Operator gut ab, aber trotz der Möglichkeit zur Parameterwahl gelten diese Ergebnisse nur für jeweils ganz spezielle Aufgabenstellungen. Die Suche nach einer universell einsetzbaren, adäquaten Verknüpfungsform unscharfer Mengen muß trotz einiger anderslautender Äußerungen bislang als erfolglos angesehen werden.

Das Problem liegt dabei in der Schwierigkeit, die Freiräume der Parameter effizient zu nutzen. Bei der Festlegung von einzelnen Gewichten und Kompensationsgraden werden dem Entscheidungsträger zu viele a priori-Informationen abverlangt. Die zu Beginn des Entscheidungsprozesses zu treffende Wahl von Parametern und Gewichten stellt für den Benutzer ein fast unlösbares Unterfangen dar.[82] Aber auch die Festlegung eines der Situation angemessenen Kompensationsgrades, sofern dies überhaupt möglich ist, kann den Entscheidungsträger überfordern.[83] Als Lösung wird vorgeschlagen, den Grad der Kompensation mittels empirischer Vortests zu ermitteln,[84] was allerdings die Handhab- und flexible Einsetzbarkeit von Optimierungsverfahren erheblich einschränkt.

Auf Grund dieser Betrachtungen verwundert es nicht, daß in implementierten praxisorientierten Systemen der Linearen Fuzzy Optimierung in aller Regel doch mit dem Minimum-Operator gearbeitet wird. Der unbestritten mangelhaften Realitätsnähe steht dabei eine äußerst einfache Handhabung gegenüber, da Optimierungsmodelle mit Minimum-Operator keinerlei rechentechnische Probleme mit sich bringen. Im Gegensatz dazu führt die Verwendung von vielen anderen Formen der Durchschnittsbildung zu nichtlinearen Modellen.[85] Da es bei der Verwendung mancher Operatoren zudem zu nichtkonvexen Lösungspolyedern kommen kann, ist eine Behandlung solcher Modelle in einem Optimierungsverfahren mathematisch nicht immer möglich

---

81 Vgl. Rommelfanger, H.; Unterharnscheidt, D.: (Kompensation), S. 361 - 369.

82 Vgl. Wolf, J.: (Fuzzy-Modelle), S. 33; Rommelfanger, H.: (Entscheiden), S. 24. Außerdem kann es bei einer absoluten Festlegung von Gewichten zu Inkonsistenzen bei der Aggregation kommen; vgl. Schwab, K.-D.: (Konzept), S. 62 f.

83 Vgl. Zimmermann, H.-J.; Zysno, P.: (Evaluations), S. 256.

84 Vgl. Zimmermann, H.-J.; Zysno, P.: (Connectives), S. 47.

85 So z.B. Hamacher-, γ-, Yager-, geometrisches-Mittel- oder Produkt-Operator; vgl. Zimmermann, H.-J.: (Decision), S. 254; Zimmermann, H.-J.: (Fuzzzy Set Theory), S. 42.

und in jedem Fall mit starken Effizienzeinbußen hinsichtlich der Verfahrensschnelligkeit und Handhabbarkeit verbunden. Zu linearen Strukturen führen neben dem Minimum-Operator nur der Maximum- und der arithmetisches-Mittel-Operator sowie deren konvexe Linearkombinationen.

Abbildung 3-5 faßt die Analyse der Operatoren zusammen, indem dargestellt wird, welches Optimierungsmodell sich aus ihnen ergibt und welche Möglichkeiten bezüglich der Kompensation gegeben sind.

Operator	Resultierendes Modell	Kompensation möglich	Kompensationsgrad variierbar
Minimum	LP	nein	-
Maximum	LP	nein	-
alg. Produkt	NLP (evtl. nichtkonvex)	nein	-
arithm. Mittel	LP	ja	nach Parametrisierung
geom. Mittel	NLP	ja	nach Parametrisierung
Werners	LP	ja	ja
γ	NLP (evtl. nichtkonvex)	ja	ja
Hamacher	NLP	ja	ja
Yager	NLP	ja	ja

Abb. 3-5: Verschiedene Verknüpfungsoperatoren der Schnittmengenbildung im Vergleich

Die Betrachtung der Abbildung legt den Versuch nahe, die Auswahl eines geeigneten Operators *axiomatisch* zu rechtfertigen. Die Verwendung des Minimum- und Maximum-Operators als Vertreter eines unscharfen "UND" und "ODER" führt dazu, daß die Gesetze der klassischen Mengenlehre wie z.B. Assoziativität, Kommutativität oder Monotonie auch auf unscharfe Mengen übertragen werden können. Werden nun in einem Axiomensystem Maximalanforderungen dieser Art gestellt, so läßt sich beweisen, daß ausschließlich diese Operatoren die Anforderungen erfüllen.[86]

Die Aufstellung einzelner Axiome und die daraus resultierende Ableitung eindeutiger Operatoren mag zwar mathematisch elegant sein, für die Verwendung bezüglich normativer Verhaltensregeln ist diese Vorgehensweise jedoch nicht geeignet und inakzeptabel.[87] Die Beeinflußbarkeit der axiomatisch eindeutig abgeleiteten Resultate

---

[86] Zu den Axiomen und dem Eindeutigkeitsbeweis vgl. Bellman, R.E.; Giertz, M.: (Formalism), S. 149 - 156.

[87] Die gleiche Ansicht vertritt auch Rommelfanger, wohingegen z.B. Zimmermann die axiomatische Rechtfertigung als einen Baustein bei der Suche nach einem geeigneten Operator ansieht; vgl. Rommelfanger, H.: (Entscheiden), S. 20; Zimmermann, H.-J.: (Fuzzy Set Theory), S. 39.

wird auch dadurch deutlich, daß verschiedene, sich nur unwesentlich unterscheidende Axiomensysteme verschiedener Autoren jeweils zur - eindeutigen - Wahl eines anderen Verknüpfungsoperators führen.[88]

Die Ausrichtung eines Optimierungsmodells sollte sich stattdessen an der Fähigkeit orientieren, den menschlichen Umgang mit unscharfen Daten wiedergeben zu können. Die Integration der Fuzzy Sets in das Modell der Linearen Optimierung geschieht in der Absicht, die Realitätsnähe und damit die Einsatzfähigkeit dieses Instruments der Entscheidungsunterstützung zu verbessern. Demzufolge ist es auch notwendig, den verwendeten Operator auf Grund seiner Abbildungstreue und empirischen Validität auszuwählen; pragmatische Kriterien wie numerische Recheneffizienz oder mathematische Handhabbarkeit sollten die Entscheidung nicht grundlegend beeinflussen.[89] Vielmehr ist die Fähigkeit zur Kompensation von entscheidender Bedeutung.

Der Grund, warum sich auch die Verfahren, bei denen Kompensation möglich ist, für den praktischen Einsatz als ungeeignet erwiesen haben, liegt in ihrer grundsätzlichen Vorgehensweise. Die Kompensation ist stets *willkürlich* und kann vom Entscheidungsträger nicht in ausreichendem Maße beeinflußt werden. Es läßt sich nicht bestimmen, *welche* Systemungleichung durch *welche andere* Systemungleichung, z.B. bei der Bildung eines Durchschnitts, kompensiert werden kann. Der Entscheidungsträger hat im Laufe der Systemrechnungen keinerlei Möglichkeiten, in die Wahl der zur Kompensation in Frage kommenden Ungleichungen aktiv einzugreifen.

Wäre dies möglich, könnte er aus seinem persönlichen Kenntnisstand über das reale Problem diejenigen Nebenbedingungen auswählen, bei denen er bereit wäre, einen niedrigeren Zugehörigkeitswert in Kauf zu nehmen, wenn dabei andere, von ihm als dringlicher eingestufte Systemungleichungen, zu einem höheren Niveau erfüllt werden können.[90] Durch die Kompensation könnten so implizit Bewertungen und Präferenzen ausgedrückt werden. Eine Vorgehensweise allerdings, bei der die gegeneinander abgewogenen Mengen willkürlich vom System ausgewählt werden, stellt nicht die Form der realen Kompensation dar, wie sie im Laufe der Problemlösung im menschlichen Gehirn tatsächlich vorgenommen wird und führt demzufolge zum Scheitern dieser Operatoren im praktischen Einsatz.

---

88 So rechtfertigt Schwab damit den Einsatz des arithmetischen-Mittel-Operators sowie Hamacher und Werners die jeweils von ihnen entwickelten Operatoren; vgl. Schwab, K.-D.: (Konzept), S. 55 - 60; Hamacher, H.: (Aggregationen), S. 73 ff.; Werners, B.: (Entscheidungsunterstützung), S. 168 ff.

89 Zimmermann unterstreicht ebenfalls die Bedeutung des "empirical fit" und der Möglichkeit zur Kompensation, führt aber noch sechs weitere, eher pragmatisch oder axiomatisch begründete Kriterien für die Wahl eines geeigneten Operators an. Vgl. Zimmermann, H.-J.: (Decision), S. 196 f.

90 Dies wird am Beispiel 3-4 des Autoverkaufs deutlich.

Daran ändert auch die Möglichkeit der Wahl des Kompensationsgrades nichts. Dieser läßt lediglich zu, daß vom Entscheidungsträger festgelegt werden kann, wie stark die (vom Verfahren automatisiert durchgeführte) Kompensation sein soll.[91] So kann es, in Umkehrung des eigentlichen Zwecks, dazu kommen, daß vom System als Ergebnis eine Entscheidung empfohlen wird, die den tatsächlichen Präferenzen des Entscheidungsträgers noch viel weniger entspricht als eine mit dem Minimum-Operator gewonnene Lösung.[92] Dies passiert, wenn als wichtig angesehene Nebenbedingungen in der Lösung ein niedrigeres Niveau annehmen und weniger wichtige Restriktionen dafür fast voll erfüllt sind.[93]

Zusammenfassend läßt sich festhalten, daß die Fähigkeit zur Kompensation eine notwendige Voraussetzung für einen Verknüpfungsoperator in der Fuzzy Optimierung darstellt. Unabhängig davon, ob das sich ergebende Modell lineare oder nichtlineare Strukturen besitzt, scheitert die Anwendbarkeit solcher entwickelten Formen in praktischen Problemstellungen allerdings daran, daß der Entscheidungsträger auf die Kompensation keinen Einfluß nehmen kann. Diese Erkenntnis führt in der Konsequenz zur Notwendigkeit, in einem eigenen Verfahren der Linearen Fuzzy Optimierung auch eine eigene Verknüpfungsform zu entwickeln.[94]

3.2.2.3.   Zugehörigkeitsfunktionen innerhalb der Linearen Fuzzy Optimierung

Neben der Wahl eines geeigneten Operators bestimmt auch die Entscheidung über die Gestalt der Zugehörigkeitsfunktion der Fuzzy Sets, wie die unscharfen Mengen in die Lineare Optimierung integriert werden können. In der Literatur wird der Auswahl einer adäquaten Funktion allerdings oft nicht der ihrer Bedeutung eigentlich entsprechende Stellenwert beigemessen, sondern bei der Konstruktion von Fuzzy Optimie-

---

[91] Rao, Tiwari & Mohanty wollen dies mildern, indem sie in einem dynamischen Ansatz dem Entscheidenden nach der Präsentation der Lösung die Möglichkeit geben, den Grad an Kompensation neu festzulegen, um so zu verhindern, daß für wichtig erachtete Ungleichungen stärker vom aggregierten Wert abweichen als erwünscht, vgl. Rao, J.R.; Tiwari, R.N.; Mohanty, B.K.: (Method), S. 33 - 41. Letztlich wird hiermit das eigentliche Problem aber nicht gelöst.

[92] So ist auch zu erklären, daß in einigen Fällen der Minimum-Operator bessere Ergebnisse erzielen konnte als andere kompensatorische Operatoren.

[93] Im bereits erwähnten Beispiel des Autoverkaufes unter den zwei Zielsetzungen könnte es bei der weiteren Möglichkeit des sofortigen Verkaufs zu einem relativ geringem Preis z.B. dazu kommen, daß im Interesse eines hohen Gesamtzielwertes die relativ unwichtige Zeitbedingung voll erfüllt wird auf Kosten eines niedrigen Niveaus beim Ziel des hohen Preises, obwohl in diesem Fall auf Grund des Angebotes dem Preis - entsprechend den Präferenzen des Verkäufers - eine ungleich höhere Bedeutung zukommen müßte.

[94] Auf die speziellen Anforderungen an diesen Operator und deren Umsetzung innerhalb des Entscheidungsunterstützungssystems wird im Abschnitt 4.2.3. eingegangen.

rungsverfahren meist implizit von der Prämisse ausgegangen, daß geeignete Funktionen bereits vorliegen.[95] Dies verfälscht jedoch von vornherein die vom Verfahren getroffenen Entscheidungen, da andere, besser geeignete Zugehörigkeitsfunktionen zu vollständig anderen Lösungen führen können.[96]

Ausgangspunkt für die Festlegung einer Zugehörigkeitsfunktion ist das Unschärfe-Intervall: Außerhalb herrscht entweder eindeutige Zugehörigkeit oder eindeutige Nicht-Zugehörigkeit zur betrachteten Menge; innerhalb ist partielle Zugehörigkeit definiert. Zu klären ist nun die Frage, wie bezüglich der Mengenzugehörigkeit der Übergang von der einen Intervallgrenze voller Zugehörigkeit zur anderen Grenze voller Nichtzugehörigkeit mittels einer Funktion mathematisch abgebildet werden kann.

Die einfachste Form einer solchen Funktion ergibt sich aus der Annahme, daß die Zugehörigkeit zu einer Menge im Bereich der Unschärfe *linear* verläuft, wie dies beispielsweise in Abbildung 3-1 für die unscharfe Relation "wesentlich größer als 20" unterstellt ist. Die der Abbildung entsprechende lineare Funktion der Zugehörigkeit läßt sich wie folgt ausdrücken:

$$(3.19) \quad f(x) = \begin{cases} 1 & f\ddot{u}r & x \geq 28 \\ 1 - \frac{x-22}{28-22} & f\ddot{u}r & 22 \leq x < 28 \\ 0 & f\ddot{u}r & x < 22 \end{cases}$$

Neben linearen Zugehörigkeitsfunktionen ist eine Vielzahl anderer Formen entwickelt worden. Wie bei der Suche nach einem Operator muß dabei die Absicht im Vordergrund stehen, eine die Unschärfe der realen Gegebenheiten korrekt wiedergebende formal-mathematische Funktion zu entwickeln, mit deren Hilfe im Optimierungsverfahren mit Fuzzyness umgegangen werden kann. Nur durch eine Ausrichtung an der Realität, statt umgekehrt durch eine Anpassung der Realprobleme an vorhandene Modellstrukturen, kann das Gesamtziel erreicht werden, Entscheidungsunterstützung durch die Integration der Fuzzy Sets in die Optimierung sinnvoller weil realistischer leisten zu können.

Wie erwähnt haben Zugehörigkeitsfunktionen Nutzencharakter.[97] Da Nutzenfunktionen in der Regel *S-förmigen* Verlauf besitzen,[98] wird diese Form häufig auch auf Zugehörigkeitsfunktionen übertragen; die Gültigkeit dieser Übertragung ist durch

---

[95] Zur Kritik an dieser Prämisse vgl. z.B. Jain, R.: (Fuzzyism), S. 131; Zeleny, M.: (Fuzzy Sets), S. 302 f.
[96] Vgl. Schwab, K.-D.: (Konzept), S. 22 f.
[97] Vgl. auch Zimmermann, H.-J.: (Decision), S. 101.
[98] Vgl. Simon, H.A.: (Rational Choice), S. 105.

einige empirische Untersuchungen bestätigt worden.[99] Die Erstellung der Zugehörigkeitsfunktion hängt mit der aus der Psychologie stammenden Anspruchsniveau-Theorie zusammen.[100] So wie der Mensch sich gewisse Ansprüche für seine Ziele setzt und dann deren Erfüllung anstrebt, legt er auch bei der Beurteilung von unscharfen Mengen Niveaus fest, die jeweils einem bestimmten Erfüllungsgrad entsprechen. Volle Zugehörigkeit gilt dabei als erstrebenswert, graduelle Zugehörigkeit bezeichnet ein bestimmtes Niveau, auf dem Zugehörigkeit zum unscharfen Ausdruck akzeptiert wird.[101]

S-förmige Zugehörigkeitsfunktionen lassen sich auf verschiedene Art und Weise erzeugen. So verwendet LEBERLING eine bestimmte Kombination der natürlichen Exponentialfunktion zur Konstruktion einer *hyperbolischen* Zugehörigkeitsfunktion.[102] Sie beinhaltet drei Parameter. Neben den Unschärfe-Grenzen der Niveaus 0 und 1, innerhalb derer graduelle Zugehörigkeit existiert, wird durch die Angabe des dritten Parameters die Krümmung der Zugehörigkeitsfunktion festgelegt; diese hat jedoch in jedem Fall S-förmige Struktur.

ZIMMERMANN verwendet einen anderen Funktionstyp, um den S-förmigen Verlauf der Mengenzugehörigkeit abzubilden: Die Zugehörigkeit wird hier, ebenfalls unter Verwendung der natürlichen Exponentialfunktion, mit einer *logistischen* Funktion modelliert.[103] Vom Entscheidungsträger festzulegende Parameter dieser Variante sind der Grenzwert zum Niveau 1.0, ab dem die Zugehörigkeit abnimmt, und die Steigung der Funktion im Punkt des Niveaus 0.5. Hyperbolische und logistische Zugehörigkeitsfunktionen sind Vertreter eines gemeinsamen Funktion-Grundtyps.[104] WERNERS konnte für den allgemeinen Fall beweisen, daß Zugehörigkeitsfunktionen dieser Art ohne Beschränkung der Allgemeinheit in Modelle der Linearen Optimierung transformiert werden können.[105] Sie sind damit bezüglich dieses Gesichtspunktes für den Einsatz in Optimierungssystemen geeignet.

---

[99] Vgl. Hersh, H.M.; Caramazza, A.: (Fuzzy Set), S. 254 - 276; Milling, P.: (Entscheidung), S. 728.

[100] Vgl. Rommelfanger, H.: (Entscheiden), S. 170.

[101] Bei den Zugehörigkeitsfunktionen der Ziele entspricht der Erfüllungsgrad direkt einem Nutzenniveau.

[102] Vgl. Leberling, H.: (Finding), S. 112 f.; Leberling, H.: (Entscheidungsfindung), S. 411.

[103] Vgl. Zimmermann, H.-J.: (Decision), S. 204 f.

[104] Zur Einteilung in verschiedene Klassen von Zugehörigkeitsfunktionen vgl. z.B. Sakawa, M.: (Computer), S. 491 ff.

[105] Vgl. Werners, B.: (Entscheidungsunterstützung), S. 143 f. Eine Transformation vom Ausgangsmodell (mit auf Grund der hyperbolischen oder logistischen Zugehörigkeitsfunktionen nichtlinearen Strukturen) zu einem linearen Optimierungsmodell führt nach Werners immer dann ohne Beschränkung der Allgemeinheit zu identischen optimalen Lösungen, wenn die Transformationsfunktion stetig und streng monoton ist. Leberling hatte bereits vorher eine solche Transformation für den Fall hyperbolischer Zugehörigkeitsfunktionen vorgeführt, vgl. Leberling, H.: (Entscheidungsfindung), S. 417 f.

Dem Vorteil dieser Funktionsvarianten, S-förmige Verläufe der Zugehörigkeit darstellen zu können und trotzdem weiterhin lineare Optimierungsmodelle zu ermöglichen, stehen auf der anderen Seite auch einige Nachteile gegenüber. So weist ROMMELFANGER darauf hin, daß hyperbolische und logistische Zugehörigkeitsfunktionen das Unschärfe-Intervall [a;b] nicht korrekt definieren, da für die Intervallgrenzen a und b die notwendige Voraussetzungen f(a) = 0 und f(b) = 1 nur asymptotisch erfüllt sind.[106] Sollen die auftretenden Differenzen möglichst klein gehalten werden, muß dazu der verbleibende Parameter eingesetzt werden, was zur Folge hat, daß der Entscheidende dann keinen Einfluß mehr auf die Gestalt und Krümmung der Funktion besitzt. Weiterhin sind hyperbolische und logistische Zugehörigkeitsfunktionen dadurch gekennzeichnet, daß sie punktsymmetrisch zum Wendepunkt sind. Die daraus resultierende gleichförmige Struktur engt den Variationspielraum zur Anpassung an die realen Gegebenheiten weiter ein.[107]

Allgemein muß auch die Praktikabilität solcher Zugehörigkeitsfunktionen angezweifelt werden. Wie schon bei der Wahl eines geeigneten Verknüpfungsoperators ist die Festlegung der Parameter nicht unproblematisch. Durch die Absicht, eine allgemein anwendbare Funktion zur Abbildung der Zugehörigkeit zu entwickeln und daher Freiheitsgrade einzubauen, entsteht auch die Notwendigkeit, diese Parameter bereits bei der Modellerstellung adäquat festzulegen. Dem Entscheidungsträger werden dabei nicht nur Informationen bezüglich der Datenunschärfe abverlangt; um diese Informationen auch im Modell umsetzen zu können, ist zudem ein detailliertes Wissen über die Auswirkungen der verschiedenen Parameterausprägungen erforderlich.

Es sollte im Bewußtsein behalten werden, daß es sich hierbei um eine Form der Datenunsicherheit handelt und daß Fuzzy Sets nur deshalb verwendet werden, weil eine genaue Abbildung gar nicht möglich ist. Da die Erfassung der betrachteten Menge nur vage und unscharf erfolgen kann, sind Aussagen über die Steigung zu einem bestimmten Niveau oder die Festlegung der Krümmung in einem bestimmten Punkt zumindest äußerst schwierig, wenn nicht unmöglich zu leisten. Die Festlegung solcher Parameter durch empirische Vorversuche scheint dabei das Problem im Rahmen eines Entscheidungsunterstützungssystems nicht lösen zu können,[108] da es die praktische Handhabung von Optimierungsversuchen entscheidend einschränkt und

---

106 Vgl. Rommelfanger, H.: (Entscheiden), S. 172.

107 Vgl. Rommelfanger, H.: (Entscheiden), S. 172.

108 Einige Autoren schlagen vor, Zugehörigkeitsfunktionen aus paarweisen Vergleichen entsprechend des sogenannten "Analytic Hierarchy Process" zu ermitteln, vgl. Saaty, T.L.: (Exploring), S. 57 - 68; Triantaphyllou, E.; Pardalos, P.; Mann, S.: (Problem), S. 197 - 214. Dies erscheint problematisch, da sich Bewertungen von einzelnen Elementen im Laufe des Entscheidungsprozesses dynamisch verschieben können oder inkonsistent sind. Die Veränderung eines einzigen Paarvergleiches kann so zur Verfälschung einer gesamten Funktion führen.

das Problem der Parameterfestlegung nur auf eine vorgelagerte Stufe verschiebt, die Verfahrenseffizienz jedoch erheblich reduziert.[109]

Eine solche Kritik trifft auch auf die von SCHWAB vorgestellte interpolierende kubische Spline-Funktion zu, bei der S-förmige Zugehörigkeiten auf Grund von eingegebenen Stützstellen und gewissen Parametern interpolierend errechnet werden.[110] Der Vorteil solcher Zugehörigkeitsfunktionen gegenüber den auf der Exponentialfunktion aufbauenden Varianten ist in der mathematisch eindeutigen Darstellbarkeit der Intervallgrenzen zu sehen. Der Nachteil liegt allerdings - wie schon bei den logistischen und hyperbolischen Typen - in der sehr hohen Anzahl an benötigten Informationen, die für die Festlegung der Parameter benötigt werden.[111] Außerdem hat die Verwendung kubischer Funktionen den entscheidenden Nachteil, daß die daraus resultierenden Optimierungsmodelle nicht in eine lineare Form transformiert werden können und somit große rechentechnische Effizienzverluste mit sich bringen.

Die Analyse der bestehenden Varianten bezüglich der Erstellung von Zugehörigkeitsfunktionen scheint, wie bei der Untersuchung der Operatoren, die Folgerung nach sich zu ziehen, daß keine übergreifend einsetzbare funktionale Form der Abbildung existiert, die die menschlichen Einschätzungen der Unschärfebereiche genau genug wiedergibt und gleichzeitig in linearen Optimierungsmodellen operationalisierbar ist.[112] Mit stückweise definierten, einfachen linearen Zugehörigkeiten liegt jedoch ein Funktionstyp vor, mit dem alle gestellten Anforderungen erfüllt werden können. Ausgangspunkt der Überlegungen ist die Erkenntnis, daß der Entscheidungsträger per definitionem wohl keine so genauen Vorstellungen über die unscharfen Daten besitzt, daß er den vollständigen Verlauf ihrer Zugehörigkeitsfunktionen präzise mittels geeigneter Parameter festlegen könnte.[113] Der Theorie der Anspruchsniveaus folgend, wird er vielmehr bei der Einschätzung der Fuzzyness bestimmte Stützpunkte mit

---

[109] Auch Zimmermann entwickelt Methoden, wie Zugehörigkeitsfunktionen empirisch ermittelt werden können, vgl. Zimmermann, H.-J.: (Fuzzy Set Theory), S. 344 - 354. In anderen Einsatzbereichen der Fuzzy Set-Theorie wie z.B. bei der Entwicklung der Wissensbasis in fuzzy Expertensystemen kann eine solche Vorgehensweise hingegen gewinnbringend eingesetzt werden.

[110] Vgl. Schwab, K.-D.: (Konzept), S. 33 f. Es werden dabei für die Bereiche zwischen den angegebenen Stützstellen jeweils Polynome errechnet, die zusammengefügt über das gesamte Intervall der Unschärfe eine stetige Gesamtfunktion ergeben.

[111] Diese Kritik teilt Zimmermann, wobei er dabei die Parameterwahl bei seinen logistischen oder bei den hyperbolischen Funktionen in diese Kritik nicht mit einbezieht, vgl. Zimmermann, H.-J.: (Decision), S. 249.

[112] Die Auswahl eines Funktionstyps aus mathematisch-axiomatischen Gesichtspunkten wird aus den gleichen Argumenten wie bei der axiomatischen Wahl des Operators abgelehnt.

[113] Vgl. Rommelfanger, H.: (Entscheiden), S. 169.

Zugehörigkeiten bewerten, die das Niveau der Erfüllung repräsentieren, mit dem der betrachtete Wert zur unscharfen Menge gehört.

Werden nun die angegebenen Stützstellen durch stückweise lineare Funktionen miteinander verbunden, ergibt sich eine Form der Zugehörigkeit, die den Vorstellungen des Entscheidungsträgers entspricht. Je mehr Stützstellen der Entscheidungsträger anzugeben in der Lage ist, umso genauer kann der "wahre" Verlauf der Zugehörigkeitsfunktion approximiert werden.[114] Ein weiterer Vorteil einer solchen Vorgehensweise ist in der absoluten Flexibilität derartig konstruierter Zugehörigkeitsfunktionen zu sehen: Auch in den (Ausnahme)-Fällen, in denen der Übergang von Zugehörigkeit zur Nichtzugehörigkeit nicht einem S-förmigen Verlauf entspricht, paßt sich die stückweise lineare Zugehörigkeitsfunktion der gewünschten Form an. Besitzt die Zugehörigkeitsfunktion z.B. eine einheitliche Krümmung oder ist vielleicht annähernd linear, so kommt es durch die Angabe einzelner Stützstellen automatisch dazu, daß diese Formen sich auch so im Modell niederschlagen. Auch hierbei gilt natürlich, daß der Funktionsverlauf umso genauer approximiert werden kann, je präzisere Vorstellungen der Entscheidungsträger über den Bereich der Unschärfe besitzt.

In Abbildung 3-6 wird die Analyse der verschiedenen Formen von Zugehörigkeitsfunktionen noch einmal tabellarisch zusammengefaßt, wobei nach dem resultierenden Modell, der Flexibilität in den Funktionsverläufen und der Notwendigkeit der Parameterschätzung differenziert wird.

Form der Zuge- hörigkeitsfunktion	Resultierendes Modell	S-förmiger Ver- lauf möglich	weitere Verläufe möglich	Parameter zu schätzen
linear	LP	nein	nein	nein
hyperbolisch	LP	ja	nein	ja
logistisch	LP	ja	nein	ja
kubisches Spline	NLP	ja	bedingt	ja
stückweise linear	LP	ja	ja	nein

Abb. 3-6: Verschiedene Formen der Zugehörigkeitsfunktionen im Vergleich

Der entscheidende Vorteil der Verwendung stückweise linearer Zugehörigkeitsfunktionen gegenüber anderen Funktionstypen liegt darin, daß bei ihnen keine Parameter bei der Modellerstellung geschätzt zu werden brauchen. Es werden nur die Informationen benötigt und auch berücksichtigt, über die der Entscheidungsträger tatsächlich auch verfügt; zudem ist die Auswirkung der Angabe einer Stützstelle direkt umsetzbar. Ein weiterer Vorteil liegt in der Möglichkeit, das Optimierungsmodell in eine

---

114 Vgl. Rommelfanger, H.: (Entscheiden), S. 173.

lineare Form transformieren und damit effiziente Lösungsverfahren anwenden zu können.[115] Es wird deutlich, daß stückweise lineare Zugehörigkeitsfunktionen, die auf Stützstellen aufbauen, sich gegenüber ihren Alternativen als vorteilhaft erweisen und für den Einsatz in Systemen der Entscheidungsunterstützung gut geeignet sind.[116]

3.2.2.4.   Bereiche der Datenunschärfe im Modell der Linearen Fuzzy Optimierung

Bei der Integration der Fuzzy Sets in die Verfahren der Linearen Optimierung müssen drei grundsätzliche Entscheidungen getroffen werden:[117] Neben der Wahl des verfolgten theoretischen Entscheidungsansatzes und der Bestimmung von Aggregationsoperator und Zugehörigkeitsfunktionen verbleibt die Frage, wie das mit unscharfen Daten behaftete Modell in eine Form zu transformieren ist, mit der dann eine mathematische Optimierung durchgeführt werden kann.

Die Beantwortung der letzten Frage hängt davon ab, in welchen Bereichen des Modells Unschärfe vorliegt. Theoretisch kann jeder numerische Koeffizient des formalen Grundmodells (3.9) nur unscharf zu erfassen sein. Die meisten Fuzzy Optimierungsverfahren gehen allerdings davon aus, daß lediglich die Restriktionen Fuzzyness in Form unscharfer Relationen beinhalten. Dieser Sachverhalt wird im folgenden behandelt. Danach wird auf die Problemstellungen eingegangen, bei denen auch die einzelnen Werte der Restriktions-Koeffizientenmatrix sowie die Zielfunktionskoeffizienten unscharf formuliert sind.

a)   *Unscharfe Restriktionsgrenzen*

Eine scharfe Restriktion im Grundmodell der Linearen Optimierung ist von der Form

$$(3.20) \quad a_{i1}x_1 + \ldots + a_{in}x_n \leq b_i \quad \text{für} \quad i \in \{1,\ldots,m\}$$

Sie besagt, daß eine Lösung des Problems nur dann zulässig ist, wenn die einzelnen Werte der Variablen - in die i-te Restriktion eingesetzt - den Wert b_i nicht überschreiten.[118] Liegt die Nebenbedingung als unscharfe Relation vor, erhält sie eine

---

[115] Vgl. Hannan, E.L.: (Programming), S. 241.

[116] Für die Verwendung stückweise linearer Funktionen plädieren auch verschiedene Autoren wie z.B. Hannan, Nakamura oder Rommelfanger, vgl. Hannan, E.L.: (Programming), S. 240 f.; Nakamura, K.: (Extensions), S. 228; Rommelfanger, H.: (Entscheiden), S. 173.

[117] Vgl. Zimmermann, H.-J.: (Fuzzy Set Theory), S. 249.

[118] In der Arbeit wird der allgemein üblichen Schreibweise gefolgt, daß n stets die Anzahl der Entscheidungsvariablen und m stets die Anzahl der vorhandenen Restriktionen bezeichnet.

andere, gemäß der Fuzzy-Logik nicht so scharf trennende Bedeutung. Die Unschärfe wird durch den Ausdruck "möglichst kleiner als" wiedergegeben.[119]

Die Umschreibung bedeutet, daß ein Wert $b_{i1.0}$ existiert, der nach Möglichkeit nicht überschritten werden sollte. Tritt dies ein, ist es zwar nicht erwünscht, aber noch zulässig bis zu einem weiteren (größeren) Punkt b_{i0}, der auf keinen Fall übertroffen werden darf.[120] Lösungspunkte, die zwischen diesen beiden Extremwerten der Fuzzyness liegen, erfüllen die Bedingung nur in einem bestimmten graduellen Maß, was durch eine partielle Zugehörigkeit ausgedrückt wird. Punkte unterhalb der ersten Schranke repräsentieren eine Einhaltung der Bedingung zum vollen Niveau, Werte überhalb der äußeren Schranke erfüllen die gestellte Restriktion überhaupt nicht.[121] Formal läßt sich eine unscharfe Restriktion darstellen durch

$$(3.21) \quad a_{i1}x_1 + \ldots + a_{in}x_n \underset{\sim}{\leq} [b_{i1.0}; b_{i0}] \qquad \text{für} \quad i \in \{1, \ldots, m\}$$

Restriktionen dieser Form können neben der originären Aufgabe, die Unschärfe in der Erfassung realer Problemdaten adäquat abzubilden, noch einen weiteren Zweck erfüllen, indem sie bewußt als planerisches Intstrument eingesetzt werden. Deutlich wird dies beispielsweise bei der Finanzplanung einer Investition. Die Höhe der erforderlichen Gesamtmittel ist zumeist a priori nur unscharf bestimmbar und abhängig von Unwägbarkeiten, die ihrem Wesen nach Fuzzy Sets entsprechen.[122] Höhe und Konditionen eines einzelnen Teilkredites könnten als Nebenbedingung genau und scharf festgelegt werden. Im Zusammenhang mit der Unschärfe des Gesamtplanes aber bieten sich hier Möglichkeiten, bewußt Spielräume einzuplanen. Die Restriktionsgrenze wird unscharf formuliert, indem der Kredit eine gewisse Höhe "möglichst nicht überschreiten" soll. Dies drückt aus, daß der normale Kreditrahmen von einem bestimmten Wert an ausgeschöpft ist und zusätzliche Mittel zwar nicht ausgeschlossen sind, aber nur zu veränderten, ungünstigeren Konditionen in Anspruch genommen werden können.

Die Unschärfe des Gesamtproblems wird hier als planerisches Element eingesetzt. Die Restriktionsgrenze kann aus bestimmten Kalkülen fuzzifiziert werden, auch wenn die Daten deterministisch scharf vorliegen. Eine solche Art der bewußt herbeigeführten Unschärfe kann als Ergänzung der bereits vorgestellten Klassen der intrinsischen und informationalen Unschärfe verstanden werden.

---

119 Vgl. Werners, B.: (Entscheidungsunterstützung), S. 23.
120 Vgl. Rommelfanger, H.: (Entscheiden), S. 166.
121 In diesem Zusammenhang wird deutlich, warum Zugehörigkeitsfunktionen, die unscharfe Restriktionen festlegen, einer Nutzenfunktion ähnlich sind und Erfüllungsgrade einem Niveau der Befriedigung entsprechen.
122 Vgl. z.B. Buscher, U.; Roland, F.: (Fuzzy-Set-Modelle), S. 82 - 93.

Dem symmetrischen Ansatz folgend gilt es bei Optimierungsmodellen mit unscharfen Restriktionsgrenzen, sämtliche Zugehörigkeitswerte zu maximieren:[123]

$$(3.22) \quad \max_{x \in X_Z} \left\{ f_Z(x) \wedge f_{R_1}(x) \wedge \ldots \wedge f_{R_m}(x) \right\}$$

mit X_Z = Menge der zulässigen Lösungen.

Für die Konstruktion einer Zugehörigkeitsfunktion der ursprünglichen Zielfunktion muß mindestens eine Obergrenze Z_{max} und eine Untergrenze Z_{min} festgelegt werden, bei denen der Entscheidungsträger vollständig zufriedengestellt ist beziehungsweise deren Unterschreitung auf keinen Fall akzeptiert wird.[124] Um dann alle Zugehörigkeitsfunktionen simultan optimieren zu können, muß das Modell in eine lineare Form transformiert werden, auf die dann ein Standardverfahren der Linearen Optimierung angewendet werden kann. Für den Fall linearer Zugehörigkeitsfunktionen und der Schnittmengenbildung mit dem Minimum-Operator gehen derartige Transformationen auf ZIMMERMANN zurück,[125] der damit die Anwendung von Standardverfahren der Linearen Optimierung auf unscharfe Problemstellungen begründete.[126] Die zu maximierende Gesamtbefriedigung als Präferenzfunktion richtet sich gemäß dem Minimum-Operator nach der Höhe des kleinsten Erfüllungsgrades aller Ungleichungen und wird durch eine neu eingeführte, künstliche Variable definiert. Zu lösen ist dann das Problem:

$$(3.23) \qquad \text{Max} \quad \lambda$$

$$\text{u.d.Nb.:} \quad \begin{aligned} \lambda &\leq f_Z(c^T X) \\ \lambda &\leq f_{R_i}(a_i^T X) \qquad i = 1, \ldots, m \\ \lambda &\leq 1 \\ X &\in X_Z = \text{Menge der zulässigen Lösungen} \end{aligned}$$

---

[123] Es sei daran erinnert, daß sich scharfe Restriktionen problemlos in einer fuzzy Form darstellen lassen und gemischte Probleme demnach wie rein unscharfe behandelt werden können. Auf diese Tatsache wird im folgenden bei der Untersuchung unscharfer Optimierungsmodelle nicht mehr ausdrücklich hingewiesen.

[124] Im Regelfall wird der Entscheidende allerdings nicht in der Lage sein, diese Werte genau festlegen zu können, da in diesem Fall eher eine Aufgabe statt eines echten Problems vorläge. Es ist aber möglich, als Orientierungshilfe Ober- und Untergrenzen möglicher Zielausprägungen rechnerisch zu ermitteln. Auf die Durchführung sowie die dabei auftretenden Schwierigkeiten einer solchen Berechnung wird ausführlich in Abschnitt 4.2.1. eingegangen.

[125] Vgl. Zimmermann, H.-J.: (Description), S. 209 - 215.

[126] Negoita & Sularia bewiesen allgemeiner, daß bei Verwendung des Minimum-Operators jedes Problem mit unscharfen Restriktionsgrenzen mittels eines transformierten Modells der Art (3.9) gelöst werden kann, vgl. Negoita, C.V.; Sularia, M.: (Programming), S. 6.

Die Vorgehensweise des Transformationsprozesses soll exemplarisch veranschaulicht werden. In Anlehnung an die Argumentation des vorigen Abschnittes werden dabei stückweise lineare Zugehörigkeitsfunktionen unterstellt:

(3.24) Der Entscheidungsträger sei bei unscharfen Restriktionsgrenzen in der Lage, für k verschiedene Niveaus α_k Stützstellenwerte b_{α_k} anzugeben. Die i-te Restriktion hat dann die Gestalt:

$$a_i^T X \underset{\approx}{\leq} [\, b_{i\alpha_1}(\stackrel{\wedge}{=} b_{i1.0})\,;\; b_{i\alpha_2}\,;\; \ldots\,;\; b_{i\alpha_k}(\stackrel{\wedge}{=} b_{i0})\,] \qquad \text{für} \quad i \in \{1,\ldots,m\}$$

In Abbildung 3-7 ist eine stückweise lineare Zugehörigkeitsfunktion beispielhaft wiedergegeben. Der Entscheidungsträger ist in diesem Fall in der Lage, 4 Stützstellen anzugeben; neben den Intervallgrenzen α_1 und α_4 noch die beiden Stützstellen zu den Niveaus $\alpha_2 = 0.8$ und $\alpha_3 = 0.4$:

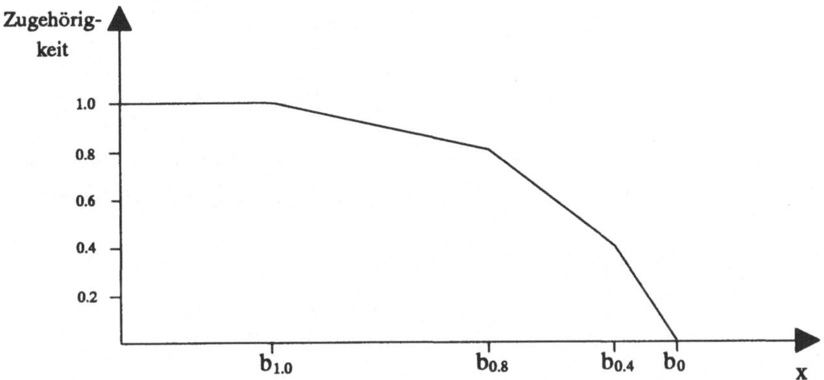

Abb. 3-7: Stückweise lineare Zugehörigkeitsfunktion

Die entsprechende Zugehörigkeitsfunktion läßt sich dann in Anlehnung an (3.19) wie folgt aufstellen:

(3.25) Bezeichne $b_{i\alpha_k}$ den Stützstellenwert der i-ten Restriktion zum Niveau α_{ik}. Dann besitzt die stückweise lineare Zugehörigkeitsfunktion folgende Struktur:

$$f(a_i^T X) = \begin{cases} 1 & \text{für} & a_i^T X \leq b_{i\alpha_1} \\[1mm] \alpha_{i2} + (b_{i\alpha_2} - a_i^T X) \cdot \frac{(\alpha_{i1}-\alpha_{i2})}{(b_{i\alpha_2}-b_{i\alpha_1})} & \text{für} & b_{i\alpha_1} < a_i^T X \leq b_{i\alpha_2} \\[1mm] \vdots & & \vdots \\[1mm] 0 + (b_{i\alpha_k} - a_i^T X) \cdot \frac{(\alpha_{ik-1}-\alpha_{ik})}{(b_{i\alpha_k}-b_{i\alpha_{k-1}})} & \text{für} & b_{i\alpha_{k-1}} < a_i^T X \leq b_{i\alpha_k} \\[1mm] 0 & \text{für} & a_i^T X > b_{i\alpha_k} \end{cases}$$

Wird zusätzlich für die Zugehörigkeitsfunktion des Zieles Linearität zwischen den beiden extremen Befriedigungsniveaus Z_{min} und Z_{max} unterstellt,[127] läßt sich der allgemeine Ansatz (3.23) umformen.[128] Die Teilbereiche der einzelnen Zugehörigkeitsfunktionen, in denen keine Zugehörigkeit besteht, werden im Optimierungssystem implizit durch die ausschließliche Betrachtung nur zulässiger Lösungen berücksichtigt. Da außerdem die (zu maximierende) minimale Zugehörigkeit per definitionem kleiner oder gleich 1 ist, können bei der Transformation der Zugehörigkeitsfunktionen diese Teilabschnitte ohne Beschränkung der Allgemeinheit vernachlässigt werden.[129]

(3.26)   Ausgangspunkt: **(3.23)**

$$\Leftrightarrow \quad \text{Max } \lambda$$

$$\text{u.d.Nb.:} \quad \lambda \ \leq \ \frac{c^T X - Z_{min}}{Z_{max} - Z_{min}}$$

$$\lambda \ \leq \ \alpha_{ik} + (b_{i\alpha_k} - a_i^T X) \cdot \frac{(\alpha_{ik-1} - \alpha_{ik})}{(b_{i\alpha_k} - b_{i\alpha_{k-1}})}$$

$$\text{für} \quad k = 2, \dots, K \quad \text{mit} \quad K := \text{Anzahl der Stützstellen}$$

$$i = 1, \dots, m \quad \text{mit} \quad m := \text{Anzahl der Restriktionen}$$

$$\lambda \ \leq \ 1$$

$$\lambda \ \geq \ 0$$

$$X \ \geq \ 0 \quad \text{mit } X \in X_Z$$

(3.27) $\Leftrightarrow$ $\text{Max } \lambda$

$$\text{u.d.Nb.:} \quad (Z_{max} - Z_{min}) \cdot \lambda - c^T X \ \leq \ -Z_{min}$$

$$\frac{(b_{i\alpha_k} - b_{i\alpha_{k-1}})}{(\alpha_{ik-1} - \alpha_{ik})} \cdot \lambda + a_i^T X \ \leq \ \alpha_{ik} \frac{(b_{i\alpha_k} - b_{i\alpha_{k-1}})}{(\alpha_{ik-1} - \alpha_{ik})} + b_{i\alpha_k}$$

$$\text{für} \quad k = 2, \dots, K \quad \text{und} \quad i = 1, \dots, m$$

$$\lambda \ \leq \ 1$$

$$\lambda \ \geq \ 0$$

$$X \ \geq \ 0 \quad \text{mit } X \in X_Z$$

Es zeigt sich, daß die Angabe von K Stützstellen für eine unscharfen Nebenbedingung zu (K-1) formalen Restriktionen im transformierten Modell führt. Die Modellvergrößerung hält sich daher in akzeptablem Rahmen und führt zu keinen größeren Effizienzverlusten.[130] Auch die Einführung nur einer zusätzlichen Entscheidungsvariable

---

[127] Dies bedeutet, daß sie wie in (3.19) berechnet werden kann.
[128] Gefolgt wird dabei der Notation des klassischen Grundmodells (3.9).
[129] Vgl. auch Zimmermann, H.-J.: (Fuzzy Programming), S. 49.
[130] Dies gilt insbesondere, wenn von der realistischen Prämisse ausgegangen wird, daß der Entscheidungsträger meist nur 2 - 4 Stützstellen zu benennen in der Lage ist.

bringt in bezug auf die Verfahrensschnelligkeit keine Nachteile mit sich. Die Optimierung eines Problems mit unscharfen Restriktionsgrenzen soll an Hand eines einfachen Zahlenbeispiels illustriert werden.

Beispiel 3-5: Das Entscheidungsproblem bestehe darin, zwei Variable (z.B. zwei Produkte) in ihrer Ausprägung so zu wählen, daß dabei das verfolgte Ziel (z.B. der Gewinn) unter Beachtung dreier Restriktionen optimiert wird. Zwei der Nebenbedingungen seien unscharf formuliert; bei diesen kann neben den beiden Werten, bei denen die Restriktion voll oder überhaupt nicht erfüllt ist, jeweils noch ein Stützpunkt mit dazugehörigem Niveau angegeben werden:

$$(3.28) \qquad \text{Max} \qquad x_1 + 2x_2$$

$$\text{u.d.Nb.:} \quad \begin{aligned} x_1 + x_2 &\lesseqgtr [\,(8 \triangleq 1.0)\,,\,(9.8 \triangleq 0.4)\,,\,(10 \triangleq 0)\,] \\ x_1 &\geq 4 \\ 3x_1 + 4x_2 &\lesseqgtr [\,(28 \triangleq 1.0)\,,\,(33 \triangleq 0.6)\,,\,(35 \triangleq 0)\,] \\ x_1\,,\ x_2 &\geq 0 \end{aligned}$$

Für die Zielfunktion sei die Akzeptanzuntergrenze bei $Z_{min} = 12$ und volle Befriedigung bei $Z_{max} = 15.5$ festgelegt. Daraus ergibt sich die lineare Zugehörigkeitsfunktion:

$$(3.29) \qquad f_Z(x) = \begin{cases} 1 & f\ddot{u}r & x_1 + 2x_2 \geq 15.5 \\ \frac{x_1 + 2x_2 - 12}{15.5 - 12} & f\ddot{u}r & 12 \leq x_1 + 2x_2 < 15.5 \\ 0 & f\ddot{u}r & x_1 + 2x_2 < 12 \end{cases}$$

Die Restriktionen weisen folgende, stückweise lineare Zugehörigkeitsfunktionen auf:

$$(3.30) \qquad f_{R_1}(x) = \begin{cases} 1 & f\ddot{u}r & x_1 + x_2 \leq 8 \\ 0.4 + \left(9.8 - (x_1 + x_2)\right)\frac{0.6}{1.8} & f\ddot{u}r & 8 < x_1 + x_2 \leq 9.8 \\ 0 + \left(10 - (x_1 + x_2)\right)\frac{0.4}{0.2} & f\ddot{u}r & 9.8 < x_1 + x_2 \leq 10 \\ 0 & f\ddot{u}r & x_1 + x_2 > 10 \end{cases}$$

$$(3.31) \qquad f_{R_2}(x) = \begin{cases} 1 & f\ddot{u}r & x_1 \geq 4 \\ 0 & f\ddot{u}r & x_1 < 4 \end{cases}$$

$$(3.32) \qquad f_{R_3}(x) = \begin{cases} 1 & f\ddot{u}r & 3x_1 + 4x_2 \leq 28 \\ 0.6 + \left(33 - (3x_1 + 4x_2)\right)\frac{0.4}{5} & f\ddot{u}r & 28 < 3x_1 + 4x_2 \leq 33 \\ 0 + \left(35 - (3x_1 + 4x_2)\right)\frac{0.6}{2} & f\ddot{u}r & 33 < 3x_1 + 4x_2 \leq 35 \\ 0 & f\ddot{u}r & 3x_1 + 4x_2 > 35 \end{cases}$$

Eingesetzt in (3.23) beziehungsweise in dessen Umformung (3.27) ergibt sich für das Beispiel 3-5 folgendes Modell:

(3.33)   Max λ

u.d.Nb.:

$$
\begin{aligned}
3.5\lambda - x_1 - 2x_2 &\leq -12 && (Z) \\
\tfrac{1.8}{0.6}\lambda + x_1 + x_2 &\leq 0.4 \cdot \tfrac{1.8}{0.6} + 9.8 && (R_1) \\
\tfrac{0.2}{0.4}\lambda + x_1 + x_2 &\leq 0 \cdot \tfrac{0.2}{0.4} + 10 && (R_1) \\
\tfrac{0}{1}\lambda - x_1 &\leq 0 \cdot \tfrac{0}{1} + (-4) && (R_2) \\
\tfrac{5}{0.4}\lambda + 3x_1 + 4x_2 &\leq 0.6 \cdot \tfrac{5}{0.4} + 33 && (R_3) \\
\tfrac{2}{0.6}\lambda + 3x_1 + 4x_2 &\leq 0 \cdot \tfrac{2}{0.6} + 35 && (R_3) \\
\lambda, \quad x_1, \quad x_2 &\geq 0
\end{aligned}
$$

$\Leftrightarrow$ Max λ

u.d.Nb.:

$$
\begin{aligned}
3.5\lambda - x_1 - 2x_2 &\leq -12 && (Z) \\
3\lambda + x_1 + x_2 &\leq 11 && (R_1) \\
0.5\lambda + x_1 + x_2 &\leq 10 && (R_1) \\
- x_1 &\leq -4 && (R_2) \\
12.5\lambda + 3x_1 + 4x_2 &\leq 40.5 && (R_3) \\
3.\bar{3}\lambda + 3x_1 + 4x_2 &\leq 35 && (R_3) \\
\lambda, \quad x_1, \quad x_2 &\geq 0
\end{aligned}
$$

Dieses Modell kann mit einem Standardverfahren der Linearen Optimierung - z.B. der Simplexmethode - gelöst werden. Die optimale Lösung lautet dann:

(3.34)
$$
\begin{aligned}
\lambda &= 0.632 \\
x_1 &= 4.0 \\
x_2 &= 5.105
\end{aligned}
$$

Diese Lösung bedeutet, daß bei simultaner Maximierung aller vier (Ziel und drei Restriktionen) Erfüllungsgrade der Systemungleichungen der optimale minimale Zugehörigkeitswert 0.632 beträgt. Weitere Aussagekraft gewinnt der errechnete Kompromiß, wenn die Werte der beiden Entscheidungsvariablen in sämtliche Ungleichungen eingesetzt werden und sich so Aussagen über die originären Bedingungen ableiten lassen:

(3.35)		Fuzzy Opt. ($x1 = 4.0$ $x2 = 5.11$)	Überschreitung der Grenzen	Zghts.wert f(Xopt)	Klassisches Opt. ($x1 = 4.0$ $x2 = 4.0$)
	Ziel	14.21		0.632	12
	R 1	9.11	1.11	0.632	8
	R 2	4.00	-	1	4
	R 3	32.42	4.42	0.646	28
				min=0.632	

Die beiden fuzzy Restriktionen werden partiell überschritten, um den Zielwert weiter erhöhen zu können. Das Maß der Überschreitung wird dabei durch eine Abwägung zwischen den Erfüllungsgraden der Nebenbedingungen und dem dadurch möglichen Zuwachs an Ziel-Befriedigung bestimmt. Die Zugehörigkeitswerte der fuzzy Restriktionen geben dabei das Verhältnis von nicht ausgenutzter zu möglicher Überschreitung an.[131] Im Optimum ist Restriktion 1 bindend, da zumindest im infinitesimalen Bereich ein Zuwachs an Erfüllung des Zieles zu Lasten der Erfüllung dieser Nebenbedingung geht und umgekehrt. Die Art des gefundenen Kompromisses wird deutlich durch den Vergleich der gefundenen Lösung mit dem Optimum, das im klassischen Fall errechnet würde, wenn sämtliche Restriktionsgrenzen scharf definiert wären; die klassische Optimallösung ist ebenfalls in (3.35) aufgeführt.

Das Beispiel gibt weitere Aufschlüsse: Zum einen zeigt sich, wie problemlos deterministische Restriktionen in fuzzy Modelle integriert werden können; sie verändern ihre Form beim Transformationsprozeß nicht und sind auch zu jeder Zeit - wie bei der klassischen Optimierung - vollständig erfüllt. Zum anderen wird deutlich, welche große Bedeutung der Aufstellung der Zugehörigkeitsfunktion des Zieles in bezug auf die Überschreitung einzelner Restriktionen zukommt. Würde beispielsweise der Entscheidungsträger den minimalen Zielwert, der gerade noch als Lösung akzeptiert wird, von 12 auf 14 anheben, so ergibt sich die optimale Lösung:

$$(3.36) \qquad \lambda = 0.474$$
$$x_1 = 4.0$$
$$x_2 = 5.355$$

Die unscharfen Restriktionen werden in der neuen Optimallösung stärker ausgelastet. Durch die Tatsache, daß die veränderte Zugehörigkeitsfunktion des Zieles jetzt schwieriger zu erfüllen ist und der Entscheidungsträger erst mit höheren Werten ein bestimmtes Erfüllungsniveau erreicht, haben sich ihre Erfüllungsgrade für Restriktion 1 auf 0.548 beziehungsweise für Restriktion 3 auf 0.474 Niveaupunkte reduziert. Das Zielniveau ist auf Grund der gesteigerten Ansprüche ebenfalls auf ein Niveau von

---

[131] Vgl. Wolf, J.: (Fuzzy-Modelle), S. 36.

0.474 gesunken, obwohl sich der absolute Zielwert von 14.21 auf 14.71 ME erhöht hat. Die neue Konstellation führt dazu, daß im Optimum die dritte Restriktion und nicht mehr die erste bindend ist, da eine Erhöhung des Zielwertes auf diesem Niveau die dritte Restriktion stärker belastet als die erste und damit dort zu einem höheren Niveauverlust führt.

Die beschriebene Transformation des Grundmodells bezieht sich lediglich auf die Verwendung des Minimum-Operators und auf lineare beziehungsweise stückweise lineare Zugehörigkeitsfunktionen. Andere Operatoren machen einen anderen Transformationsprozeß erforderlich, bei dem es zu nichtlinearen Modellen kommen kann. Obwohl dies zu Anwendungsproblemen hinsichtlich der Effizienz und Handhabbarkeit führt, sollten solche Operatoren nicht wegen formaler Kriterien von der Betrachtung ausgeschlossen werden. Wie sich aber in den beiden vorhergehenden Abschnitten gezeigt hat, weisen alle Operatoren sowie alle Formen der Zugehörigkeit, die in nichtlinearen Modellen resultieren, keinerlei Vorteile gegenüber ihren zu linearen Modellen führenden Äquivalenten auf. Aus diesem Grund wird im weiteren Verlauf der Arbeit mit dem ausgeführten klassischen Transformationsprozeß gearbeitet.

b)   *Unscharfe Restriktionskoeffizienten*

Seit Ende des letzten Jahrzehnts ist von einigen Seiten der Versuch unternommen worden, die Unschärfe in Entscheidungsmodellen der Linearen Optimierung nicht mehr allein auf unscharfe Restriktionsgrenzen zu beschränken. Neben fuzzy Relationen können auch die einzelnen Koeffizienten der Entscheidungsvariablen nur unscharf zu beschreiben sein. Das Grundmodell der Linearen Optimierung nimmt dann folgende Gestalt an:

$$(3.37) \qquad \text{Max} \quad c^T X$$
$$\text{u.d.Nb.:} \quad \tilde{A} X \lesseqgtr \tilde{b}$$
$$X \geq 0$$

Als Beispiel hierfür sei ein Betrieb angeführt, der zwei Produkte fertigt. Die zur Verfügung stehende Kapazität einer bestimmten Maschine pro Monat sei mit "möglichst kleiner als 2000 Zeiteinheiten" angegeben ist, wobei die Bearbeitungszeit für eine Mengeneinheit der Produkte A und B nur mit "ungefähr 10" und "ungefähr 15" Zeiteinheiten festgelegt werden kann. Formal bedeutet dies:

$$(3.38) \qquad \tilde{10}\, x_1 + \tilde{15}\, x_2 \lesssim 2000$$

Veränderungen zum Modell mit unscharfen Restriktionsgrenzen treten bei der Berücksichtigung unscharfer Koeffizienten dadurch auf, daß direkte Rechenoperationen und Vergleiche mit Fuzzy Sets durchgeführt werden müssen. Zwar können auf

der Grundlage des Erweiterungsprinzips die unscharfen Mengen einer Ungleichungs-
seite addiert werden,[132] bestehen bleibt jedoch das Hauptproblem bei der Behandlung
von unscharfen Restriktionskoeffizienten, Fuzzy Sets miteinander vergleichen zu
müssen.[133] Die Summe der unscharfen Mengen ergibt nach dem Erweiterungsprinzip
ebenfalls wieder eine unscharfe Menge. Zur Beurteilung der Frage, ob und in welchem Maße diese Menge die geforderte Nebenbedingung einhält, müssen unscharfe
Werte beiderseits des Ungleichungszeichens miteinander verglichen werden.

In der Literatur sind zur Lösung dieses Problems der Fuzzy Optimierung zahlreiche
verschiedene Ansätze vorgeschlagen worden.[134] All diese Einstufungsverfahren sind
jedoch nicht für die mathematische Optimierung entwickelt worden[135] und erweisen
sich hier als ineffizient und unbrauchbar. Es werden zu umfangreiche Rechnungen
nötig, da die Zugehörigkeitsfunktion einer Restriktion mit unscharfen Koeffizienten
sich für verschiedene - in die Restriktion eingesetzte - Lösungspunkte ständig verändert und so jedesmal völlig neu berechnet werden muß.[136] Demzufolge sind für den
Einsatz in der Linearen Optimierung spezielle Interpretationen des Ungleichheitszei-
chens vorgeschlagen worden, die einen effizienten Vergleich von Fuzzy Sets innerhalb des Optimierungsverfahrens ermöglichen sollen. Gemein ist allen diesen Ansätzen eine Transformation, nach der die Nebenbedingungen mit fuzzy Koeffizienten
unter möglichst geringem Informationsverlust durch scharfe Restriktionen ausgedrückt werden. Unterschiede treten dabei in der Art dieser Transformation auf.

Bei der Definition eines unscharfen Vergleichs von TANAKA & ASAI wird diese Übertragung lediglich auf der Basis der Zugehörigkeitswerte eines vom Entscheidungsträger festzulegenden Niveaus durchgeführt.[137] Bei einer solchen Repräsentation
unscharfer Daten im Optimierungsmodell wird auf eine Vielzahl vorhandener Informationen über die Unschärfe der Daten freiwillig verzichtet. Die Auswahl eines
bestimmten Niveaus führt die Optimierung im Wesen wieder auf den Fall fehlender
Realitätsnähe des Modells zurück, der eigentlich durch den Einbezug von Fuzzy Sets
verbessert werden sollte, da vage Daten im Modell relativ willkürlich durch einen
bestimmten Wert ausgedrückt werden. Zudem wird dem Entscheidungsträger eine zu

---

132   Zu einer beispielhaften Addition zweier unscharfer Zahlen in LR-Darstellungsform nach
     dem Erweiterungsprinzip vgl. (3.8).
133   Vgl. Wolf, J.: (Integration), S. 954.
134   Übersicht und Beurteilung der verschiedenen Ansätze sind z.B. zu finden in: Rommel-
     fanger, H.: (Rangordnungsverfahren), S. 219 - 228; Dubois, D.; Prade, H.: (Ranking),
     S. 183 - 224; Zimmermann, H.-J.: (Decision), S. 135 - 176.
135   Die Verfahren sind in erster Linie zur Lösung von solchen Problemen entwickelt wor-
     den, bei denen eine diskrete Anzahl von unscharfen Alternativen vorliegt und die
     größten bzw. kleinsten Werte dieser Mengen zu ermitteln sind.
136   Vgl. Rommelfanger, H.: (Method), S. 284.
137   Vgl. Tanaka, H.; Asai, K.: (Programming), S. 1 - 10; Tanaka, H.; Ichihashi, H.; Asai, K.:
     (Formulation), S. 185 - 194.

pessimistische Grundhaltung unterstellt, da nur die schlechtesten aller in Betracht gezogenen Möglichkeiten berücksichtigt werden.[138]

Demgegenüber muß die Definition eines unscharfen Vergleichs von SLOWINSKI als zu optimistisch eingestuft werden.[139] Ein unscharfer Vergleich wird hier durch zwei scharfe Restriktionen ausgedrückt, in denen die Extremwerte der Unschärfebereiche zueinander in bestimmte, gewichtete Verhältnisse gestellt werden.[140] Die Gewichte bezeichnen dabei einen optimistischen und einen pessimistischen Index. Allerdings kann ein Vergleich zweier fuzzy Zahlen nach dieser speziellen Definition zu irrationalen Lösungen führen.[141] Außerdem wird bei den Berechnungen implizit unterstellt, daß alle unscharfen Koeffizienten einer Restriktion einen gemeinsamen Punkt höchsten Niveaus besitzen, was die Realitätsnähe des durchgeführten Vergleichs stark einschränkt.[142]

Einen ähnlichen Weg, einen unscharfen Vergleich mit scharfen Restriktionen auszudrücken, gehen RAMIK & RIMANEK sowie DELGADO, VERDEGAY & VILA.[143] Auch sie versuchen, den Vergleich zweier Fuzzy Sets innerhalb des Optimierungsmodells durch die Betrachtung der Ränder der unscharfen Bereiche adäquat durchzuführen.[144] Auch RAMIK & RIMANEK unterstellen dabei wie SLOWINSKI die Gleichartigkeit aller fuzzy Zahlen einer Restriktion. Sie versuchen, einen übermäßigen Verlust an Informationen über die Unschärfe der Daten dadurch zu verhindern, daß die Transformation auf der Basis von verschiedenen Niveaus durchgeführt wird.[145]

Neben der Aufblähung des zu lösenden Systems durch eine Vielzahl neuer Systemungleichungen bringt dies den weiteren Nachteil mit sich, daß bei der Entscheidung, ob eine fuzzy Zahl kleiner ist als eine andere, Niveaus niedriger Zugehörigkeit den gleichen Einfluß auf die Entscheidung ausüben wie hohe Zugehörigkeitsniveaus.[146]

---

[138] Vgl. Wolf, J.: (Integration), S. 955.

[139] Diese Einschätzung wird auch durch entsprechende empirische Ergebnisse gestützt, vgl. Rommelfanger, H.: (Rangordnungsverfahren), S. 226 f.

[140] Vgl. Slowinski, R.: (Programming), S. 217 - 237; Slowinski, R.: (Method), S. 396 - 414.

[141] Vgl. z.B. die Berechnungen von Wolf, J.: (Integration), S. 955.

[142] Vgl. Rommelfanger, H.: (Method), S. 282.

[143] Vgl. Ramík, J.; Rímanék, J.: (Inequality), S. 123 - 138; Delgado, M.; Verdegay, J.L.; Vila, M.A.: (Model), S. 21 - 30.

[144] Eine beispielhafte Transformation eines unscharfen Vergleiches nach Ramík & Rímanék ist z.B. zu finden bei: Buscher, U.; Roland, F.: (Fuzzy Sets), S. 316 f.

[145] Vgl. Ramík, J.; Rímanék, J.: (Inequality), S. 125 f. Der Grundgedanke der Repräsentation von Fuzzy Sets auf der Basis verschiedener Niveaus, der sog. α-*level*, geht auf Orlovski zurück, vgl. Orlovski, S.A.: (Programming), S. 197 - 201.

[146] Vgl. Wolf, J.: (Fuzzy-Modelle), S. 113. Damit kann eine eindeutige Aussage nur dann getroffen werden, wenn sich die beiden Zugehörigkeitsfunktionen in keinem Punkt - selbst bei sehr niedriger Zugehörigkeit - schneiden; Überschneidungen in unteren Niveaubereichen können so die Tendenz der Entscheidung noch umkehren.

Um diese Verfahrensschwächen aufzuheben, schlägt WOLF ein δ-niveaubezogenes Modell vor,[147] bei dem alle Zugehörigkeitswerte, die unterhalb des festzulegenden Niveaus δ liegen, für den Vergleich von fuzzy Zahlen nicht mehr berücksichtigt werden.[148]

Einen anderen Weg beschreitet ROMMELFANGER.[149] Bei ihm wird der unscharfe Vergleich nicht allein durch scharfe Restriktionen, sondern zusätzlich durch eine neue Zielfunktion ausgedrückt. Die (scharfe) Restriktion basiert auf einem ausgewählten niedrigen Niveau, mit dessen Hilfe ein "gesicherter" Vergleich durchgeführt wird. Zusätzlich wird eine neue Zielfunktion aufgestellt, die die Erreichung höherer Validität des durchzuführenden Vergleiches zum Ziel hat. Die Vorgehensweise von ROMMELFANGER hat den Vorteil, daß der unscharfe Vergleich nicht allein auf der Bewertung der Extrempositionierungen beruht, sondern auch der Verlauf der Zugehörigkeitsfunktion ins Kalkül einbezogen wird. So kann auch berücksichtigt werden, wenn die Validität des durchgeführten unscharfen Vergleiches sich in anderen Niveaubereichen verändert.[150]

c)   *Unscharfe Zielfunktionskoeffizienten*

Neben unscharfen Restriktionsgrenzen und unscharfen Koeffizienten einer Nebenbedingung kann es sein, daß auch die Koeffizienten der Zielfunktion nur unscharf zu erfassen sind. Beispielsweise sei an das Ziel der Gewinnmaximierung auf einem polypolistischen Markt gedacht, bei dem der Produktverkaufspreis nicht beeinflußt und nur in gewissen Bandbreiten angegeben werden kann, was sich in fuzzy Deckungsbeiträgen und damit in unscharfen Zielfunktionskoeffizienten im Optimierungsmodell niederschlägt.

Fuzzy Zielfunktionskoeffizienten sind bisher nur in wenigen Optimierungsverfahren berücksichtigt worden.[151] Das Problem der Behandlung unscharfer Zielfunktionskoeffizienten ist dabei letztlich mit dem unscharfer Restriktionskoeffizienten verwandt. In beiden Fällen geht es darum, fuzzy Zahlen miteinander zu addieren und die Summe in gewisser Weise einzuordnen. Die Einordnung richtet sich danach, ob ein symmetrischer Entscheidungsansatz verfolgt wird oder nicht. Ist dies der Fall, muß zur Modellkonfiguration eine Nutzen-Zugehörigkeitsfunktion auf der Basis

---

147 Vgl. Wolf, J.: (Integration), S. 955 f.

148 So ist nun zugelassen, daß sich unterhalb des δ-Niveaus die Zugehörigkeitsfunktionen schneiden können, ohne daß die Bewertung der Rangfolge dadurch verändert wird.

149 Vgl. Rommelfanger, H.: (Entscheiden), S. 236 - 244; Rommelfanger, H.: (Method), S. 284 f.

150 Vgl. Rommelfanger, H.: (Method), S. 285.

151 Zu einer Übersicht der verschiedenen Ansätze vgl. z.B. Inuiguchi, M.; Ichihashi, H.; Tanaka, H.: (Programming), S. 45 - 68 oder Fedrizzi, M.; Kacprzyk, J.; Verdegay, J.L.: (Survey), S. 15 - 28.

unscharfer Daten aufgestellt werden, um Ziel und Restriktionen miteinander vergleichbar zu machen. Erst dann kann, analog zum Vorgehen unscharfer Restriktionskoeffizienten, ein Optimierungsverfahren aufgesetzt werden.

Im Fall der nichtsymmetrischen Beibehaltung einer originären Zielfunktion muß versucht werden, diese trotz der ihr innewohnenden Unschärfe unter möglichst maximaler Einhaltung der Restriktionen zu optimieren. Das Grundproblem besteht dabei darin, daß fuzzy Koeffizienten keine eindeutig definierte Zielfunktion mehr zulassen und stattdessen unendlich viele Zielfunktionen möglich sind.[152] Um das Problem handhabbar zu machen, müssen wiederum geeignete Repräsentanten des jeweiligen Unschärfe-Intervalls ausgewählt werden, mit deren Hilfe das Problem wieder auf genau eine Zielfunktion reduziert wird.

Ein Verfahren, welches diesen Weg beschreitet, ist von TANAKA, ICHIHASHI & ASAI vorgeschlagen worden.[153] Ihre Vorgehensweise entspricht dabei dem sogenannten *Hurwicz-Prinzip*, nach dem eine Entscheidung in einer Risikosituation aus der gewichteten Summe des Ergebnisses einer optimistischen und einer pessimistischen Grundeinstellung gewonnen wird. Übertragen auf fuzzy Zielkoeffizienten bedeutet dies, die gewichtete Summe von den unteren und oberen Intervallgrenzen der jeweiligen Koeffizienten-Unschärfebereiche als neue, deterministische Zielfunktion zu verwenden. Beispielsweise würde die Zielfunktion mit zwei unscharfen Koeffizienten:

$$(3.39) \qquad \text{Max} \quad Z(X) \;=\; [\,3.5\,;\,4.5\,]\,x_1 + [\,6.0\,;\,8.5\,]\,x_2$$

transformiert werden zu:

$$(3.40) \qquad \text{Max} \quad Z(X) \;=\; \gamma \cdot (3.5\,x_1 + 6\,x_2) + (1-\gamma) \cdot (4.5\,x_1 + 8.5\,x_2)$$
$$\text{mit } \gamma \in [0,1]$$

Die allgemeine Kritik am Hurwicz-Prinzip, daß für die Entscheidung zu wenig Informationen berücksichtigt werden, trifft in besonderem Maße auch auf die hier vorgeschlagene Vorgehensweise bei Unschärfe zu. Die Verwendung von Fuzzy Sets in Optimierungsmodellen wird ad absurdum geführt, wenn ein willkürlich bestimmter Wert - als Resultat der Gewichtung zwischen unterer und oberer Intervallgrenze - die Unschärfe ausdrücken soll. Das so konstruierte Modell geht damit nach dem gleichen Prinzip vor wie sein deterministisches Äquivalent, da auch hier bei Datenunsicherheit willkürlich ein bestimmter Wert als Repräsentant festgelegt werden muß. Aus diesen Gründen erscheinen derartige Verfahren nicht geeignet, die Datenunschärfe geeignet im Modell abzubilden.

---

[152] Vgl. Hanuscheck, R.; Rommelfanger, H.: (Entscheidungsmodelle), S. 589.
[153] Vgl. Tanaka, H.; Ichihashi, H.; Asai, K.: (Formulation), S. 185 - 194.

Um mehr Informationen im Fall eines nichtsymmetrischen Ansatzes zu benutzen, wenden DELGADO, VERDEGAY & VILA eine parametrische Optimierung an.[154] Wie im Fall unscharfer Restriktionskoeffizienten schlagen sie einzelne α-Niveaus vor, unter denen jeweils Zielfunktionen gebildet und damit die Optimierung durchgeführt wird. Das unscharfe Gesamtproblem wird dann durch eine parametrisierte Verbindung der einzelnen Niveau-Zielfunktionen operationalisiert und mit Verfahren der parametrischen Optimierung gelöst. Allerdings benötigt eine solche Vorgehensweise einen sehr hohen Rechenaufwand.

Das Verfahren von ROMMELFANGER, HANUSCHECK & WOLF geht demgegenüber, wie allgemein üblich, vom symmetrischen Ansatz aus.[155] Durch die simultane Optimierung aller Zugehörigkeitsfunktionen von Ziel und Nebenbedingung ist es hierbei nicht mehr nötig, die unscharfe Zielfunktion nur auf einen einzigen scharfen Vertreter zu reduzieren; es können beliebig viele Ungleichungen aus der ursprünglichen Zielfunktion abgeleitet und so mehr Informationen über die Unschärfe der Problemdaten in die Rechnungen mit einbezogen werden. So führt die Verwendung von verschiedenen α-Niveaus beim symmetrischen Ansatz nicht mehr dazu, mit parametrischer Optimierung arbeiten zu müssen. Im Verfahren von ROMMELFANGER, HANUSCHECK & WOLF werden aus der Zielfunktion mit fuzzy Koeffizienten für verschiedene α-Niveaus jeweils zwei neue Zielfunktionen konstruiert. Dies geschieht, indem für ein gegebenes α-Niveau für jeden fuzzy Koeffizienten die Grenzen (c^T_L, c^T_R) des Unschärfeintervalls aus dessen Zugehörigkeitsfunktion ermittelt werden. Die zwei neuen Zielfunktionen setzen sich dann aus den jeweils linken und rechten Rändern des Unschärfeintervalls zusammen.

Um nun Zugehörigkeitsfunktionen für diese beiden neuen Systembedingungen aufstellen zu können, werden separate Optimierungen durchgeführt und die optimalen Lösungen kreuzweise in die jeweils andere Zielfunktion eingesetzt, um Akzeptanz-Obergrenzen $(Z_{L,max}; Z_{R,max})$ und -Untergrenzen $(Z_{L,min}; Z_{R,min})$ zu erhalten.[156] Wird weiterhin linearer Verlauf der Zugehörigkeitsfunktionen unterstellt, läßt sich ein Modell der Art (3.23) aufstellen und mit einem Verfahren der Linearen Optimierung lösen.

---

154 Vgl. Delgado, M.; Verdegay, J.L.; Vila, M.A.: (Approaches), S. 33 - 42. Einen ähnlichen Weg beschreiten Carlsson & Korhonen, vgl. Carlsson, C.; Korhonen, P.: (Approach), S. 17 - 30.

155 Vgl. Rommelfanger, H.; Hanuscheck, R.; Wolf, J.: (Programming), S. 31 - 48. Das Verfahren bedeutet eine Weiterentwicklung der Ideen von Hanuscheck und Rommelfanger, vgl. Hanuscheck, R.; Rommelfanger, H.: (Entscheidungsmodelle), S. 589 - 596.

156 Zu einer ausführlichen Darstellung der Ermittlung der Zugehörigkeitsfunktionen vgl. Buscher, U.; Roland, F.: (Fuzzy-Set-Modelle), S. 72 - 81.

(3.41)
$$\text{Max } \lambda$$

$$\begin{aligned}
\text{u.d.Nb.:} \quad (Z_{L,max} - Z_{L,min})\lambda - c_L^T X &\leq -Z_{L,min} \\
(Z_{R,max} - Z_{R,min})\lambda - c_R^T X &\leq -Z_{R,min} \\
\lambda &\leq f_{R_i}(a_i^T) \quad \text{für } i = 1, \ldots, m \\
\lambda &\leq 1 \\
\lambda &\geq 0 \\
X &\in X_Z
\end{aligned}$$

Die Vorgehensweise der Transformation der unscharfen Zielfunktion wird als α-*niveaubezogene Paarbildung* bezeichnet.[157]

Dem Vorteil einer genaueren Berücksichtigung der Unschärfe steht der Nachteil eines hohen Rechenaufwandes gegenüber, da schon zur Ermittlung der neuen Ziel-Zugehörigkeitsfunktionen viele einzelne Optimierungen im Vorfeld durchgeführt werden müssen. Je genauer dabei die Unschärfe untersucht wird, desto mehr α-Niveaus müssen für den vergleich herangezogen werden und desto größer wird dadurch der Rechenaufwand und damit Effizienzverlust. Hinzu kommt, daß die Bestimmung der Untergrenzen $Z_{R,min}$ und $Z_{L,min}$ heuristischen Überlegungen folgt; es kann nicht ausgeschlossen werden, daß der Entscheidende auch Werte unter diesen Untergrenzen akzeptiert.

Eine weitere Verfahrensentwicklung zur Behandlung unscharfer Zielkoeffizienten stammt von SAKAWA & YANO.[158] Bei ihnen wird die Zielfunktion mit unscharfen Koeffizienten mit Hilfe eines vom Entscheidenden festzulegenden α-Niveaus transformiert. Zur Bestimmung einer Kompromißlösung gehen die Autoren von der - wenig realistischen - Annahme aus, daß der Entscheidungsträger in der Lage ist, eine streng monoton steigende und einmal stetig differenzierbare Zugehörigkeitsfunktion des Zieles angeben zu können. Mit deren Umkehrfunktion wird eine Optimalitätsbedingung aufgestellt. Als Repräsentant des Unschärfe-Intervalls der einzelnen fuzzy Koeffizienten zum gewählten Niveau fungiert der linke Rand, der dem kleinsten Wert entspricht. Bei der Festlegung der Zugehörigkeitsfunktion des Zieles wird sich hingegen am rechten Rand des Intervalls und damit am höchsten Wert orientiert, was insgesamt eine extrem optimistische Einstellung ausdrückt, deren Realitätsbezug stark angezweifelt werden muß. Die Interaktivität des Verfahrens liegt in der Möglichkeit, bei nicht zufriedenstellendem Ergebnis die Transformation erneut durchzuführen, indem vom Entscheidungsträger ein neues α-Niveau festgelegt wird.

Auf Grund der zu optimistischen Transformationsregeln und der realitätsfernen Annahme, daß der Entscheidungsträger eine stetig differenzierbare Zugehörigkeits-

---

[157] Vgl. Rommelfanger, H.; Hanuscheck, R.; Wolf, J.: (Programming), S. 38 f.
[158] Vgl. Sakawa, M.: (Computer), S. 489 - 503; Sakawa, M.; Yano, H.: (Method), S. 125 - 142.

funktion vollständig angeben kann, ist das Verfahren insgesamt wenig geeignet, realitätskonforme Entscheidungsunterstützung leisten zu können. Hinzu kommt, daß der Rechenaufwand des Transformationsprozesses vom unscharfen zum scharfen Äquivalent noch höher ist als bei den anderen Verfahren.[159]

Neben der Unschärfe im Bereich der Zielfunktions- und Restriktionskoeffizienten sowie bei den Restriktionsgrenzen können die Gegebenheiten realer Problemstellungen natürlich auch dazu führen, daß verschiedene Bereiche des Grundmodells der Linearen Optimierung gleichzeitig mit Unschärfe behaftet sind. Eine Kombination ist dabei problemlos möglich und kann innerhalb eines Modells simultan vollzogen werden. So führt beispielsweise die Existenz von Unschärfe in der Zielfunktion neben unscharfen Restriktionsgrenzen nicht zu grundsätzlich anderen Verfahren, sondern lediglich zu bezüglich der Zielfunktion erweiterten Transformationen unter sonst gleichbleibenden Modellstrukturen. Auch bei fuzzy Zielfunktionskoeffizienten und gleichzeitig unscharfen Restriktionskoeffizienten läßt sich eine simultane Optimierung ohne Schwierigkeiten durchführen.

3.2.3. Beurteilung von Verfahren der Linearen Fuzzy Optimierung und Implikationen für deren Entwicklung

Die Vielzahl der entwickelten Ansätze zur Integration der Fuzzy Sets in die Lineare Optimierung macht es schwer, für eine computergestützte Entscheidungshilfe in betrieblichen Problemsituationen ein allgemein geeignetes Verfahren auszuwählen. Zudem hat die Analyse ergeben, daß an sämtlichen Methoden grundsätzliche Kritik geübt werden kann, so daß eigene Entwicklungen naheliegen.

Grundsätzlich erweist sich der symmetrische Entscheidungsansatz gegenüber seinem nichtsymmetrischen Äquivalent als vorteilhaft, da eine sinnvolle Entscheidungshilfe eindeutige Lösungen erfordert. Ein nachträglicher Vergleich der beim nichtsymmetrischen Ansatz ermittelten Lösungsmenge führt zwar zu einer eindeutigen Lösung, bringt aber andere Nachteile mit sich. Hinzu kommt, daß mit einem nichtsymmetrischen Ansatz die Optimierung zufriedenstellend nur mit einer Zielfunktion vollzogen werden kann und daß bei unscharfen Zielkoeffizienten die Zielfunktion nur aus einzelnen Repräsentanten des Unschärfebereiches besteht. Dieses Problem kann mit dem symmetrischen Entscheidungsansatz verhindert werden, indem die Optimierung - unabhängig davon, ob es sich um ein Ziel oder eine Nebenbedingung handelt - sich auf die Maximierung der Zugehörigkeitswerte richtet.

---

[159] Vgl. Rommelfanger, H.: (Entscheiden), S. 273.

Nach der Entscheidung über die grundsätzliche Vorgehensweise stellt sich die Frage, in welchen Bereichen des Optimierungsmodells Unschärfe abgebildet werden sollte. Ausgangspunkt der Überlegungen zur Integration der Fuzzy Sets in Optimierungsverfahren ist der Wunsch, qualitativ bessere Entscheidungsunterstützung leisten zu können, wenn die Abbildungsgenauigkeit von der realen Problemstellung beziehungsweise vom mentalen Modell zum formalen Modell durch die Berücksichtigung vorhandener Datenunschärfe erhöht wird. Zu untersuchen bleibt demnach, ob die Einführung von Fuzzy Sets in allen Modellbereichen zu einer Verbesserung der Abbildungsgenauigkeit führt.

Während diese Frage bei unscharfen Restriktionsgrenzen zweifelsfrei bejaht werden kann, ergeben sich bei fuzzy Restriktions- und Zielfunktionskoeffizienten grundlegende Bedenken. Diese resultieren in erster Linie aus der Notwendigkeit, unscharfe Vergleiche zwischen zwei fuzzy Zahlen durchführen zu müssen. Innerhalb eines Optimierungsverfahrens kann ein solcher Vergleich nur mit Hilfe von - wie auch immer konstruierten - diskreten Werten, die den Bereich der Unschärfe repräsentieren, erfolgen.

Es bleibt zu klären, ob eine solche Vorgehensweise realitätsnäher ist als im klassischen Fall, in dem die bestehende Datenunschärfe im Ausgangsmodell vom Entscheidungsträger notgedrungen auf einen "Mittelwert" reduziert werden muß, da nur deterministische Daten zugelassen sind. Dem Vorteil, daß bei einem unscharfen Vergleich in fuzzy Optimierungssystemen mehrere Niveaus und damit mehrere Repräsentanten des Unschärfe-Intervalls berücksichtigt werden können, steht der Nachteil gegenüber, daß das zu lösende Modell dadurch stark vergrößert wird und sich die Effizienz der Entscheidungsunterstützung insgesamt, besonders bei mehrmaliger interaktiver Optimierung, stark reduziert. Bei fuzzy Zielfunktionskoeffizienten kommt außerdem hinzu, daß die Berechnung der Ziel-Zugehörigkeitsfunktion problematisch sein kann.

Eine von einem System geleistete Entscheidungshilfe wird vom Benutzer sicher nur dann akzeptiert, wenn dieser der Überzeugung ist, daß das errechnete Ergebnis auf das reale Problem zurückübertragen werden kann. Dies erscheint aber fraglich, wenn alle Bereiche des Modells nur unscharf erfaßt werden können. Lassen sich sowohl Restriktionsgrenzen als auch Restriktionskoeffizienten nur unscharf erfassen, erscheint das Problem in seiner Gesamtheit zu ungenau, um mit Hilfe mathematischer Verfahren eine *eindeutige* Lösung berechnen zu können. Auf Grund des Ausmaßes an Unschärfe wird die Problemstellung zu komplex, als daß präzise Aussagen über *die* optimale Entscheidung getroffen werden können.[160] Dies führt zu dem Schluß, in einem eigenen System auf fuzzy Koeffizienten zu verzichten und lediglich unscharfe Restriktionsgrenzen im Linearen Fuzzy Optimierungsverfahren abzubilden.

Als nachteilig bei der Verwendung des symmetrischen Entscheidungsansatzes erweist sich die absolute Gleichrangigkeit und Gleichbehandlung der Zielerfüllungsgrade und der Niveaus der Nebenbedingungen, die unrealistisch und damit unerwünscht ist.[161] Hier gilt es, trotz Verwendung des symmetrischen Ansatzes ein Verfahren zu entwickeln, das dem Entscheidungsträger Einflußmöglichkeiten bietet, diese "innere Symmetrie" zu durchbrechen und Prioritäten zwischen Ziel und Restriktion oder auch zwischen Restriktionen untereinander im Modell auszudrücken. Bei einer Gleichbehandlung von Zielen und Nebenbedingungen wird nicht in ausreichendem Maße auf die Ansprüche Rücksicht genommen, was die Möglichkeiten des Entscheidungsträgers, sein mentales Modell zu übertragen, gravierend beeinträchtigt.

Am Beispiel des Minimum-Operators wird deutlich, daß dieses Problem letztlich auf den Bereich eines geeigneten Verknüpfungsoperators zurückfällt. Bei der ausschließlichen Maximierung des kleinsten Zugehörigkeitswertes degeneriert die fuzzy Optimierung zu einem Max-Min-Ansatz; die Unschärfe wird nicht mehr in adäquater Weise in die Entscheidungsfindung miteinbezogen.[162] Im Gegensatz zum Minimum-Operator muß für eine sinnvolle Entscheidungsunterstützung ein flexibel anzupassender Operator verwendet werden, mit dem Prioritäten und Ansprüche des Entscheidungsträgers im Modell auszudrücken sind und insbesondere verschiedene Erfüllungsgrade im Zuge der Optimierung der Gesamtbefriedigung kompensatorisch gegeneinander abgewogen werden können. Da alle untersuchten Operatoren nicht in der Lage sind, dies zu bewerkstelligen, besteht die Notwendigkeit zu eigenen Entwicklungen. Das Ziel muß es dabei sein, die unscharfen Systemungleichungen so zu verknüpfen, daß der Entscheidungsträger - ohne Parameter schätzen zu müssen - die einzelnen Erfüllungsniveaus separat beeinflussen und steuern kann und das System trotzdem die globalen Zugehörigkeitswerte optimiert.[163]

Für die Form der Zugehörigkeitsfunktionen besteht kein Bedarf an Eigenentwicklungen. Mit stückweise linearen Funktionen liegt ein Typ vor, der sämtliche Anforderungen erfüllt und sich gegenüber allen anderen Funktionstypen als vorteilhaft erweist. Eine solche Form der Zugehörigkeit ist auch von einigen Autoren vorgeschlagen und

---

160 Dies ist eine spezielle Interpretation des bereits erwähnten Inkompatibilitätskriteriums
     von Zadeh. Die Schwelle, ab der auf Grund der Komplexität keine exakten Aussagen
     mehr über das Problem getroffen werden können, erscheint hier überschritten.
161 Vgl. Geyer-Schulz, A.: (Mengen), S. 110.
162 Zu gleichen Meinungen vgl. z.B. Hannan, E.L.: (Contrasting), S. 338; Zeleny, M.:
     (Fuzzy Sets), S. 304 f.
163 Zu der Umsetzung der gestellten Forderungen im System vgl. Abschnitt 4.2.3.

in ihren Verfahren implementiert worden.[164] Bei ihrer Verwendung ist einerseits sichergestellt, daß die Funktion auch die Form des Verlaufes enthält, die den Vorstellungen des Entscheidungsträgers entspricht; andererseits kann ihre Form im Laufe eines interaktiven Verfahrens durch die Veränderung einzelner Stützstellen auch leicht modifiziert werden, sobald Einsichten und Vorstellungen variieren.

---

[164] So bei Rommelfanger, H.: (Procedure), S. 163; Hannan, E.L.: (Programming), S. 240; Inuiguchi, M.; Ichihashi, H.; Kume, Y.: (Solution), S. 16.

3.3. Lineare Optimierung unter mehrfacher Zielsetzung

3.3.1. Theoretische Grundlagen

Zweifel an der Anwendbarkeit von klassischen Modellen der Optimierung in realen Problemsituationen sind zu einem großen Teil entstanden, weil sich das Wesen der Entscheidungsprobleme im Laufe der letzten Jahrzehnte beachtlich verändert hat.[1] Die Veränderung der Entscheidungsprozesse spiegelt sich auch in der Abkehr von der Verfolgung nur eines einzigen Zieles wider.[2] Es ist mittlerweile unumstritten, daß neben dem klassischen betrieblichen Ziel der "Gewinnmaximierung" noch eine Vielzahl anderer Zielsetzungen existiert, auch wenn diese vielleicht nur implizit über gewisse Präferenzen oder sogar nur unbewußt verfolgt werden. Grundlegende Zielsetzungen können ökonomischer, sozialer oder technischer Natur sein.[3] Sie sind allerdings in letzter Konsequenz nur schwer voneinander zu trennen und können in den konkreten Zielfunktionsausprägungen auch zusammenwirken.[4] Aber auch innerhalb einer ökonomischen Grundzielsetzung existieren unterschiedliche Einzelziele, die bei einer Entscheidung gleichzeitig verfolgt werden.[5]

Wird in einem Entscheidungsmodell nur auf der Grundlage einer einzelnen Zielsetzung operiert, kann dies zu einer beträchtlichen Verzerrung der Realität und zu nichtakzeptablen Lösungsvorschlägen führen. Umgekehrt kann durch die Integration von mehreren Zielen in die Optimierung die Realitätsnähe der Problemabbildung im formalen Modell und damit die Qualität der errechneten Lösungshilfen wesentlich erhöht werden.[6]

Die Berücksichtigung mehrerer Zielfunktionen in der mathematische Optimierung als Konsequenz ist nicht neu und wurde schon zu Beginn der sechziger Jahre von

---

1   Vgl. Steuer, R.: (Optimization), S. 1.
2   Vgl. Tabucanon, M.: (Decision), S. 1; Carlsson, C.: (Criteria), S. 49.
3   Vgl. Tabucanon, M.: (Decision), S. 2.
4   So kann beispielsweise ein hoher Lohn, soweit finanzierbar, als Verfolgung einer sozialen Zielsetzung durch eine erhöhte Zufriedenheit und Produktivität der Arbeitnehmer langfristig auch zur Vergrößerung des Unternehmensgewinns und damit zur Verbesserung einer ökonomischen Zielsetzung führen.
5   Neben der Gewinnmaximierung können dies dazu nicht völlig konforme Ziele sein, wie z.B. die Umsatz- oder Produktionsmaximierung, die Kostenminimierung, die Maximierung der Marktposition, die Einhaltung strategischer Direktiven oder allgemein die Einhaltung von konfliktären kurz- und langfristigen ökonomischen Zielsetzungen. Eine Übersicht über verschiedene Ziele bestimmter betrieblicher Problemstellungen gibt z.B. Steuer, R.: (Optimization), S. 2 f.
6   Vgl. Little, J.D.C.: (Research), S. 8.

CHARNES & COOPER entwickelt.[7] Ihre große Bedeutung bei der Entscheidungshilfe wurde aber erst viel später, in den achtziger Jahren, erkannt. Heute stellt die Theorie der Optimierung unter mehrfachen Zielfunktionen aus den oben genannten Gründen einen der Bereiche des Operations Research dar, denen großes wissenschaftliches Interesse und gute Zukunftsperspektiven beigemessen werden.[8]

Die Theorie der Entscheidung unter mehrfacher Zielsetzung (*"Multiple Criteria Decision Making"* oder "MCDM") kann grundsätzlich nach der Anzahl der zur Disposition stehenden Handlungsalternativen aufgegliedert werden. Existieren nur endlich viele zulässige Lösungen, besteht die Aufgabe darin, eine Rangfolge zu bilden und die beste der (zumeist wenigen) Alternativen in dem diskreten Lösungsraum auzuwählen. Entscheidungen dieser Art werden unter dem Begriff des *Multiple Attribute Decision Making* ("MADM") subsumiert.[9] Im Gegensatz zu den Vorgehensweisen in diskreten Lösungsräumen kann das Optimum in Situationen mit unendlich vielen potentiellen Lösungen nicht mehr durch bloße Wahl ermittelt, sondern muß mit Hilfe von mathematischen Optimierungsverfahren errechnet werden. Die Verfahren solchen stetigen Lösungsräumen werden unter dem Begriff *Multiple Objective Decision Making* ("MODM") zusammengefaßt.[10] Aus der Menge der unendlich vielen Alternativen wird die beste Lösung mit Hilfe von quantifizierbaren Zielfunktionen errechnet. Angesichts dieser vorgegebenen, gleichzeitig zu optimierenden Zielfunktionen und in Anlehnung an den Sprachgebrauch bei der Einführung dieser Theorie werden solche Problemstellungen auch als *Vektoroptimierungsmodelle* bezeichnet.

Im allgemeinen wird, wie in der klassischen Optimierung, mit linearen Strukturen von Zielfunktionen und Restriktionen operiert; die entsprechenden Verfahren werden unter dem Begriff des *Multiple Objective Linear Programming* ("MOLP") klassifiziert. Da das in dieser Arbeit zu entwickelnde System auf stetigen Alternativenräumen und linearen Strukturen aufbaut, sollen im folgenden die Verfahren des MOLP Gegenstand der Untersuchungen sein. Die formale Darstellung einer derartigen Entscheidungssituation für k gleichzeitig verfolgte Zielstellungen lautet, in Anlehnung an den klassischen Fall (3.9):

---

[7]   Vgl. Charnes, A.; Cooper, W.W.: (Management). Auf die Problematik ist allerdings schon viel früher von Kuhn & Tucker hingewiesen worden, vgl. Kuhn, H.W.; Tucker, A.W.: (Programming), S. 481 - 492.

[8]   Vgl. Bartmann, D.R.; Pope, J.A.: (Zielsetzung), S. B29; Kok, M.: (Interface), S. 96 oder diesbezügliche Aussagen der Forschungsgruppe CONDOR über Zukunftsfelder des Operations Research, vgl. CONDOR: (Operations), S. 624.

[9]   Eine umfangreiche Abhandlung dieser Thematik ist z.B. zu finden bei: Keeney, R.L.; Raiffa, H.: (Decisions). Eine Übersicht über die verschiedenen Verfahren des MADM ist zu finden in: Hwang, C.-L.; Yoon, K.: (Decision).

[10] Die Zweiteilung der Mehrziel-Probleme in MODM und MADM geht auf Hwang & Yoon zurück, vgl. Hwang, C.-L.; Yoon, K.: (Decision).

$$(3.42) \qquad \text{"Max"} \quad Z(X) = \begin{bmatrix} z_1 = c_1^T X \\ \vdots \\ z_k = c_k^T X \end{bmatrix}$$

$$\text{u.d.Nb.:} \quad AX \leq b$$
$$X \geq 0$$

Wird bei einer Entscheidung mehr als ein Ziel verfolgt und sind die Ziele inhaltlich nicht kongruent, kommt es für alle Problemstellungen des MCDM fast zwangsläufig zu einem Zielkonflikt in dem Sinne, daß eine Verbesserung eines Zieles zu einer Verschlechterung eines anderen Zieles führt.[11] Zur Ermittlung einer eindeutigen Lösung ist es daher notwendig, daß zwischen den verschiedenen Zielerreichungsgraden ein *Kompromiß* getroffen wird. D.h., daß die "optimale" Lösung eines Vektoroptimierungsproblems die einzelnen Zielfunktionen nicht immer in dem Maße erfüllen kann, wie es möglich wäre, wenn jedes Ziel nur separat unter den gegebenen Restriktionen maximiert würde.[12] Im Streben nach einer Lösung des Gesamtproblems müssen, dem Wesen eines Kompromisses entsprechend, gewisse Einbußen bei der Höhe einzelner Zielwerte hingenommen werden.

Unter einer *idealen Lösung* eines Mehrziel-Optimierungsproblems wird dann die - in aller Regel unzulässige - Kombination der Entscheidungsvariablen verstanden, bei der alle einzelnen Zielfunktionen simultan ihr individuelles Optimum annehmen.[13] Sie dient zumeist der Orientierung oder fungiert als Referenzpunkt bei der Berechnung von Kompromissen. Ist die ideale Lösung nicht erreichbar, kommen für die beste Lösung eines MOLP-Problems nicht alle zulässigen Kombinationen des stetigen Lösungsraums in Frage. Gesucht sind vielmehr alle effizienten Punkte:

(3.43) **Definition:** Eine zulässige Lösung x^* wird als *effizient, nicht-dominant* oder *pareto-optimal* bezeichnet, falls kein zulässiger Punkt $x \in X$ existiert, für den gilt:

$$z_j(x^*) \leq z_j(x) \qquad \forall \ 1 \leq j \leq k$$
$$\wedge \ z_i(x^*) < z_i(x) \qquad \text{für mindestens ein } i \in \{1,\ldots,k\}$$

---

[11] Bei nur wenigen, ähnlich strukturierten Zielfunktionen kann es auf Grund der speziellen Form der Restriktionen möglich sein, daß die Einzeloptima in einen gemeinsamen Punkt fallen, bei dem dann kein Kompromiß eingegangen zu werden braucht.

[12] Um diesen Sachverhalt des Kompromisses zu verdeutlichen, wird in (3.42) - wie allgemein üblich - die Optimierungsvorschrift "Max" in Anführungsstriche gesetzt.

[13] Ist der Idealpunkt zulässig, muß nicht zwischen den einzelnen Zielen abgewogen werden; es herrscht damit letztlich der gleiche Zustand wie bei der Optimierung nur einer Zielfunktion, weshalb derartige Konstellationen auch nicht als MOLP-Problemstellungen im engeren Sinne verstanden werden, vgl. z.B. Tabucanon, M.: (Decision), S. 5 f.

Anders ausgedrückt bedeutet dies, daß für eine effiziente Lösung keine andere Kombination der Entscheidungsvariablen existiert, die in allen Zielfunktionswerten mindestens genauso gut und bezüglich mindestens einer Zielfunktion echt besser ist.

Mit der Auswahl aller effizienten oder pareto-optimalen Punkte ist das Mehrziel-Optimierungsproblem allerdings noch nicht gelöst, da in stetigen Lösungsräumen in aller Regel unendlich viele effiziente Punkte existieren. Die Menge aller effizienten Lösungen wird dabei als *vollständige Lösung* - immer in bezug auf die vorgegebenen Restriktionen - bezeichnet. Um aus der Menge der effizienten Punkte die beste Kompromißlösung zu ermitteln,[14] müssen diese anhand der individuellen Präferenzen des Entscheidungsträgers beurteilt werden:[15]

(3.44) **Definition:** Als *beste Kompromißlösung* oder *optimale MOLP-Lösung* eines Mehrziel-Optimierungsproblems wird die effiziente Lösung bezeichnet, die die Präferenzen des Entscheidungsträgers maximiert.

Zur Berechnung des Optimums mit einem mathematischen Verfahren ist die Frage zu beantworten, wie die Präferenzen des Entscheidungsträgers adäquat quantifiziert werden können, um eine eindeutige Lösung des Gesamtproblems zu errechnen. In der verschiedenartigen Beantwortung genau dieser Frage unterscheiden sich die entwickelten Verfahren und Ansätze der Linearen Optimierung unter mehrfacher Zielsetzung. Es wird dabei jeweils von verschiedenen Prämissen bezüglich der Präferenzstruktur, der Möglichkeit zur ihrer Quantifizierung und des Zeitpunktes der Präferenzartikulation ausgegangen.

In jedem Fall muß bei der Entscheidungsfindung das Problem der Vergleichbarkeit verschiedener Zielwerte behandelt werden, da diese in der Regel unterschiedliche Dimensionen besitzen und daher nicht direkt gegeneinander abgewogen werden können. Dies geschieht mit Hilfe der Nutzentheorie; die Präferenzen des Entscheidungsträgers werden auf reellwertige Nutzenwerte oder ganze Nutzenfunktionen abgebildet. Durch die Transformation aller Ziele in die Einheit Nutzen ergibt sich die optimale Entscheidung durch eine Maximierung des Gesamtnutzens.

Die Lineare Optimierung mit mehrfacher Zielsetzung soll exemplarisch an einem einfachen Beispiel erläutert werden:

Beispiel 3-6: Gegeben sei folgendes Optmierungsmodell mit zwei Zielfunktionen:

---

14   Dabei ist als echte Kompromißlösung nur eine effiziente Alternative zugelassen.
15   Zur folgenden Definition vgl. Shin, W.S.; Ravindran, A.: (Optimization), S. 98.

(3.45)

$$\text{Max} \quad Z_1 \;=\; \frac{1}{4}\,x_1 + x_2$$

$$\text{Max} \quad Z_2 \;=\; 4x_1 + x_2$$

$$
\begin{array}{rcccl}
\text{u.d.Nb.:} \quad x_1 & & & \leq & 6 \quad (R_1)\\
 & & x_2 & \leq & 3 \quad (R_2)\\
x_1 & + & x_2 & \leq & 7 \quad (R_3)\\
x_1, & & x_2 & \geq & 0
\end{array}
$$

Abbildung 3-8 gibt das Problem graphisch wieder. Es zeigt sich, daß die Optima bei der Betrachtung jeweils nur einer Zielfunktion bei $x_{1,opt} = (3\,;\,4)$ beziehungsweise bei $x_{2,opt} = (6\,;\,1)$ liegen. Die Ideallösung ist im Schnittpunkt der beiden Zielfunktionen auf Einzeloptimum-Niveau im Punkt $x_i = (5.6\,;\,2.6)$ erreicht. Sie ist aber wegen des bestehenden Zielkonfliktes unzulässig; es muß eine Kompromißlösung gefunden werden.

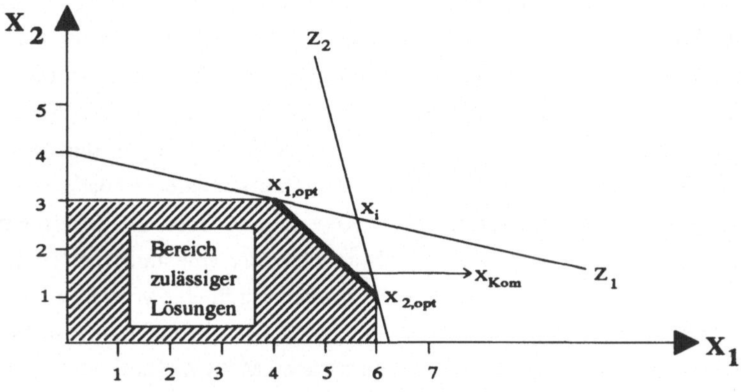

Abb. 3-8: Lösungspunkte des Beispiels 3-6

Die für einen Kompromiß in Frage kommenden effizienten Punkte des Lösungspolyeders liegen im Beispiel 3-6 auf der Geraden der dritten Restriktion zwischen den beiden Punkten $x_{1,opt}$ und $x_{2,opt}$. Die Präferenzen des Entscheidungsträgers sollen im Beispiel dergestalt sein, daß die Zielfunktion Z_2 eine gewisse Priorität gegenüber der ersten Zielfunktion besitzt. Eine Quantifizierung dieser relativen Präferenz führt zur besten Kompromißlösung im Punkt $x_{kom} = (5.5\,;\,1.5)$.

3.3.2. Klassifizierung und Beurteilung bestehender Ansätze der Linearen Optimierung unter mehrfacher Zielsetzung

Die verschiedenen Vorgehensweisen zur Abbildung der Präferenzen des Entscheidungsträgers im formalen Modell lassen sich sowohl nach der Art als auch nach dem Zeitpunkt der zu äußernden Bewertungen klassifizieren. Es hat sich die folgende Einteilung durchgesetzt, nach der sich die Verfahren der Linearen Optimierung unter mehrfacher Zielsetzung untergliedern lassen in Methoden mit:[16]

- keiner Angabe von Präferenzen
- a priori-Artikulation von Präferenzen
- a posteriori-Artikulation von Präferenzen
- progressiver Artikulation von Präferenzen.

Bei Problemstellungen, in denen der Entscheidungsträger keinerlei Präferenzen zwischen den einzelnen verfolgten Zielen angeben kann oder will, muß ein anderes, globales und problemimmanentes Kriterium festgelegt werden, mit dem die verschiedenen Zielwerte miteinander verglichen und beurteilt werden können. Als richtungsweisend wird dabei zumeist die Ideallösung zu Hilfe genommen und eine Lösung angestrebt, die dieser möglichst nahe kommt. Operationale Globalkriterien dieser Vorgehensweise können die prozentuale Abweichung oder die Minimierung des Abstandes - ausgedrückt durch die Tschebyscheff- oder eine ähnliche Norm - sein.[17] Auch die Aggregation der einzelnen Zielfunktionen durch eine vom System automatisiert durchgeführte Gewichtung - z.B. bei einer Gleichgewichtung nach Art des arithmetischen Mittels - zu einer zu optimierenden "Meta-Zielfunktion" fällt in diese Kategorie der fehlenden und dann künstlich ersetzten Präferenzen. Die Bestimmung einer Kompromißlösung bei fehlenden Präferenzangaben stellt letztlich eine Notlösung dar, wenn der Entscheidende keinerlei Vorstellungen über seine Zielpräferenzen besitzt. Für eine sinnvolle Entscheidungsunterstützung sind derartige Verfahren nicht geeignet.

Im Gegensatz zu dieser Klasse gehen die Verfahren mit einer a priori-Artikulation der Präferenzen zumeist davon aus, daß der Entscheidungsträger schon zu Beginn des Verfahrens komplette und präzise Informationen und Vorstellungen über seine Präfe-

---

[16]   Eine solche Einteilung geht auf Hwang & Masud zurück, vgl. Hwang, C.-L.; Masud, A.S.M.: (Decision).

[17]   Murtagh & Saunders haben eine solche (automatisierte) Zielbewertung in ihrer Systementwicklung implementiert, und auch die Firma SAS verwendet in ihrem Software-Paket die Methode der Abstandsminimierung mittels der Tschebyscheff-Norm; vgl. Murtagh, B.A.; Saunders, M.A.: (MINOS); SAS Institute: (User's Guide).

renzen besitzt. Diese werden in expliziter Form im Modell quantifiziert, noch bevor die eigentlichen Optimierungsrechnungen beginnen.

Werden die durch die Bewertungen gewichteten Zielwerte in eine reellwertige Nutzenfunktion transformiert, entspricht das Vorgehen dem der klassischen Nutzentheorie.[18] Maximiert wird dann nur noch eine einzige, übergeordnete Gesamtnutzenfunktion, was auf Grund der ausgedrückten Präferenzen einer simultanen Optimierung jeder einzelnen Zielfunktion entspricht. Sind sämtliche Gewichte ungleich Null, ergeben sich immer effiziente Kompromißlösungen.[19]

Die Kritik an den dabei gestellten Prämissen folgt nicht zuletzt aus den im zweiten Kapitel erarbeiteten Anforderungen an eine sinnvolle, systemgestützte Entscheidungshilfe. Es erscheint fraglich, ob der Entscheidungsträger bereits in der Phase der Modellkonfiguration in der Lage ist, seine Präferenzen bezüglich der verschiedenen Ziele präzise in Form einer rellwertigen Gewichtung zu quantifizieren, bevor vom System irgendwelche zusätzlichen Informationen bereitgestellt werden. Die kognitiven Anforderungen, die dabei an den Systembenutzer gestellt werden, erscheinen als zu hoch gesteckt.[20] Es ist davon auszugehen, daß der Entscheidungsträger die möglichen Dimensionen der Zielerreichung und die Bandbreite möglicher Zielwerte nicht genau kennt, da er sonst einer Entscheidungshilfe durch ein rechnergestütztes System nicht mehr bedürfte. Aus der Unkenntnis, wie groß die einzelnen Zielwerte im Optimum sein können, folgt aber, daß wohl zu Beginn der Entscheidungsfindung eine präzise Bewertung der einzelnen Zielausprägungen zueinander wohl nur schwer durchgeführt werden kann.[21] Ein weiterer Mangel bei der Optimierung via Gesamtnutzenfunktion ist besteht darin, daß der Einfluß der Zielgewichte auf die errechnete Kompromißlösung nicht direkt abzulesen und daher schwer konkret einzuschätzen ist.[22]

Diese grundsätzliche Kritik trifft genauso auf die andere Verfahrensgruppe innerhalb der Methoden mit a priori-Artikulation von Präferenzen zu, dem *Zielprogrammieren* oder *Goal Programming*.[23] Hier wird keine Aggregation der Einzelziele vorgenommen. Stattdessen muß der Entscheidungsträger vor Beginn der Optimierungsrechnun-

---

[18]   Zur allgemeinen Nutzentheorie vgl. Fishburn, P.C.: (Utility); Keeney, R.L.; Raiffa, H.: (Decisions).

[19]   Vgl. Steuer, R.: (Optimization), S. 167.

[20]   Vgl. Shin, W.S.; Ravindran, A.: (Optimization), S. 98.

[21]   Vgl. Zimmermann, H.-J.: (Analyse), S. 137.

[22]   Vgl. Werners, B.: (Entscheidungsunterstützung), S. 67.

[23]   Das Goal Programming geht auf Charnes & Cooper zurück und stellt damit die älteste Variante aller Verfahren zur Lösung des Mehrziel-Optimierungsproblems dar, vgl. Charnes, A.; Cooper, W.W.: (Management).

gen feste Vorgabewerte für die Ziele angeben.[24] Im Verfahren wird angestrebt, diese Zielvorgaben ("Goals") möglichst genau zu erreichen.[25] Dazu wird in der Kompromißzielfunktion für jede zulässige Alternative der Abstand des zugehörigen Zielvektors von der angestrebten Zielvorgabe gemessen.[26] Minimiert werden künstlich eingeführte Abstandsvariablen, die positive und negative Abweichungen vom Richtwert ausdrücken.[27] Je nachdem, ob die Zielwerte gleichzeitig oder hintereinander in einer lexikographischen Reihenfolge angestrebt werden, kann zwischen archimedischem und lexikographischem Goal Programming unterschieden werden.

Neben der bereits bei den Gesamtnutzenmodellen angeführten Kritik ergeben sich beim Goal Programming zusätzliche Probleme. So ist nicht immer sichergestellt, daß die ermittelte Lösung effizient ist.[28] Die Lösungsberechnung erfordert zudem einen relativ großen Rechenaufwand. Außerdem erlaubt die ausschließliche Angabe von Zielwerten als Präferenzaussage keinen direkten Vergleich einzelner Ziele.[29] Wird weiter davon ausgegangen, daß der Entscheidungsträger zum Zeitpunkt der Zielwertangabe noch keine genauen Vorstellungen über den möglichen Zielraum besitzt, übersteigt die Anzahl der abverlangten Informationen die kognitiven Fähigkeiten schon bei kleineren Problemstellungen, da neben dem Zielvorgabenvektor auch die Abstandsfunktion und die Gewichte für die Abweichungen sowie bei lexikographischem Vorgehen zusätzlich noch eine Prioritätsreihenfolge angegeben werden muß.

Um den offensichtlichen Widerspruch aufzulösen, die Entscheidungsfindung sinnvoll unterstützen zu wollen, dabei aber vorab zu viele Informationen zu benötigen, sind Verfahren entwickelt worden, die den Prozeß der Präferenzartikulation im Rahmen der Entscheidungsfindung nach hinten verlagern; sie werden als Verfahren mit a posteriori-Artikulation von Präferenzen bezeichnet. Zu Beginn wird die vollständige Lösung ermittelt und dem Entscheidungsträger präsentiert. Dieser muß dann im Anschluß an die Optimierungsrechnungen aus allen ihm dargebotenen effizienten Lösungen diejenige auswählen, welche seinen Gesamtnutzen maximiert.[30] Die Vor-

---

24 Zu einer genaueren Beschreibung der verschiedenen Varianten des Goal Programming vgl. Hannan, E.L.: (Goal), S. 118 - 151, oder Ignizio, J.P.: (Goal), S. 1109 - 1119. Zu den Vor- und Nachteilen vgl. Zeleny, M.: (Goal), S. 357 - 359.

25 Vgl. Zimmermann, H.-J.: (Analyse), S. 121.

26 Der Unterschied zu der Methode, als besten Kompromiß die Lösung mit dem geringsten Abstand zur Ideallösung zu nehmen, besteht in der Möglichkeit, durch die Festlegung der Zielvorgaben seine Präferenzen offenbaren zu können.

27 Auf Grund dieser Modellstruktur kann es beim Goal Programming auch nicht zu unzulässigen Lösungen kommen, da in ungünstigen Fällen lediglich der Abstand der gefundenen Lösung zu den Zielvorgaben hoch ist.

28 Vgl. Reimers, U.: (Koordination), S. 62 f.

29 Vgl. Shin, W.S.; Ravindran, A.: (Optimization), S. 98.

30 Verfahren, die alle effizienten Lösungen eines Mehrzielproblems ermitteln, sind u.a. von Ecker & Kouada, Isermann, Gal sowie Steuer entwickelt worden, vgl. Ecker, J.G.;

gehensweise bei der Ermittlung der vollständigen Lösung ist eng an die klassische Optimierung einer Zielfunktion angelehnt. Zuerst wird ein effizienter Basis-Lösungspunkt errechnet und von diesem aus jeweils zu benachbarten pareto-optimalen Eckpunkten des Lösungspolyeders verzweigt. Mit einem so entstehenden Netz von effizienten Lösungspunkten und den zugehörigen effizienten Verbindungsstrecken kann die vollständige Lösungsmenge eindeutig determiniert werden.

Obwohl ein Schwerpunkt der theoretischen Forschung insbesondere in den siebziger Jahren,[31] ist die Berechnung der vollständigen Lösung eines Mehrzieloptimierungsproblems für ein System zur Entscheidungsunterstützung nicht geeignet. Die geleistete Hilfe muß als sehr gering eingestuft werden, da der Systembenutzer noch immer aus einer unendlich hohen Zahl an in Frage kommenden Alternativen auswählen muß und für diese Auswahl keinerlei Unterstützung vom System angeboten bekommt. Die Berechnung der vollständigen Lösung mag zwar mathematisch interessant sein, für einen praktischen Einsatz zur Unterstützung des Entscheidungsträgers ist sie allerdings wenig hilfreich.[32] Das eigentliche Grundproblem einer kognitiven Überlastung des Entscheidungsträgers, der alleine keinen Überblick über die Möglichkeiten der einzelnen Zielräume bezüglich der gleichzeitigen Optimierung aller Ziele mehr erlangen kann, wird praktisch ausgeklammert. Dieses Problem muß auch weiterhin, nach der Präsentation aller effizienten Punkte, in fast gleicher Form vom Entscheidenden allein gelöst werden.

Ein weiterer Kritikpunkt an den Verfahren der a posteriori-Artikulation der Zielpräferenzen trifft auch auf die Klasse der a priori-Verfahren zu. Es wird durch die Erstellung einer Gesamtnutzenfunktion gefordert, die eigene Präferenzordnung *vollständig* in eine Nutzenfunktion zu übertragen. Dies bedeutet aber, daß die Gewichte nicht nur für die Beziehung aller Ziele zueinander korrekt wiedergegeben werden müssen, sondern daß sie zudem konsistent und transitiv zu sein haben. Nur so ist es bei beiden Verfahrensklassen möglich, einen simultanen Vergleich aller Ziele durchzuführen. Dies scheint eine zu komplexe Anforderung an den Entscheidungsträger zu sein, zumal die Informationen alle gleichzeitig geleistet werden müssen.

Dies gilt auch dann, wenn das Mehrzielproblem statt der vollständigen Enumeration aller effizienten Lösungen mit Hilfe der parametrischen Optimierung gelöst wird. Der neben dem weiter erhöhten Rechenaufwand einzige Unterschied zur obigen Vorgehensweise besteht darin, daß nach den Berechnungen statt einer konkreten Lösung nun ein optimaler Parameter vom Entscheidungsträger zu bestimmen ist, mit dem

---

Kouada, I.A.: (Finding), S. 249 - 261; Isermann, H.: (Enumeration), S. 711 - 725; Gal, T.: (Method), S. 307 - 322; Steuer, R.: (Programming), S. 225 - 239.
31 Vgl. Zimmermann, H.-J.: (Analyse), S. 107.
32 Zu einer ähnlichen Beurteilung vgl. z.B. Müschenborn, W.: (Verfahren), S. 62; Zimmermann, H.-J.: (Analyse), S. 137.

dann der Kompromiß errechnet wird.[33] Die Transparenz und die Unterstützung wird für den Verfahrensanwender dadurch allerdings nicht erhöht. Ansonsten gelten für die Verfahren der parametrischen Optimierung eines Modells mit mehreren Zielen die gleichen Einwände wie bei denen mit vollständiger Lösungsberechnung.[34]

Aus der Kritik an den beiden Verfahrensklassen der Mehrzieloptimierung, in denen die Präferenzen entweder vor oder nach den eigentlichen Optimierungsrechnungen artikuliert werden müssen, sind in der Folgezeit Verfahren entwickelt worden, bei denen die Präferenzen und Zielvorstellungen des Entscheidungsträgers progressiv im Laufe des Verfahrens ermittelt und zur Berechnung von Lösungsvorschlägen herangezogen werden.[35] Dies bedeutet insbesondere, daß die Verfahren interaktiv ausgerichtet sind, da jeweils neue Präferenzinformationen neue Berechnungen nach sich ziehen, die wiederum zu neuen, die Vorstellungen des Entscheidungsträgers besser wiedergebenden Lösungspunkten führen. Der Systembenutzer kann so jederzeit das Modell modifizieren, wenn sich seine Vorstellungen und Einsichten über die Problemstruktur - eventuell auf Grund gerade berechneter Lösungen - geändert haben sollten.[36] Die Überlegenheit solcher interaktiver Verfahren gegenüber allen anderen Methoden zur Mehrzieloptimierung ist oft empirisch bestätigt worden und mittlerweile unumstritten.[37]

Überlegungen, die zur Entwicklung von interaktiven Verfahren mit progressiver Präferenzartikulation führten, sind auch noch aus anderen Gesichtspunkten heraus angestellt worden: Wie empirische Untersuchungen unumstößlich beweisen, sind menschliche Präferenzen in den wenigsten Fällen konsistent und die Urteile nur selten transitiv.[38] Dies impliziert jedoch, daß zumindest im Zeitablauf keine eindeutige Präferenzordnung definiert ist; damit ist aber auch die Existenz einer eindeutigen, alle Ziele einbeziehenden Gesamtnutzenfunktion ausgeschlossen.[39] Als Folgerung aus der These, daß der Entscheidende gar nicht in der Lage ist, vollständige Nutzenfunktionen aufzustellen, werden in den Verfahren mit progressiver Präferenzartikulation nur jeweils Teile der Nutzenfunktion abgefragt. Aus den partiellen, lokalen Angaben werden im Laufe der Iterationen interaktiv im Dialog mit dem Systembenutzer dynamisch die Gesamtvorstellungen über die Nutzenbewertungen der einzelnen Ziele auf-

---

[33]   Zu parametrischen Verfahren der Mehrzieloptimierung vgl. z.B. Geoffrion, A.M.: (Programming), S. 244 - 253; Yu, P.L.; Zeleny, M.: (Programming), S. 159 - 170.

[34]   Vgl. Tabucanon, M.: (Decision), S. 100.

[35]   Vgl. Dinkelbach, W.: (Entscheidungsmodelle), S. 201.

[36]   Vgl. Chrisman, J. et al.: (Programming), S. 21.

[37]   Vgl. z.B. Untersuchungen von: Kok, M.: (Interface), S. 96 - 107; Evans, G.W.: (Overview), S. 1268 - 1282 sowie: Klein, G.; Moskowitz, H.; Ravindran, A.: (Evaluation), S. 309 - 323.

[38]   Vgl. hierzu Abschnitt 2.1.3.

[39]   Vgl. Yu, P.L.: (Decision), S. 98.

gebaut.[40] Die allgemeine Vorgehensweise kann in folgendem Phasenschema dargestellt werden:[41]

1. Modellkonfiguration
2. Der Computer errechnet und präsentiert eine erste, effiziente Lösung.
3. a) Akzeptiert der Benutzer diese Lösung oder will er das System ohne einen gefundenen Kompromiß verlassen, wird das Verfahren beendet.
   b) Im Fall der Nichtzufriedenheit gibt der Entscheidende neue partielle Informationen über seine Zielvorstellungen ein.
4. Der Computer verarbeitet die nun verfügbaren Informationen und generiert eine neue effiziente Lösung und stellt eventuell zusätzliche Entscheidungsinformationen zur Verfügung. Es erfolgt ein Rücksprung zu Punkt 3 und ein erneuter Ablauf der Punkte 3 und 4 solange, bis der Fall 3.a eintritt.

Im Gegensatz dazu wird im Rahmen einer nicht-interaktiven Mehrzieloptimierung vom Entscheidungsträger verlangt, seine Präferenzen vollständig durch Nutzenwerte auszudrücken, und dies auch noch zu einem bestimmten Zeitpunkt, aber gültig für den gesamten Entscheidungsfindungsprozeß. Diese Anforderung führt neben einer Überlastung des Systembenutzers auch dazu, daß sich die vorhandenen Intransitivitäten und Inkonsistenzen ins Modell übertragen und zu unlogischen Lösungsvorschlägen führen können.[42]

Der Nachteil einer interaktiven Vorgehensweise liegt in der Verfahrenskonvergenz. Bei der Möglichkeit zur Revidierung von schon gefällten Urteilen muß automatisch auf die mathematische Konvergenz nach einer festen Anzahl von Iterationen verzichtet werden.[43] Bei näherer Betrachtung erweist sich dies allerdings nur als ein vermeintlicher Nachteil. Denn für die praktische Anwendung ist ein elegantes, konvergentes Verfahren sinnlos, wenn es falsche Präferenzen widerspiegelt. Der erhöhte Aufwand bei mehrmaliger Rechnung - auf Grund veränderter Daten - ist dabei nicht von Nachteil, da er den menschlichen Gedankengängen bei der Entscheidungsfindung entspricht und damit für eine sinnvolle Hilfe essentiell ist.

Bei den partiellen Präferenzinformationen handelt es sich um *marginale* Vergleiche von einzelnen Zielwerten. Dabei werden entweder direkt Zielwertvektoren miteinan-

---

40 Vgl. Isermann, H.: (Strukturierung), S. 12.
41 Vgl. Isermann, H.: (Optimierung), S. 471.
42 Dies ist auch einer der Gründe, warum die Verfahren bei empirischen Ergebnissen oft schlecht abgeschnitten haben. Oftmals zeigten sich die Testpersonen über die auf Grund ihrer eingegebenen Präferenzen errechneten Lösungsvorschläge überrascht und unzufrieden und zogen stattdessen in ihrer Entscheidung sogar Alternativen vor, die sie mit einfachen qualitativen Abschätzungen ohne jede Rechnung ermittelt hatten, vgl. Wallenius, J.: (Evaluation), S. 1387 - 1396.
43 Vgl. Müschenborn, W.: (Verfahren), S. 88 f.

der verglichen oder aber *marginale Substitutionsraten* oder *Tradeoffs* zwischen den einzelnen Zielen erfragt. Bei einer Optimierung mit Hilfe von Tradeoffs kann weiterhin danach unterschieden werden, ob die Austauschraten explizit oder implizit vom Entscheidungsträger angegeben werden müssen. Implizit bedeutet in diesem Zusammenhang, daß der Entscheidungsträger lediglich bestimmte Zielniveaus oder erreichte Lösungen akzeptiert, verwirft oder für gewisse Ziele neue Richtwerte festlegt, ohne eine Substitutionsrate explizit angeben zu müssen. Dies hat den Vorteil, daß mit der Angabe bestimmter Tradeoffs das Verlassen des Bereiches effizienter oder sogar zulässiger Lösungen verhindert wird.[44] Außerdem sind implizite Präferenzen in aller Regel einfacher anzugeben als explizite Ziel-Grenzraten.

Verfahren mit expliziter Eingabe von Tradeoffs sind von GEOFFRION, DYER & FEINBERG sowie von ZIONTS & WALLENIUS entwickelt worden; auch die Form des Goal-Programming, bei der die Zielvorgaben interaktiv den Einschätzungen angepaßt werden können, ist in diese Verfahrensklasse einzustufen.[45] Methoden mit impliziter Abfrage der Tradeoffs sind von STEUER, ZELENY UND WIERZBICKI entwickelt sowie in den Verfahren STEM ("STEp Method") und VIG ("Visual Interactive Goal Programming") verwirklicht worden.

Die Optimierungsmethode von GEOFFRION, DYER & FEINBERG ("GDF-Verfahren")[46] ist stark an den Algorithmus von FRANK & WOLFE für Problemstellungen der nichtlinearen Optimierung mit einem Ziel angelehnt.[47] Mit Hilfe der lokalen Präferenzinformationen wird der Gradient der Gesamtnutzenfunktion approximiert und mit ihm in jedem Iterationsschritt eine Verbesserung des Gesamtnutzens bezüglich aller Ziele erreicht. Die erforderlichen Informationen über die Zielpräferenzen des Entscheidenden bestehen zum einen in der Angabe von speziellen Ziel-Tradeoffs, an Hand derer eine neue Zielrichtung bestimmt wird und zum anderen darin, daß aus einem errechneten Intervall möglicher Zielvektoren derjenige mit dem höchstem Präferenzniveau ausgewählt werden muß, um damit eine neue Schrittweite zu berechnen.[48]

Neben den schon angesprochenen Nachteilen der expliziten Angabe von Tradeoffs gegenüber deren indirekter Ermittlung ergeben sich beim GDF-Verfahren noch weitere Schwierigkeiten im praktischen Umgang: Zur Durchführung der Methode muß die Gesamtnutzenfunktion zwar nicht vollständig bekannt sein, trotzdem müssen an sie die starken (und realitätsfernen) Anforderungen der Monotonie, Konkavität und

---

[44]   Vgl. Zimmermann, H.-J.: (Analyse), S. 142.

[45]   Zum Verfahren des interaktiven Goal-Programming vgl. Dyer, J.: (Programming), S. 62 - 70.

[46]   Vgl. Geoffrion, A.M.; Dyer, J.; Feinberg, A.: (Approach), S. 357 - 368.

[47]   Zu diesem Verfahren vgl. Frank, M.; Wolfe, P.: (Algorithm), S. 95 - 110.

[48]   Vgl. Zimmermann, H.-J.: (Analyse), S. 143.

Differenzierbarkeit gestellt werden.[49] Außerdem macht sich negativ bemerkbar, daß neben den Tradeoffs auch noch Bewertungen einzelner Lösungen durchgeführt werden müssen, wodurch die Gefahr besteht, daß der Entscheidungsträger die Geduld verliert, noch bevor eine - zumindest halbwegs - zufriedenstellende Lösung errechnet worden ist. Des weiteren erscheint der Rechengang des Verfahrens in aller Regel zu komplex, als daß vom Systembenutzer nachvollzogen werden könnte, wie das Verfahren mit den gemachten Angaben zum nächsten Lösungspunkt gekommen ist und warum gerade genau zu diesem. Für ein interaktives Verfahren, bei dem der Benutzer aktiv in den Gang der Rechnungen eingreifen soll, ist ein Verständnis für die durchgeführten Rechnungen unabdingbar; das GDF-Verfahren ist hierfür zu kompliziert.[50]

Im Unterschied zum GDF-Verfahren muß der Entscheidungsträger bei der Methode von ZIONTS & WALLENIUS die Tradeoffs nicht genau angeben.[51] Trotzdem wird mit expliziten Ziel-Austauschraten operiert, indem der Benutzer die vom Verfahren berechneten Tradeoffs als akzeptabel oder nicht-akzeptabel einschätzen muß. Mit Hilfe dieser Beurteilungen werden neue Restriktionen erstellt, die den Bereich der in Frage kommenden effizienten Kompromißlösungen zusätzlich einschränken. Diese Prozedur wird solange fortgesetzt, bis der Lösungsraum zu einem eindeutigen Kompromiß reduziert ist.[52] Die Verkleinerung des Betrachtungsraums geschieht mit Hilfe eines modifizierten Simplexverfahrens, bei dem die einzelnen Ziele mit Gewichten bewertet und zu einer Gesamtzielfunktion aggregiert werden.

Hauptkritikpunkt am ZIONTS-WALLENIUS-Verfahren ist, daß es sich hierbei zwar um ein interaktives Verfahren mit progressiver Präferenzartikulation handelt, eine einmal durchgeführte Einschätzung jedoch nicht wieder rückgängig gemacht werden kann. Lernprozesse und durch den Gang der Entscheidungsfindung hervorgerufene verbesserte Einsichten in die Problemstrukturen des Entscheidenden können in das Verfah-

---

49 Dyer entwickelte eine Verfahrensvariante, bei der die Eingabe von präzisen Tradeoffs durch binäre Vektorvergleiche ersetzt wird. Der Erleichterung der Präferenzangaben steht aber ein überdimensionaler Zuwachs an erforderlichen Iterationen gegenüber. Im übrigen treffen die weiteren Kritikpunkte am Originalverfahren aber auch für seine Variante zu; vgl. Dyer, J.: (Computer), S. 1379 - 1383.

50 Dieser Nachteil hat sich auch in empirischen Untersuchungen bestätigt und führte dazu, daß in vergleichenden Tests mit anderen interaktiven Mehrziel-Optimierungsverfahren das GDF-Verfahren schlecht abgeschnitten hat, vgl. z.B. die Untersuchung von Neumann, H.-W.: (Entscheidungsunterstützung).

51 Vgl. Zionts, S.; Wallenius, J.: (Programming), S. 652 - 663.

52 Dies ist der Fall, wenn entweder nur noch eine zulässige Lösung vorliegt oder der Entscheidende keinen Tradeoff zwischen den Zielen akzeptiert oder wünscht.

ren mit einfließen. So ist auch das Auftreten inkonsistenter Urteile in diesem Verfahren ein nicht zu behebendes Problem.[53]

Um diese Schwäche zu beheben, haben ZIONTS & WALLENIUS eine neue Version ihrer Methode entwickelt, bei der neben Akzeptanz und Nicht-Akzeptanz auch Unentscheidbarkeit als Urteil zugelassen ist;[54] für diesen speziellen Fall sind Lernprozesse zugelassen. Des weiteren wird in dieser Variante nicht mehr von einer strikt linearen Gesamtnutzenfunktion als Prämisse ausgegangen, wodurch die Anwendungsmöglichkeiten der Methode weiter verbessert werden. Allerdings ist die neue Version gegenüber ihrem Original um vieles komplexer und aufwendiger; außerdem vermag die Modifikation das Problem der Lernprozesse auch nur teilweise zu lösen.

Das älteste und wohl auch bekannteste interaktive Verfahren zur Lösung des Vektoroptimierungsproblems ist das 1971 von BENAYOUN ET AL. entwickelte STEM.[55] Es kann als Erweiterung des interaktiven Goal-Programming und als Verfahren mit Anspruchsniveaus interpretiert werden.[56] Mit Hilfe implizit erfragter lokaler Präferenzinformationen wird in jeder Iteration eine feste, endgültige untere Schranke für jeweils eine Zielfunktion festgelegt und dadurch die Menge der Alternativen schrittweise reduziert. Im Anschluß daran wird in jeder Iteration - in Anlehnung an das Goal-Programming - mit einer speziell gewichteten Tschebyscheff-Norm ein möglichst nahe am Idealpunkt gelegener Lösungspunkt errechnet und dem Entscheidenden vorgelegt. Akzeptiert dieser den momentanen Kompromiß nicht, wählt er ein nicht zufriedenstellendes Ziel aus und bestimmt hierfür ein neues Anspruchsniveau. Mit Hilfe dieser neuen Angaben wird eine neue untere Schranke für ein anderes Ziel festgelegt und eine neue Lösung generiert, bis eine zufriedenstellende Lösung gefunden ist. Liegen für alle Ziele Schranken vor und nimmt der Entscheidungsträger die gefundene Lösung trotzdem nicht an, bricht das Verfahren STEM mit der Erkenntnis ab, zu dem gestellten Problem keinen geeigneten Kompromiß finden zu können.

Neben dem großen Vorzug, daß der Entscheidungsträger seine Gesamtnutzenfunktion nicht mehr explizit und vollständig quantifizieren muß und sich an eigenen Anspruchsniveaus orientieren kann, muß an STEM allerdings auch Kritik geübt werden: Zum einen ist nicht gewährleistet, daß die Prozedur effiziente Lösungen generiert.[57] Zum anderen können auch hier keine Lernprozesse berücksichtigt werden, da

---

[53] Beim Auftreten von Inkonsistenzen werden im Zionts-Wallenius-Verfahren die betreffenden Restriktionen wieder gestrichen, was zu einem Verlust an Informationen über die Präferenzstruktur führt, vgl. Shin, W.S.; Ravindran, A.: (Optimization), S. 102.

[54] Vgl. Zionts, S.; Wallenius, J.: (Objective), S. 519 - 529.

[55] Vgl. Benayoun, R. et al.: (Programming), S. 366 - 375.

[56] Vgl. Zimmermann, H.-J.: (Analyse), S. 164.

[57] Ein einfaches nichteffizientes Gegenbeispiel gibt Steuer an, vgl. Steuer, R.: (Optimization), S. 367.

eine einmal festgelegte Schranke nicht wieder rückgängig gemacht werden kann. Dies wurde von ISERMANN in einer Modifikation von STEM behoben, bei der eine direkte Revision der Untergrenzen möglich ist.[58] Weiterhin unterliegen der Konstruktion der Gewichte, mit Hilfe derer der Abstand zum Idealpunkt minimiert wird, logische Probleme, die zu unerwünschten Verzerrungen der Gewichte zueinander führen können.[59]

Eine ähnliche Vorgehensweise wie bei STEM wird im Verfahren der verschobenen Ideallösung von ZELENY benutzt.[60] An Hand der angegebenen lokalen Präferenzen zwischen einzelnen Zielen wird auch hier der Lösungsraum der effizienten Alternativen reduziert. Gleichzeitig ergibt sich durch den neuen Lösungsraum aber auch eine neue Ideallösung, und es existiert damit auch ein neuer Punkt mit minimalem Abstand zu dieser Ideallösung. Im Verfahren von ZELENY wird so nach jeder Iteration ein neuer Lösungspunkt mit minimalem Abstand zur neuen Ideallösung berechnet, die wiederum jeweils näher am zulässigen effizienten Lösungsraum liegt.

Die einzelnen Zielabstände werden durch Gewichte bewertet, die sich aus einer unveränderlichen, die subjektive Wertschätzung des Zieles wiedergebenden und einer veränderlichen Komponente zusammensetzen, die auf den jeweiligen Lösungspunkt bezogenen ist.[61] Der Vorteil des Verfahrens liegt darin, daß dem Entscheidungsträger die Konsequenzen seiner Präferenzartikulation bezüglich der anderen Ziele sofort vor Augen gestellt werden.[62] Stark nachteilig wirkt sich auch hier die fehlende Möglichkeit zur Korrektur einmal gemachter Aussagen sowie der hohe Rechenaufwand in jeder Iteration aus.

Den prinzipiell gleichen Weg geht STEUER.[63] Auch in seinem Verfahren wird der Raum der in Frage kommenden Kompromißlösungen sukzessiv verkleinert. Im Gegensatz zu anderen Verfahren wird dem Entscheidungsträger hier allerdings in jeder Iteration keine einzelne Lösung vorgeschlagen, sondern eine Anzahl effizienter, ähnlicher Punkte, aus der er die für ihn beste Lösung auszuwählen hat. Mit Hilfe dieser Informationen wird der sogenannte Kriterienkegel der noch in Frage kommenden Lösungen weiter verkleinert. Vorteile bringt das Verfahren von STEUER, das von ihm später leicht modifiziert worden ist,[64] dadurch, daß keinerlei Gewichte oder gar

---

58   Vgl. Isermann, H.: (Algorithmus), S. 55 - 65. Im praktischen Einsatz hat sich die hohe Bedeutung dieser Modifikation bestätigt, da in Tests fast alle Benutzer von der Möglichkeit Gebrauch machten, einmal festgelegte Untergrenzen zu revidieren; vgl. Dinkelbach, W.; Huckert, K.; Isermann, H.: (Kapazitätsplanungsmodell), S. 35 f.
59   Vgl. Steuer, R.: (Optimization), S. 365.
60   Vgl. Zeleny, M.: (Concept), S. 479 - 496.
61   Vgl. Zeleny, M.: (Theory), S. 190 f.
62   Vgl. Werners, B.: (Entscheidungsunterstützung), S. 116.
63   Vgl. Steuer, R.: (Programming), S. 225 - 239.
64   Vgl. Steuer, R.: (Optimization), S. 389 - 399.

direkte Tradeoffs zwischen den Zielen angegeben werden müssen und das Verfahren damit sehr benutzerfreundlich aufgebaut ist.[65] Nachteile ergeben sich aus der Tatsache, daß bei der Reduktion des Kriterienkegels nicht ersichtlich ist, wie stark und in welchem Verhältnis dadurch die vollständige Lösung eingeschränkt wird.[66]

Wie bei den meisten anderen Verfahren liegt der entscheidende Nachteil auch bei STEUER in den fehlenden Korrektur- und Lernmöglichkeiten. Aus der Analyse des menschlichen Problemlöseprozesses und den diesbezüglichen empirischen Untersuchungen erweist sich aber gerade diese Fähigkeit als entscheidend für die Güte von Verfahren zur Entscheidungsunterstützung und für die Homomorphie der Abbildung des mentalen Modells. Um dem Entscheidungsträger auch während der Optimierungsrechnungen in den einzelnen Iterationsphasen die Möglichkeit zu geben, das Modell seinen Einsichten und momentanen Präferenzen entsprechend zu gestalten, sind besonders die Verfahren geeignet, die auf der Basis von Anspruchsniveaus arbeiten.[67] Die ersten Entwicklungen auf diesem Gebiet stammen von WIERZBICKI.[68] Sein Verfahren kann als eine Art Transformation der Idee der verschobenen Ideallösung auf die Anspruchsniveaus verstanden werden.[69]

Zu Beginn der Optimierung wird die Ideallösung und das für jedes Ziel mindestens erreichbare Niveau errechnet. Im Anschluß daran legt der Entscheidungsträger für die Ziele Anspruchsniveaus fest, die je nach momentaner Einsicht und Präferenz jederzeit wieder verändert und den subjektiven Vorstellungen des Benutzers angepaßt werden können. Diese Anspruchsniveaus bilden den Referenzpunkt, der mindestens angestrebt wird. Die Rechnungen erfolgen, indem eine geeignete Abstandsfunktion zu diesem jeweiligen Referenzpunkt minimiert wird.

Der Vorteil dieser auch als Referenzpunktverfahren bezeichneten Methode ist es, daß einerseits die Präferenzen progressiv eingegeben, aber andererseits auch jederzeit wieder den veränderten Vorstellungen angepaßt werden können. Außerdem muß keine vollständige Gesamtnutzenfunktion unterstellt werden, und es sind auch keine direkten Austauschraten zwischen den einzelnen Zielen anzugeben. Der einzige Nachteil im Vorgehen nach WIERZBICKI liegt darin, daß sich eine neu errechnete Lösung aus allen Anspruchsniveaus ergibt. Dies bedeutet, daß der Entscheidungsträger für *alle* Ziele sinnvolle Anspruchsniveaus eingeben muß, um einen Kompromißvorschlag zu erhalten. Das könnte den Entscheidenden in der Komplexität überfordern, auch wenn er die Ideallösung als zusätzlichen Referenzpunkt zur Verfügung hat.

---

[65]   Vgl. Zimmermann, H.-J.: (Analyse), S. 196.

[66]   Auf diesen Nachteil weist Steuer selber hin, vgl. Steuer, R.: (Optimization), S. 180 - 183.

[67]   Vgl. Climacao, J.; Antunes, H.C.: (Method), S. 215; Nakayama, H.: (Analysis), S. 42.

[68]   Vgl. Wierzbicki, A.: (Use), S. 468 - 486; Lewandowski, A.; Wierzbicki, A.: (Decision), S. 3 - 20.

[69]   Vgl. Olbrisch, M.: (Referenzpunktverfahren), S. 29.

Eine Anleitung zur Angabe sinnvoller Anspruchsniveaus wird vom Verfahren nicht geleistet.

Einen auf dem Referenzpunktverfahren von WIERZBICKI aufbauenden Weg geht das in den letzten Jahren entwickelte Verfahren VIG von KORHONEN & WALLENIUS.[70] Es setzt sich aus einer weit entwickelten interaktiven Graphikoberfläche für den Dialog mit dem Benutzer und dem sogenannten "Pareto Race" zusammen, mit dem der effiziente Rand des zulässigen Lösungspolyeders in bestimmten Richtungen auf optimale Kompromißlösungen abgesucht wird.[71]

In VIG hat der Benutzer nur in der Initialisierungsphase konkrete Eingaben zu machen, indem er für die einzelnen verfolgten Ziele Anspruchsniveaus festlegt. Des weiteren gibt er zur Initialisierung Gewichte an, mit denen die Größe des Akzeptanzbereiches der Zielwerte für die erste Iteration festgelegt wird.[72] Im weiteren Verlauf der Optimierungsrechnungen arbeitet der Entscheidende dann nur noch mit Menütasten, mit denen Parameter verändert werden und die so die Suche nach der besten Kompromißlösung steuern. Im "Pareto Race" wird wie beim Referenzpunktverfahren eine Ziel-Skalierungsfunktion ("achievement scalarizing function") und damit der Abstand zu den gesetzten Anspruchsniveaus minimiert. Die errechneten Lösungen werden direkt visuell auf dem Bildschirm angezeigt. Der Entscheidungsträger kann jederzeit seine Aktionen mit den Menütasten wählen. Neben der Möglichkeit, die Suche zu beenden oder die Anspruchsniveaus zu verändern, kann er außerdem entscheiden, ob die Bewegung verlangsamt oder beschleunigt ("Accelerator" und "Brakes") oder aber die Richtung der Suche geändert werden soll ("Gears Forward" und "Gears Backward").

An Hand der vollzogenen Menüeingaben werden implizit die Verfahrensparameter gesteuert und so eine neue Lösung generiert. Die Besonderheit dieses Systems besteht jedoch darin, daß auch bei unveränderten Menükonstellationen die Parameter selbständig so variiert werden, daß in der bereits eingeschlagenen Richtung auf dem effizienten Lösungsrand "weitergewandert" wird, wodurch sich ständig dynamisch neue Lösungen ergeben. So entsteht auf dem Bildschirm das Bild des "Wanderns", das der Benutzer mit den Menüfunktionen aktiv steuern kann. Des weiteren ist VIG so flexibel gestaltet, daß bei jeder Systemungleichung zwischen Ziel und Restriktion umgeschaltet werden kann; d.h., daß eine Restriktion jederzeit zu einer Zielfunktion erhoben werden kann und umgekehrt.

---

[70] Vgl. Korhonen, P.; Wallenius, J.: (Objective), S. 243 - 251; Korhonen, P.; Wallenius, J.; Zionts, S.: (Computer), S. 280 - 286.

[71] Vgl. Korhonen, P.; Laakso, J.: (Method), S. 277 - 287; Korhonen, P.; Wallenius, J.: (Pareto Race), S. 615 - 623.

[72] Im Laufe der weiteren Iterationen werden diese Gewichte automatisch den Vorstellungen des Benutzers angepaßt, vgl. Korhonen, P.; Wallenius, J.: (Pareto Race), S. 618.

Die Vorteile von VIG liegen auf der Hand: Der Entscheidungsträger muß keinerlei direkte Tradeoffs zwischen den einzelnen Zielen angeben, sondern sieht am Bildschirm sofort auf einen Blick simultan sämtliche Auswirkungen einer Zieländerung. Abgesehen von den initialisierenden Angaben erfolgt die Suche nach der optimalen Kompromißlösung ausschließlich menügesteuert, was das Verfahren gut nachvollziehbar macht; die Kontrolle und Steuerung der durchgeführten Rechnungen verbleiben dabei in der Hand des Benutzers.[73] Ein weiterer Vorteil ist in der Flexibilität von VIG zu sehen, da Lernprozesse und veränderte Vorstellungen direkt ohne Probleme ins Modell übertragen werden können.

ZIMMERMANN kritisiert, daß zum einen die Anzahl der Ziele auf zehn beschränkt sei und zum anderen bei einem willkürlichen, nicht zufriedengestellten Abbruch des Verfahrens keine Routine existiert, die einen abschließenden Vergleich aller im Laufe der Berechnungen erzielten Lösungen ermöglicht.[74] Beide Schwachpunkte sind jedoch in der modifizierten Form ausgeschaltet worden.[75] Wie beim Referenzpunktverfahren von WIERZBICKI liegt auch hier die Notwendigkeit zur Bestimmung von Anspruchsniveaus für alle Ziele vor; bei VIG unterstützt das System allerdings die Angabe und sinnvolle Variation derselben, indem sie im Zweifelsfall diese selber verändert und so neue Lösungen generiert.

Als Kritik könnte lediglich geltend gemacht werden, daß bei großen Systemen trotz der Unterstützung ein gleichzeitiges Optimieren aller Ziele möglicherweise als zu komplex empfunden wird. Bei Variation eines Anspruchsniveaus verändern sich automatisch alle anderen Zielwerte, was zu einem Verlust des Gesamtüberblicks führen könnte.[76] Dem kann entgegengehalten werden, daß es eine simultane Optimierung aller Ziele notwendigerweise erforderlich macht, in irgendeiner Form alle Auswirkungen einer Änderung gleichzeitig zu betrachten. Die Komplexität einer solchen Variationsanalyse kann in diesem Fall nicht reduziert werden.

Neben den hier vorgestellten Verfahren zur Lösung des Mehrziel-Optimierungsproblems existiert noch eine Vielzahl anderer Varianten und Vorgehensweisen, die allerdings aus den beschriebenen Methoden hervorgegangen sind und daher hier nicht weiter erläutert werden sollen.[77]

---

[73]   Korhonen & Wallenius merken an: "The procedure is like a video game (except that it is serious)". Korhonen, P.; Wallenius, J.: (Pareto Race), S. 622.

[74]   Vgl. Zimmermann, H.-J.: (Analyse), S. 183.

[75]   Vgl. Korhonen, P.; Wallenius, J.; Zionts, S.: (Computer), S. 280 - 286.

[76]   Zu einer solchen Kritik vgl. Zimmermann, H.-J.: (Analyse), S. 183.

[77]   Ausführliche Übersichten sind z.B. zu finden in: Müschenborn, W.: (Verfahren) oder Shin, W.S.; Ravindran, A.: (Optimization), S. 97 - 114. Insbesondere russische Verfahrensentwicklungen beschreibt: Lieberman, E.R.: (Soviet), S. 1147 - 1165; eine Liste kommerzieller Softwarepakete ist zu finden in: Lofti, V.; Teich, J.: (Decision), S. 157.

Die Vorstellung der verschiedenen Verfahren erfolgte in aufsteigender Verfahrens-
güte; einige Schwächen der Vorgänger wurden dabei jeweils ausgeschaltet und durch
andere Prinzipien ersetzt. Die Verfahrensklassen der a priori- und a posteriori-Artikulation von Präferenzen verlangen die Explikation einer vollständige Nutzenfunktion zu einem bestimmten Zeitpunkt, ermöglichen keine Lerneffekte und sind daher
für den Prozeß einer Entscheidungsunterstützung ungeeignet. Auch bei den interak-
tiv-progressiven Optimierungsmethoden fallen diejenigen aus der Betrachtung heraus,
bei denen eine einmal durchgeführte Bewertung nicht wieder korrigiert werden kann.
Sinnvolle Lernprozesse und transparente Vorgehensweisen sind nur mit den Verfahren der Anspruchsniveaus zu erreichen.[78] Hier ist es insbesondere das Verfahren VIG,
welches dem Benutzer so wenig präzise Informationen wie möglich abverlangt und
damit selbständig effiziente, den Vorstellungen des Entscheiders entsprechende
Lösungspunkte generiert; es erweist sich für eine Entscheidungsunterstützung als am
besten geeignet.

3.3.3. Integration mehrerer Ziele in die Lineare Fuzzy Optimierung

Im bisherigen Verlauf der Behandlung von mehreren Zielen in der Linearen Optimierung ist implizit stets von der klassischen Prämisse ausgegangen worden, daß die
Daten vollständig deterministisch vorliegen und mit keinerlei Unsicherheit behaftet
sind. Bei der Aufhebung dieser realitätsfernen Annahme stellt sich die Frage, ob und
wie die Konzepte der Mehrziel-Optimierung in die Theorie der Linearen Fuzzy
Optimierung integriert werden können.

Ein Vergleich der beiden Grundkonzepte bringt eine Vielzahl von Parallelen zum
Vorschein. In beiden Fällen findet eine Transformation gewisser Systemungleichungen in eine einheitliche Dimension statt, um diese betreffenden Ungleichungen miteinander vergleichen und bewerten zu können. Bei der simultanen Optimierung mehrerer Ziele ist ein Vergleich und eine Artikulation von Präferenzen zwischen den verschiedenen Zielen nötig. Dazu werden die Zielwerte in die Nutzendimension übertragen.

Wird in der Fuzzy Optimierung - wie allgemein üblich - nach dem symmetrischen
Entscheidungsansatz vorgegangen, entsteht ein identisches Vergleichsproblem, indem
Restriktionen und Ziel gegeneinander abgewogen werden müssen, um zu einem
Kompromiß zu gelangen. Dies geschieht an Hand der Transformation in die einheit-
liche Ebene der Erfüllungsgrade der Zugehörigkeitsfunktionen. Da in der Linearen

---

[78] Dies deckt sich zudem mit den in Kapitel 2 abgeleiteten Anforderungen an eine sinnvolle
      Entscheidungshilfe aus psychologischer Sicht.

Optimierung ein Niveau an Zugehörigkeit auch in gewisser Weise einem Grad an Befriedigung entspricht,[79] kann die Maximierung des Niveaus aller Systemungleichungen auch als Maximierung eines Gesamtnutzens aufgefaßt werden.[80]

Diese Parallelen legen es nahe, bei der Optimierung von fuzzy Daten unter mehrfacher Zielsetzung eine gemeinsame Transformation aller Ziele und Restriktionen in die Ebene der Zugehörigkeiten durchzuführen.[81] Dies führt dazu, daß nicht nur ein Kompromiß zwischen den Erfüllungsgraden vom Ziel und den fuzzy Restriktionen, sondern zudem ein erweiterter Kompromiß zwischen allen Zielerreichungs- und Restriktionserfüllungsgraden gesucht wird. An den Optimierungsrechnungen und der Form der Lösungsermittlung ergeben sich dadurch aber keinerlei Änderungen.

Auch die Art des Kompromisses bei der Integration mehrerer Ziele in die Fuzzy Optimierung ist identisch. So kann der Begriff der Effizienz problemlos auf Zugehörigkeitswerte statt auf Nutzenwerte angewandt werden. Analog zu (3.43) gilt dann hier:[82]

(3.46) **Definition:** Eine zulässige Lösung x^* wird als *effizient, nicht-dominant* oder *pareto-optimal* bezeichnet, falls kein zulässiger Punkt $x \in X_Z$ existiert, für den gilt:

$$f_j(x^*) \leq f_j(x) \qquad \forall \quad 1 \leq j \leq (z+m)$$
$$\wedge \quad f_i(x^*) < f_i(x) \qquad \text{für mindestens ein } i \in \{1,\ldots,(z+m)\}$$
$$\text{mit} \quad z := \text{Anzahl der Zielfunktionen}$$
$$m := \text{Anzahl der Restriktionen}$$

Für den Fall konkaver oder zumindest quasikonkaver Zughörigkeitsfunktionen, die ohnehin für die Rechnungen vorausgesetzt werden müssen, konnte RAMIK zeigen, daß die gefundenen Kompromißlösungen im Rahmen der Fuzzy Optimierung effizient sind, sofern überhaupt eine Lösung ermittelt werden kann.[83] RAMIKS Aussage stützt sich dabei auf den allgemeinen symmetrischen Ansatz mit dem Minimum-Operator. Ein entsprechendes Modell der Linearen Fuzzy Optimierung mit mehreren Zielfunktionen ist zum ersten Mal von ZIMMERMANN vorgeschlagen worden.[84]

---

[79] Vgl. Abschnitt 3.2.2.1.

[80] Vgl. z.B. Rommelfanger, H.: (Lösung), S. 431; Zimmermann, H.-J.: (Fuzzy Programming), S. 48.

[81] Vgl. Schwab, K.-D.: (Konzept), S. 15.

[82] Vgl. Rommelfanger, H.: (Entscheiden), S. 176. An anderer Stelle - z.B. Werners, B.: (Entscheidungsunterstützung), S. 78 f. - wird der Begriff der *Fuzzy-Effizienz* verwendet. Da es sich hierbei allerdings um die gleiche Definition wie bei der Effizienz des Nutzens handelt, wird dieser Terminologie in Anlehnung an Rommelfanger nicht gefolgt, vgl. Rommelfanger, H.: (Entscheiden), S. 177.

[83] Vgl. Ramík, J.: (Approach), S. 128 - 130; zitiert nach Rommelfanger, H.: (Entscheiden), S. 187.

[84] Zimmermann, H.-J.: (Fuzzy Programming), S. 45 - 55.

In der Terminologie der Mehrzieloptimierung entspricht eine solche Vorgehensweise der Verfahrensklasse, in der der Entscheidungsträger keinerlei Möglichkeit zur Artikulation von Präferenzen erhält. Der Kompromiß wird allein auf der Grundlage der einzelnen Zugehörigkeitsfunktionen errechnet.[85] Da das Verfahren der Optimierung auch nicht interaktiv ist, kann der Entscheidende auch nicht steuernd in den Gang der Rechnungen eingreifen oder seine Vorstellungen über Präferenzen im Entscheidungsablauf ins Modell übertragen.

Diese Kritik am klassischen Modell der Linearen Fuzzy Optimierung unter mehrfacher Zielsetzung führt nach Meinung von HANNAN dazu, daß die einzelnen Ziele lediglich künstlich "fuzzifiziert" werden, da der Entscheidungsträger keinerlei Einfluß auf die Art der Transformation in die Dimension der Zugehörigkeitsniveaus erhält.[86] Stattdessen schlägt er eine Übertragung des Prinzips des interaktiven Goal-Programming auf die Fuzzy Optimierung vor.[87] Damit wird der Nachteil, keine Präferenzen zwischen den Zielen im Modell ausdrücken zu können, aufgehoben. Allerdings haften einer solchen Vorgehenweise dieselben Nachteile an, die beim Goal Programming unter deterministischen Daten festzustellen sind; insbesondere kann es zu nicht-effizienten Lösungen kommen. Die gleichen Vorbehalte wie bei dem Äquivalent aus der Mehrzieloptimierung müssen auch dem Versuch entgegengebracht werden, das Problem der Linearen Fuzzy Optimierung unter mehrfacher Zielsetzung mit Hilfe der parametrischen Optimierung zu lösen; entsprechende Verfahren sind von CHANAS sowie CARLSSON & KORHONEN vorgeschlagen worden.[88]

ROMMELFANGER unternimmt den Versuch, die Idee der Anspruchsniveaus auf die Fuzzy Optimierung unter mehrfacher Zielsetzung zu übertragen.[89] Sein interaktives Verfahren baut auf dem klassischen Ansatz von ZIMMERMANN - mit dem Minimum-Operator als Form der Schnittmengenbildung einzelner Systemungleichungen - auf. Allerdings hat der Entscheidungsträger nun die Möglichkeit, in den Verfahrensablauf einzugreifen. Er legt zu Beginn der Rechnungen ein Anspruchsniveau fest, das seine Gesamtbefriedigung ausdrücken soll; alle Ziele und unscharfen Nebenbedingungen sollen mindestens zu diesem Niveau erfüllt sein.

---

[85] Für die Ziele werden - der Vorgehensweise der Fuzzy Optimierung bei einem Ziel entsprechend - jeweils Bandbreiten möglicher Zielwerte ermittelt und mit diesen Zugehörigkeitsfunktionen aufgestellt, die das Maß der Befriedigung für jedes Ziel ausdrücken.

[86] Vgl. Hannan, E.L.: (Contrasting), S. 337 f.

[87] Vgl. Hannan, E.L.: (Programming), S. 235 - 248. Die gleiche Ansicht vertreten Narasimhan & Rubin, vgl. Narasimhan, R.: (Programming), S. 325 - 336; Rubin, P.A.; Narasimhan, R.: (Programming), S. 115 - 129.

[88] Vgl. Chanas, S.: (Programming), S. 303 - 313; Chanas, S.; Florkiewicz, B.: (Preference), S. 351 - 357; Carlsson, C.; Korhonen, P.: (Approach), S. 17 - 30.

[89] Vgl. Rommelfanger, H.: (Lösung), S. 431 - 438; Rommelfanger, H.: (Entscheiden), S. 201 - 221.

Die erste Iteration entspricht dem klassischen Vorgehen. Das dabei maximierte minimale Erfüllungsniveau wird nun mit dem vorher festgelegten Anspruchsniveau verglichen. Dabei geht ROMMELFANGER von stückweise linearen Zugehörigkeitsfunktionen aus und nennt die vom Entscheidungsträger angegebenen Stützstellen ebenfalls "Anspruchsniveaus". Ist nun das errechnete Niveau echt größer als das vorher gesteckte Ziel, können die Stützstellen und damit die "Anspruchsniveaus" heraufgesetzt werden; im Fall, daß der ermittelte Erfüllungsgrad echt kleiner als das gesetzte Niveau ist, müssen die Stützstellenwerte dementsprechend reduziert werden.[90] Danach wird die Berechnung einer Kompromißlösung mit verändertem Modell erneut gestartet, bis der Entscheidungsträger die berechnete Lösung akzeptiert.

Eine solche Vorgehensweise weist logische Komplikationen und Widersprüche auf. Diese basieren auf dem Versuch, trotz Verwendung des Minimum-Operators nicht nur ein Anspruchsniveau zu variieren, sondern jede Systemungleichung beeinflussen zu wollen. Dies steht jedoch im Widerspruch zu der Tatsache, daß unter dem Minimum-Operator lediglich eine Variable, der minimale Erfüllungsgrad, maximiert wird und demnach auch nur diese eine Variable direkt beeinflußt werden kann. Um diesem Dilemma zu entkommen, verwendet ROMMELFANGER die Variation von Zugehörigkeitsfunktionen.[91] Diese sollten jedoch nur dann modifiziert werden, wenn sich die Vorstellungen über die Unschärfe der betreffenden Systemungleichung tatsächlich geändert haben und nicht dazu verwendet werden, den minimalen Erfüllungsgrad zu variieren. Der Sachverhalt soll an einem Beispiel verdeutlicht werden:

Zu Beginn des Verfahrens sei der mindestens gewünschte Erfüllungsgrad aller Ziele und Nebenbedingungen vom Entscheidungsträger mit 0.5 festgelegt. Ergibt sich in der ersten Iteration ein maximales Mindestniveau von 0.7, geschieht im Verfahren von ROMMELFANGER folgendes: Bei einigen, vom Benutzer auszuwählenden Restriktionen werden die Werte, die einem Erfüllungsgrad von 0.7 Niveaupunkten entsprechen, höher bewertet und auf ein Niveau von 0.5 heruntergesetzt. Dies bedeutet, daß bei den betreffenden Restriktionen ein Niveau von 0.5 jetzt schwerer zu erreichen ist, da derselbe Wert ja in der alten Version einem Erfüllungsgrad von 0.7 entsprach. Wird die Berechnung der Kompromißlösung nun mit den neuen Daten wiederholt, ergibt sich dementsprechend ein kleineres Mindestniveau.

Dabei hat sich allerdings am eigentlichen Anspruchsniveau nichts geändert. Die Veränderung der Lösung ist vielmehr das Resultat der Variation der Zugehörigkeitsfunktionen. Deren Aufgabe innerhalb des formalen Modells soll es jedoch sein, die dem

---

90 Vgl. Rommelfanger, H.: (Entscheiden), S. 211 f.
91 Die gleiche Vorgehensweise ist bei Tapia & Murtagh zu finden, vgl. Tapia, C.G.;
    Murtagh, B.A.: (Programming), S. 307 ff.

Problem anhaftende Datenunschärfe adäquat abzubilden, anstatt Präferenzen zwischen den Ungleichungen zu beschreiben. Sie sind demnach nicht dazu geeignet, die Lösungssuche durch ihre künstliche Variation zu beeinflussen. Ein solches Vorgehen vermischt das Setzen von Anspruchsniveaus auf unbefriedigende Weise mit der realitätskonformen Abbildung von Unschärfe im formalen Modell.

3.3.4. Implikationen für die Entwicklung von Verfahren zur Linearen Fuzzy Optimierung unter mehrfacher Zielsetzung

Die Integration von mehreren Zielen in die Lineare Fuzzy Optimierung erscheint auf den ersten Blick völlig problemlos, da sich beide Theorien ähnlicher Vorgehensweisen bedienen. Bei näherer Betrachtung tritt jedoch das grundlegende Problem auf, daß sämtliche Verfahren der Linearen Fuzzy Optimierung, in die mehrfache Zielsetzungen integriert sind, keine sachgerechte Artikulation von Präferenzen ermöglichen. Aus der Analyse hat sich aber ergeben, daß gerade dies für die Qualität einer Entscheidungsunterstützung wesentlich ist. In einem Verfahren der Linearen Fuzzy Optimierung unter mehrfacher Zielsetzung erscheint es außerdem nicht nur notwendig, Prioritäten zwischen den einzelnen Zielen im Modell abzubilden; vielmehr sollte dem Entscheidungsträger auch die Möglichkeit gegeben werden, Präferenzen und Prioritäten zwischen Zielen und Nebenbedingungen oder zwischen Restriktionen untereinander äußern zu können.[92]

Bei der Art und Weise der Präferenzartikulation erscheint es ratsam, sich an den in dieser Beziehung weit entwickelten Verfahren der Mehrzieloptimierung zu orientieren. Aus deren Analyse ergab sich die Vorteilhaftigkeit von Verfahren auf der Basis von Anspruchsniveaus; insbesondere das von KORHONEN & WALLENIUS entwickelte VIG erweist sich für eine computergestützte Entscheidungshilfe als gut geeignet. Werden die Grundgedanken auf den unscharfen Fall übertragen, ergibt sich daraus eine Reihe von Anforderungen.

Grundvoraussetzung sollte sein, daß die Präferenzen des Entscheidungsträgers nur lokal und implizit - am besten menügesteuert - erfragt werden. Um dem Benutzer des Systems die Möglichkeit zum Erlernen der Strukturen und Verändern von einmal abgegebenen Urteilen zu ermöglichen, sollte das Verfahren interaktiv ausgerichtet

---

[92] So versucht Xu zwar, die Präferenzen des Entscheidungsträgers in die Fuzzy Optimierung unter mehrfacher Zielsetzung zu integrieren, in seinem Verfahren besteht aber lediglich die Möglichkeit einer pauschalen Gewichtung zwischen Zielfunktionen und Restriktionen des Ausgangsmodells, wodurch sich gegenüber der Verwendung kompensatorischer Operatoren in klassischen Ansätzen keine großen Vorteile ergeben, vgl. Xu, L.D.: (Programming), S. 315 - 320.

sein. Des weiteren erscheint es erstrebenswert, daß die Optimierung mit Hilfe von Anspruchsniveaus und Referenzpunkten durchgeführt wird. Eine solche Vorgehensweise hat nicht nur den Vorteil, veränderte Vorstellungen problemlos ins Modell übertragen zu können, sie bildet auch - mit dem Satisfizieren von Ansprüchen - den Prozeß der menschlichen Entscheidungsfindung gut nach. Wie in VIG sollte das System die iterative Suche unterstützen. Dabei erscheint es wünschenswert, dem Entscheidungsträger auch dann Hilfe anzubieten, wenn er zwar mit der momentanen Kompromißlösung nicht einverstanden ist, aber keine konkreten Veränderungen von Anspruchsniveaus angeben kann oder will.

Die sich ergebenden Implikationen hängen auch stark mit den in Abschnitt 3.2.3. aus der Analyse der Fuzzy Optimierung abgeleiteten Anforderungen zusammen. Der Wunsch einer Möglichkeit zur Kompensation zwischen einzelnen Zugehörigkeitswerten entspricht dem Bestreben, dem Entscheidungsträger die Möglichkeit zur impliziten Präferenzartikulation zu geben. Um diese Art der Suche nach der besten Kompromißlösung durchführen zu können, muß das Verfahren die Möglichkeit bieten, daß zu jeder einzelnen Modellungleichung explizit ein Anspruchsniveau bestimmt werden kann, ohne daß dabei die Struktur der Zugehörigkeitsfunktion verändert werden muß.

4. Das interaktive Entscheidungsunterstützungssystem FLOP

Im folgenden Kapitel wird das Entscheidungsunterstützungssystem FLOP vorgestellt. In FLOP wird einerseits versucht, die im zweiten Kapitel abgeleiteten Anforderungen an eine - aus der Sicht des Anwenders - sinnvolle Entscheidungsunterstützung umzusetzen; andererseits ist das System eine Folge des Bedarfes an Weiterentwicklung, der sich im dritten Kapitel aus der Analyse der bestehenden Ansätze ergeben hat. Nach der Vorstellung des Grundkonzeptes werden die charakteristischen Wesenszüge des Systems erläutert. Anschließend wird der Ablauf und die Struktur einer Systemsitzung von FLOP im Gesamtzusammenhang beschrieben.

4.1. Grundkonzept

Ausgangspunkt der Entwicklung des Systems FLOP ist das Ziel, die Realitätsnähe und damit die Anwendungsmöglichkeiten eines Optimierungsverfahrens für die betriebliche Praxis zu erhöhen. Zur Erreichung dieses Zieles wurden zum einen Erkenntnisse aus dem Bereich der menschlichen Problemlösung verarbeitet und zum anderen die Theorien der Fuzzy Sets und der mehrfachen Zielfunktionen mit in die Entwicklung des Optimierungsverfahrens einbezogen. Da alle drei Aspekte simultan innerhalb eines Systems berücksichtigt werden sollten, erschien eine bloße Kombination verschiedener bestehender Optimierungsverfahren nicht geeignet, so daß auf der Grundlage der Analysen das System FLOP entwickelt worden ist.

Um die Phasen des menschlichen Problemlösprozesses möglichst genau im System nachbilden zu können, ist FLOP aus mehreren, diesen Phasen entsprechenden Modulen zusammengesetzt. Grundsätzlich läßt sich dabei eine Phase der Modelleditierung, eine Phase der Modellkonfiguration, eine Suchphase nach der optimalen Lösung und eine Abschlußphase mit der Auswahl einer bestimmten Handlungsalternative unterscheiden. Die Abfolge dieser Module wird vom Entscheidungsträger im interaktiven Dialog mit dem System gesteuert. Sie richtet sich demzufolge nach der Reihenfolge, in der der Entscheidungsträger für sich die Phasen der Problemlösung durchläuft.

Das fuzzy Optimierungsverfahren innerhalb von FLOP folgt dem symmetrischen Entscheidungsansatz. Dies bedeutet, daß für alle Ziele und Nebenbedingungen des ursprünglichen Systems Zugehörigkeitsfunktionen erstellt werden. Im symmetrischen Modell werden dann nicht nur die Zielfunktionen, sondern sämtliche Systemungleichungen optimiert, indem alle Zugehörigkeitswerte simultan so weit wie möglich angehoben werden. Eine solche Transformation des originären Problems in ein Modell, das in gewisser Weise auf die Maximierung der Gesamtzufriedenheit abzielt, ermöglicht auch die Berücksichtigung mehrerer Zielfunktionen. Da die Lösung eines fuzzy Modells nach dem symmetrischen Entscheidungsansatz ohnehin auf einen Kompromiß zwischen den Zugehörigkeitswerten von Zielen und Nebenbedingungen ausgerichtet ist, spielt es für den formalen Ablauf der Optimierung keine Rolle, wieviele Ziele gleichzeitig verfolgt werden.

Bei Verwendung des symmetrischen Ansatzes innerhalb der Linearen Fuzzy Optimierung kommt der Auswahl eines geeigneten Verknüpfungsoperators, mit dem die gleichzeitige Erfüllung aller Ungleichungen ausgedrückt wird, eine zentrale Bedeutung zu. In FLOP wird ein "kompensatorischer Minimum-Operator" verwendet. Dies bedeutet, daß der Entscheidungsträger seinen Vorstellungen entsprechend für gewisse Ziele und Nebenbedingungen Anspruchsniveaus festlegt; auf diese Art und Weise ist er in der Lage, die Kompensationen zwischen den Erfüllungsgraden einzelner Systemungleichungen direkt zu steuern. Innerhalb der Optimierungsrechnungen wird dann versucht, unter Erreichung aller vorgegebenen Anspruchsniveaus die weiteren Erfüllungsgrade unscharfer Ungleichungen - nach dem Prinzip des Minimum-Operators - so weit wie möglich anzuheben. Durch eine solche Vorgehensweise kann der Nachteil des Minimum-Operators ausgeschaltet werden, daß sich die Optimierung ausschließlich nach dem niedrigsten Zugehörigkeitswert richtet und so einer zu pessimistischen Grundeinstellung entspricht.

Durch die Eingabe von Anspruchsniveaus wird außerdem ermöglicht, daß der Entscheidungsträger seine Vorstellungen in den laufenden Optimierungsprozeß einbringen kann. Müssen beispielsweise gewisse Erfüllungsgrade reduziert werden, um gesetzte Anspruchsniveaus einhalten zu können, so ist eine solche Kompensation die Auswirkung einer implizit geäußerten Präferenz. Den Erkenntnissen der Optimierung unter mehrfacher Zielsetzung zufolge eignet sich die implizite Erfassung von Präferenzartikulationen über Anspruchsniveaus besonders gut dazu, den kognitiven Aufwand beim Entscheidungsträger möglichst gering zu halten und trotzdem eine maximale Informationsmenge zu erhalten.

Für die Güte der Abbildung des realen Problems - beziehungsweise des mentalen Modells des Entscheidungsträgers über die realen Zudammenhänge - in das formale Optimierungsmodell spielt neben der Wahl des Verknüpfungsoperators auch die Form der Zugehörigkeitsfunktionen eine gewichtige Rolle. Um der Tatsache Rechnung zu tragen, daß der Anwender in aller Regel nur punktuelle Stützstellen des Unschärfeintervalls angeben kann, werden die Zugehörigkeitsfunktionen in FLOP stückweise zusammengesetzt, indem die angegebenen Stützstellen durch lineare

Funktionen miteinander verbunden werden. Der Verlauf innerhalb des Bereichs partieller Zugehörigkeit ist somit flexibel gestaltbar und abhängig von den Vorstellungen des Entscheidenden.

Das phasenorientierte Konzept des Entscheidungsunterstützungssystems FLOP erlaubt dem Benutzer jederzeit, das Optimierungsmodell anzupassen, sobald sich seine Vorstellungen und Einsichten geändert haben sollten. Es entspricht dem Wesen des Systems und ist erwünscht, daß es im Laufe einer Sitzung zu Lernprozessen kommt und diese auch zu Modellvariationen führen. Dabei existieren zwei verschieden Ursachen für eine Veränderung des mentalen Modells: Neben neuen Einsichten über die *Modellstrukturen* können auch veränderte *Präferenzen* dazu führen, daß das formale Modell den momentanen Vorstellungen angepaßt werden muß.

Veränderte Modellstrukturen äußern sich dadurch, daß sich beispielsweise Restriktionskoeffizienten ändern, der Bereich der Unschärfe neu festgelegt werden soll oder der Entscheidungsträger neue Stützstellen angeben kann und so die Form einer Zugehörigkeitsfunktion variiert. Damit sich solche Modifikationen auch im formalen Modell niederschlagen, wird in einem solchen Fall im Systemablauf zur Phase der Modelleditierung verzweigt.

Durch die Veränderung von Präferenzen wird in FLOP der subjektiv beste Kompromiß gesucht. Diesbezügliche Modellmodifikationen werden innerhalb der Phase der Lösungssuche behandelt. Dabei ist es das Ziel, daß sich der Entscheidungsträger durch die Variation seiner Präferenzen der für ihn optimalen Lösung schrittweise nähert. Ausgedrückt wird die Modifikation der Präferenzen im System durch eine Variation von Anspruchsniveaus, mit Hilfe derer sich dann ein neues Modell mit einem neuen Lösungspunkt ermitteln läßt. Aus diesem kann der Benutzer in FLOP direkt ablesen, zu welchen Konsequenzen die Änderung eines oder mehrerer Anspruchsniveaus bezüglich sämtlicher anderer Erfüllungsgrade führt. Der Lernprozeß bezieht sich somit auf unterschiedliche Kompensationen einzelner Lösungen.

Um den Systembenutzer bei der Variation einzelner Anspruchsniveaus zu unterstützen, werden ihm Referenzpunkte zur Seite gestellt; zudem kann er verschiedene Analysen der momentanen Lösung vornehmen. Wenn der Entscheidungsträger die Suche nach weiteren effizienten Lösungen zwar noch nicht beenden will, aber auf der anderen Seite auch keine Veränderungen des Modells durchführen kann oder möchte, besteht in FLOP die Möglichkeit, sich vom System automatisch mit Hilfe einer Sensitivitätsanalyse der momentanen Lösungsumgebung eine neue effiziente Lösung berechnen und vorschlagen zu lassen.

Der Prozeß der Variation von Ansprüchen wird so lange fortgesetzt, bis der Entscheidungsträger die subjektiv beste Lösung des Ausgangsproblems gefunden hat oder die

Suche aus anderen Gründen abbrechen will. Auf Grund des Prinzips, den Ablauf vollständig vom Benutzer steuern zu lassen, kann es keine mathematische Konvergenz und kein berechenbares Abbruchkriterium geben. Gleichwohl wird dem Entscheidenden eine Beendigung der Suche angeboten, wenn die Iterationslösungen nur geringfügig voneinander abweichen.

4.2. Charakteristika des Systems

4.2.1. Zugehörigkeitsfunktionen

4.2.1.1. Logische Konsistenz und Konkavität der Zugehörigkeitsfunktionen

Bei der Erstellung der stückweise linearen Zugehörigkeitsfunktionen wird in FLOP davon ausgegangen, daß der Entscheidungsträger bei unscharfen Daten nicht jedem Wert des fuzzy Intervalles ein genaues Zugehörigkeitsniveau zuordnen kann; stattdessen wird angenommen, daß sich nur für einige Punkte konkrete Angaben machen lassen. Die Erstellung der Zugehörigkeitsfunktion bezieht sich demzufolge auf diese spezifizierten Werte. Für die Festlegung der Funktion ist es allerdings essentiell, daß zumindest die beiden Grenzen des fuzzy Intervalles bekannt sind und Funktionswerten zugeordnet werden können.[1] Damit das Optimierungssystem im weiteren Verlauf der Rechnungen sinnvoll arbeiten kann, müssen zudem gewisse Bedingungen eingehalten werden.

Zum einen ist es notwendig zu testen, ob die Stützstellen in sich logisch konsistent eingegeben worden sind. Logische Konsistenz bedeutet in diesem Zusammenhang, daß sich die Stützstellen einer Restriktion einerseits nicht in ihrer Aussage gegenseitig widersprechen und andererseits nicht der Grundaussage der Restriktion zuwiderlaufen. Zur Verdeutlichung des Sachverhaltes sei von einer unscharfen Restriktion in der Dimension Mengeneinheiten (ME) ausgegangen, die in folgender Form vorliege:

$$(4.1) \qquad R \lesssim [10; 15]$$

Partielle Zugehörigkeit wird demnach im Intervall [10 ; 15] ME angenommen. Widersprüchliche Angaben liegen beispielsweise dann vor, wenn der Entscheidungsträger als Stützstelle zum Niveau 0.6 ein Wert von 17 ME festlegt. Da die eingegebene Stützstelle mit dem Unschärfeintervall unvereinbar ist, bedarf es eines Eingriffes, um ein sinnvolles und operables Optimierungsmodell aufstellen zu können. Die Widersprüchlichkeit läßt sich aufheben, indem die Werte so verändert werden, daß die Stützstelle des Niveaus 0.6 vollständig innerhalb des Unschärfeintervalls liegt. Dazu könnte beispielsweise die Untergrenze des Niveaus 0 auf einen Wert größer als

---

[1]   Ist dies nicht der Fall und wird stattdessen nur ein Wert des Unschärfeintervalls benannt, interpretiert das System dies als "scharfe" Restriktion. Diese kann dann im Laufe der Optimierung nur noch vollständig erfüllt (Niveau 1.0) oder vollständig verletzt (Niveau 0) werden. Eine Lösung ist in FLOP immer nur dann insgesamt zulässig, wenn alle scharfen Restriktionen zum vollen Niveau von 1.0 erfüllt sind.

17 ME verschoben oder die Stützstelle auf einem Wert zwischen 10 und 15 ME festgelegt werden.

Eine andere Form logischer Inkonsistenz tritt dann auf, wenn der Bereich der
Datenunschärfe an sich nicht zur Restriktion "paßt". Dies wäre in (4.1) dann der Fall,
wenn der Entscheidungsträger das Intervall umgekehrt mit [15 ; 10] ME festgelegt
hätte. Ein solches Intervall bedeutete, daß einem Lösungspunkt, der die Restriktion
mit 15 ME auslastet, volle Erfüllung der Ungleichung zugesprochen würde, ein Punkt
hingegen, der diese nur mit 10 ME belastet, keine Zugehörigkeit zur Menge der die
Restriktion einhaltenden Punkte zugesprochen würde. Dies steht jedoch im logischen
Widerspruch zur Grundaussage der Restriktion, nach der Werte um so günstiger sind,
je kleiner die Belastung bezüglich der Bedingung ausfällt. In der Konsequenz bedeutet dies, daß das Unschärfeintervall bei "$\leq$"-Restriktionen steigend und bei "$\geq$"-
Restriktionen fallend verlaufen muß.[2] In einer "$\leq$"-Restriktion muß dem kleinsten
Wert des Unschärfebereichs zwangsläufig das höchste Niveau und damit volle Zugehörigkeit zugesprochen werden, da sonst die Aussage "soll kleiner oder gleich sein"
konterkariert wird. Im Fall der "$\geq$"-Bedingung gilt dies entsprechend umgekehrt.[3]

Formal kann die Einhaltung dieser beiden Anforderungen an logische Konsistenz mit
Hilfe der *Monotonie* der durch die Stützstellen determinierten Zugehörigkeitsfunktion
geprüft werden. Danach sind die angegebenen Stützstellen bei einer "$\leq$"-Restriktion
genau dann logisch konsistent, wenn die aus ihnen resultierende Zugehörigkeitsfunktion streng monoton steigend ist. Dies impliziert, daß sowohl die *Grenzen* des
Unschärfeintervalls logisch korrekt eingegeben sind, als auch, daß sich die weiteren
Stützstellen in diesen Bereich *logisch einbetten* lassen, ohne sich in ihrer Aussage zu
widersprechen. In FLOP wird aus diesem Grunde im Anschluß an die Modellkonfiguration ein solcher Test auf Monotonie durchgeführt und die eingegebenen Daten so
auf logische Konsistenz untersucht. Beim Auftreten eines nichtmonotonen Verlaufes
einer Zugehörigkeitsfunktion wird dies dem Entscheidenden mit einem Hinweis auf
die betreffende Ungleichung mitgeteilt. Erst wenn alle Zugehörigkeitsfunktionen
logisch konsistent sind, kann die Phase der Modellkonfiguration vom Entscheidungsträger beendet werden.

Die zweite Bedingung, die bei der Verwendung stückweise linearer Zugehörigkeitsfunktionen vor Beginn der Optimierungsrechnungen geprüft werden muß, ist die
Konkavität der Funktionen:[4]

---

[2] Wie bereits erläutert, läßt sich eine Gleichheitsrestriktion in eine "$\geq$"- und eine "$\leq$"-
Nebenbedingung aufspalten, für die dann jeweils einzeln die Konsistenzbedingungen
gelten.

[3] Ohne Beschränkung der Allgemeinheit werden die folgenden Aussagen nur für "$\leq$"-
Restriktionen getroffen.

[4] Zur nachfolgenden Definition vgl. Ellinger, T.: (Operations), S. 191 f.

(4.2) Definition: Eine Funktion $f : A \to \mathbf{R}$ heißt *konkav*, wenn für je zwei Punkte x_1 und x_2 aus A und für den Parameter $\lambda \in [0; 1]$ gilt:

$$f\big(\lambda \cdot x_1 + (1 - \lambda) \cdot x_2\big) \geq \lambda \cdot f(x_1) + (1 - \lambda) \cdot f(x_2)$$

Das bedeutet, daß die Verbindungsstrecke zweier beliebiger Kurvenpunkte immer *unterhalb oder auf* der Kurve liegt. Abbildung 4-1 gibt beispielhaft den Verlauf einer konkaven stückweise linearen Zugehörigkeitsfunktion wieder.

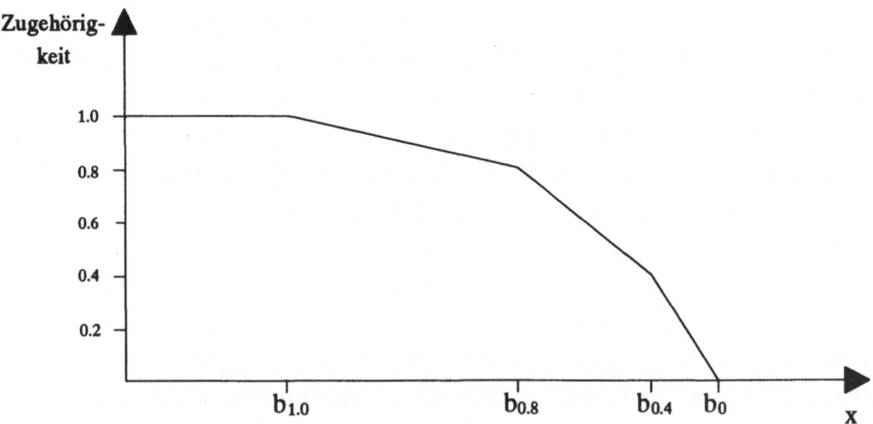

Abb. 4-1: Verlauf einer konkaven stückweise linearen Zugehörigkeitsfunktion

Konkavität ist unabdingbare Voraussetzung dafür, daß bei der Linearen Fuzzy Optimierung nur effiziente Punkte des Lösungspolyeders als Lösungen generiert werden.[5] Die Gültigkeit der Transformation eines fuzzy Modells nach (3.23) in eine Form, die mit Standardverfahren der Linearen Optimierung gelöst werden kann, ist abhängig von der Konkavität aller (stückweise linearen) Zugehörigkeitsfunktionen des fuzzy Optimierungsmodells.[6]

Die Forderung nach konkaven Zugehörigkeitsfunktionen kann allerdings nicht an den Entscheidungsträger selbst gerichtet werden. Nur aus den Stützstellen allein ist nicht ohne weiteres ersichtlich, ob die daraus resultierende Zugehörigkeitsfunktion einen konkaven Verlauf hat oder nicht. Außerdem widerspräche eine Forderung nach konkaven Zugehörigkeitsfunktionen dem gesteckten Ziel, sich bei der zu leistenden Entscheidungsunterstützung nicht an der verfahrenstechnischen Durchführbarkeit, sondern an den realen Vorstellungen und Einschätzungen des Anwenders - insbesondere über die existierende Datenunschärfe - zu orientieren.

---

[5]   Vgl. Ramík, J.: (Approach), S. 128 f. Bei zumindest teilweise konvexen Kurvenverläufen kann es dazu kommen, daß an dem Eckpunkt der Funktion, an dem der konvexe Teil beginnt, die Suche nach pareto-besseren Punkten endet, obwohl solche noch existieren.

[6]   Vgl. Rommelfanger, H.: (Entscheiden), S. 195.

Eine genauere Betrachtung entschärft jedoch das Problem. Der Grund hierfür liegt in der Erkenntnis, daß Zugehörigkeitsfunktionen in aller Regel einen S-förmigen Verlauf besitzen.[7] Dies bedeutet, daß sie bei niedrigem Niveau konvex und bei höherem Niveau konkav verlaufen. Empirischen Untersuchungen zufolge überwiegt dabei der konkave Teil; in vielen Fällen dehnt er sich sogar auf den gesamten Bereich der Unschärfe aus.[8] Die erforderliche Anpassung der Zugehörigkeitsfunktion in eine konkave Form muß demnach in aller Regel nur für einen kleinen Bereich durchgeführt werden.[9]

Der Wendepunkt der S-förmigen Funktion richtet sich nach einer Grund-Stützstelle. Entsprechend der Festlegung von Anspruchsniveaus bei Nutzenfunktionen existiert auch bei der ihr verwandten Bestimmung von Erfüllungsgraden unscharfer Restriktionen ein Punkt, bei dem eine gewisse "Grund-Erfüllung" der betreffenden Restriktion erreicht ist. Die Zugehörigkeitsfunktionen weisen dann nur bis zu diesem Punkt den unerwünschten nicht-konkaven Verlauf auf. Dieser bis zum Wendepunkt konvexe Teil der Zugehörigkeitsfunktion ist aber in der Praxis von geringerer Bedeutung, da der Entscheidungsträger nur Lösungspunkte oberhalb des Grund-Erfüllungspunktes anstreben wird; Lösungen, die bezüglich dieser Ungleichung geringere Zugehörigkeit als im Grund-Erfüllungspunkt besitzen, werden in aller Regel nicht akzeptiert und spielen daher für den zu findenden Kompromiß nur eine geringe Rolle.[10]

Auch wenn konvexe Teilbereiche der Zugehörigkeitsfunktionen für die Suche nach dem optimalen Kompromiß keine große Bedeutung besitzen, muß das System auf sie eingestellt sein und sie verarbeiten können.[11] Die (seltenen) Fälle, in denen die Vorstellungen des Entscheidungsträgers über die Unschärfe der Daten nicht durch eine S-förmige, sondern z.B. durch eine vollständig konvexe Zugehörigkeitsfunktion wiedergegeben wird, dürfen den Verfahrensablauf nicht behindern.

ROMMELFANGER erreicht eine "Konkavisierung" der Zugehörigkeitsfunktionen, indem das Toleranzintervall solange verkleinert wird, bis die Funktion - auf dem verkleinerten Intervall - konkav verläuft.[12] Dabei wird davon ausgegangen, daß unerwünschte konvexe Verläufe nur in den unteren, nach ROMMELFANGER irrelevanten

---

[7]	Vgl. Abschnitt 3.2.2.3.

[8]	Vgl. Hersh, H.M.; Caramazza, A.: (Fuzzy Set), S. 254 - 276.

[9]	Vgl. Rommelfanger, H.: (Lösung), S. 434.

[10]	Vgl. Rommelfanger, H.: (Entscheiden), S. 197. Allerdings geht Rommelfanger in seiner Aussage noch weiter und spricht davon, daß die nicht-konkaven Bereiche in jedem Fall *überhaupt keinen* Einfluß auf die gesuchte Kompromißlösung haben.

[11]	In den meisten Verfahren, die auf der Grundlage stückweise linearer Zugehörigkeitsfunktionen operieren, wird hingegen zumeist von vollständig konkaven Verläufen ausgegangen, vgl. z.B. Sakawa, M.: (Computer), S. 493 f.; Nakamura, K.: (Extensions), S. 224 f.

[12]	Vgl. Rommelfanger, H.: (Entscheiden), S. 197.

Niveauebenen existieren. Eine solche Abänderung des Funktionsverlaufs ist in Abbildung 4-2a dargestellt.

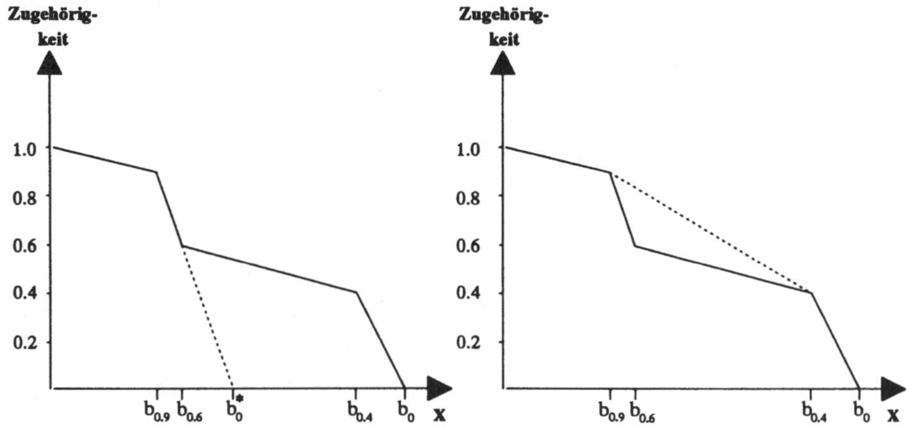

Abb. 4-2a: Transformation einer Zugehörigkeitsfunktion nach ROMMELFANGER

Abb. 4-2b: Transformation einer Zugehörigkeitsfunktion in FLOP

Das System FLOP dagegen geht anders vor. Es wird versucht, auftretende Konvexität zwar zu beseitigen, aber trotzdem die Vorstellungen des Entscheidungsträgers so genau wie möglich zu approximieren. Aus diesem Grund wird eine Transformation immer nur zwischen den beiden Stützstellen durchgeführt, zwischen denen auch tatsächlich ein nicht-konkaver Verlauf auftritt. Sollte die neue lineare Verbindungsstelle noch immer dazu führen, daß die Zugehörigkeitsfunktion in Teilbereichen konvex verläuft, wird die Transformation auf die nächste Stützstelle solange sukzessive ausgeweitet, bis die Gesamtfunktion eine vollständig konkave Gestalt annimmt.[13] Die Vorgehensweise der "Konkavisierung", wie sie in FLOP implementiert ist, wird aus Abbildung 4-2b ersichtlich.

Der Verlauf der originalen Funktion ist im Beispiel so gewählt, daß die Vorteile der Abänderung nach dem Prinzip der Abbildung 4-2b besonders deutlich werden. Der Vergleich zeigt, daß eine Approximation der subjektiven Vorstellungen des Entscheidungsträgers durch eine Verkleinerung des Unschärfeintervalls gegenüber der Vorgehensweise in FLOP um so ungenauer wird und damit den Vorstellungen des Entscheidungsträgers um so weniger entspricht,

---

[13]　Im Extremfall einer vollständig konvexen Zugehörigkeitsfunktion kann dies dazu führen, daß die neue, "konkavisierte" Funktion aus der Verbindungsstrecke zwischen den beiden Randpunkten des Unschärfeintervalls besteht.

- je steiler der Funktionsabschnitt verläuft, bei dem der konvexe Teilbereich beginnt und

- je höher das Niveau des Bereichs ist, in dem die Zugehörigkeitsfunktion nicht-konkave Form annimmt.

4.2.1.2.   Zugehörigkeitsfunktionen der Ziele

Dem symmetrischen Ansatz folgend, müssen für die Ziele, die einer zu optimierenden Entscheidung zugrunde liegen, ebenfalls Zugehörigkeitsfunktionen erstellt werden. Zur Erstellung einer solchen Ziel-Zugehörigkeitsfunktion bedarf es einer Einschätzung des Entscheidungsträgers darüber, welcher Zielwert im optimalen Fall erreicht werden kann und welcher Zielwert eine Untergrenze der Akzeptanz darstellt. Liegen solche Werte vor, kann mit ihnen ein Intervall aufgestellt werden, in dem bestimmten Zielwerten durch die Zugehörigkeitsfunktion Befriedigungsniveaus bezüglich der Zielerreichung zugeordnet werden.

Es entspricht dem Wesen einer zu optimierenden Zielfunktion, daß über deren mögliche Zielausprägungen keine exakten Angaben gemacht werden können.[14] Um dennoch auch für die Ziele Zugehörigkeitsfunktionen erstellen zu können, muß vom System Hilfestellung dadurch gegeben werden, daß es für die Ziele Ober- und Untergrenzen errechnet. Diese theoretischen Werte können dann dem Entscheidungsträger als Orientierungshilfe angeboten werden. Sie geben Auskunft darüber, welche Zielwerte die betreffende Zielfunktion im theoretisch günstigsten und ungünstigsten Fall annimmt. Auch wenn der Entscheidungsträger bereits Vorstellungen über die Größenordnung möglicher Zielfunktionswerte besitzen sollte, können die vom System errechneten Werte für ihn zusätzliche Anhaltpunkte liefern.

Zur Berechnung der Ober- und Untergrenze einer Zielfunktion werden jeweils zwei einzelne, scharfe Modelle gelöst. Die Erstellung dieser Teilmodelle erfolgt mit Hilfe der Unschärfe-Intervalle der Nebenbedingungen. Werden alle unscharfen Restriktionen bis zur äußersten Grenze des Nullnivaus ausgelastet, ergibt sich aus dem Gegensatz der Erfüllung von Ziel und Nebenbedingungen, daß damit die Zielwerte so weit wie möglich maximiert - beziehungsweise bei Minimierungszielen minimiert - wer-

---

[14] So werden Ziele und Nebenbedingungen von einigen Autoren auch als flexible und inflexible Ziele bezeichnet. Der einzige Unterschied besteht dann darin, daß für inflexible Ziele Ober- bzw. Untergrenzen bestehen, wohingegen für die ursprünglichen, jetzt als flexibel bezeichneten Ziele keine solche Grenzen bestehen und auch nicht angegeben werden können. Zu einer solchen Einteilung von Zielen und Nebenbedingungen vgl. z.B. Korhonen, P.; Wallenius, J.: (Pareto Race), S. 616; Ignizio, J.P.: (Programming), S. 277.

den.[15] Bei Betrachtung nur einer einzigen Zielfunktion wird darüberhinaus die Notwendigkeit zu zielwertverringernden Kompromissen zwischen den konkurrierenden Zielen aufgehoben; es kann so für das untersuchte Ziel ein in jeder Hinsicht optimaler Grenzwert ermittelt werden. Praktisch umgesetzt bedeutet dies, das bestehende unscharfe Modell in deterministische Submodelle zu transformieren, in denen jeweils eine Zielfunktion optimiert wird und für die Restriktionen maximale Auslastungen zugelassen ist. Die so entstehenden Teilprobleme lassen sich mit einem Standardverfahren der Linearen Optimierung lösen.

Beispiel 4-1: Die Berechnung von Ziel-Zugehörigkeitsfunktionen soll am Beispiel 3-6 demonstriert werden; zu diesem Zweck ist das Modell (3.28) um eine zweite Zielfunktion erweitert worden:[16]

$$(4.3) \quad \begin{aligned} \text{Max } & Z_1 = x_1 + 2x_2 \\ \text{Max } & Z_2 = 4x_1 + 2x_2 \end{aligned}$$

$$\text{u.d.Nb.:} \quad \begin{aligned} x_1 + x_2 &\lesseqgtr [\, (8 \triangleq 1.0)\,,\, (9.8 \triangleq 0.4)\,,\, (10 \triangleq 0)\,] \\ x_1 &\geq 4 \\ 3x_1 + 4x_2 &\lesseqgtr [\, (28 \triangleq 1.0)\,,\, (33 \triangleq 0.6)\,,\, (35 \triangleq 0)\,] \\ x_1\,,\, x_2 &\geq 0 \end{aligned}$$

Der Entscheidungsträger besitze keinerlei Vorstellungen über die Dimension und Bandbreite möglicher Werte beider Zielfunktionen. Zur Bestimmung der maximal möglichen Zielwerte werden die beiden folgenden deterministischen Submodelle aufgestellt:

$$(4.4) \quad \begin{array}{ll} (P_1): \text{Max } Z_1 = x_1 + 2x_2 & \qquad (P_2): \text{Max } Z_2 = 4x_1 + 2x_2 \end{array}$$

$$\begin{array}{ll} \text{u.d.Nb.:} & \quad \begin{aligned} x_1 + x_2 &\leq 10 \\ x_1 &\geq 4 \\ 3x_1 + 4x_2 &\leq 35 \\ x_1 + x_2 &\geq 0 \end{aligned} \qquad\qquad \text{u.d.Nb.:} \quad \begin{aligned} x_1 + x_2 &\leq 10 \\ x_1 &\geq 4 \\ 3x_1 + 4x_2 &\leq 35 \\ x_1 + x_2 &\geq 0 \end{aligned} \end{array}$$

Eine Berechnung der Optima beider Probleme mit dem Simplexverfahren ergibt:

$$(4.5) \quad \begin{array}{ll} (P_1): & \begin{aligned} x_1 &= 4 \\ x_2 &= 5.75 \\ Z_1(x_1, x_2) &= 15.5 \end{aligned} \qquad\qquad (P_2): \quad \begin{aligned} x_1 &= 10 \\ x_2 &= 0 \\ Z_2(x_1, x_2) &= 40 \end{aligned} \end{array}$$

---

[15] Scharfe Nebenbedingungen werden nicht transformiert, da sie auch in dem hier für die Restriktionen angenommenen ungünstigsten Fall voll erfüllt sein müssen.

[16] Das hier eingeführte Modell (4.3) des Beispiels 4-1 wird auch im weiteren Verlauf des vierten Kapitels immer wieder zur Illustration verwendet. Die dabei durchgeführten Berechnungen bauen aufeinander auf und sollen so einen Gesamteindruck über die Vorgehensweise von FLOP vermitteln.

Dies bedeutet, daß Ziel 1 und Ziel 2 auf keinen Fall Werte erreichen können, die größer als 15.5 beziehungsweise 40 Werteinheiten sind.

Die Berechnung der Minima einzelner Zielfunktionen innerhalb einer Fuzzy Optimierung mit mehrfacher Zielsetzung dagegen ist nicht so eindeutig durchführbar. Entsprechend der Vorgehensweise bei der Bestimmung der Zielobergrenzen, wird zu Beginn das fuzzy Problem wieder in Unterprobleme aufgeteilt, bei denen jede einzelne Zielfunktion separat optimiert wird. Die Nebenbedingungen sind jetzt aber so formuliert, daß alle fuzzy Restriktionen zum vollen Niveau 1.0 erfüllt sein müssen und demnach keinerlei graduelle Zugehörigkeit erlaubt ist. Im Beispiel 4-1 lauten die beiden zu lösenden Subprobleme dann:

$$(4.6) \quad (P_3): \text{Max } Z_1 = x_1 + 2x_2 \qquad\qquad (P_4): \text{Max } Z_2 = 4x_1 + 2x_2$$

$$\text{u.d.Nb.:} \quad \begin{aligned} x_1 + x_2 &\leq 8 \\ x_1 &\geq 4 \\ 3x_1 + 4x_2 &\leq 28 \\ x_1 + x_2 &\geq 0 \end{aligned} \qquad\qquad \text{u.d.Nb.:} \quad \begin{aligned} x_1 + x_2 &\leq 8 \\ x_1 &\geq 4 \\ 3x_1 + 4x_2 &\leq 28 \\ x_1 + x_2 &\geq 0 \end{aligned}$$

Wie im Fall der Obergrenzen, kann zur Lösung wieder das Simplexverfahren herangezogen werden; es ergibt sich:

$$(4.7) \quad (P_3): \quad \begin{aligned} x_1 &= 4 \\ x_2 &= 4 \\ Z_1(x_1, x_2) &= 12 \end{aligned} \qquad\qquad (P_4): \quad \begin{aligned} x_1 &= 8 \\ x_2 &= 0 \\ Z_2(x_1, x_2) &= 32 \end{aligned}$$

Damit sind die Untergrenzen für das Intervall möglicher Zielausprägungen allerdings noch nicht berechnet. Es können nämlich Punkte existieren, die zu noch schlechteren Zielfunktionswerten führen als die Lösung (4.7), die sich bei voller Einhaltung aller Nebenbedingungen ergibt. Würde die Untergrenze der jeweiligen Ziel-Zugehörigkeitsfunktion zu hoch angesetzt, wären diese Punkte noch schlechterer Zielwerte unzulässig und schieden damit von vorne herein aus der Lösungssuche aus. Dies ist nicht wünschenswert, da solche Punkte sehr wohl für den optimalen Kompromiß in Frage kommen können, wenn sie beispielsweise bei allen anderen Ziefunktionen des Modells zu hohen Zielwerten führen. Um das absolute Minimum möglicher Zielausprägungen zu ermitteln, müßten theoretisch alle zulässigen Punkte in die jeweilige Zielfunktion eingesetzt und die sich daraus ergebenden Zielwerte miteinander verglichen werden. Da aber bis auf wenige Ausnahmefälle unendlich viele zulässige Lösungspunkte existieren, ist dies nicht möglich; stattdessen werden heuristische Methoden zur Bestimmung der Untergrenze der Zielfunktionswerte angewendet.

Durch die Betrachtung der extremen Randpunkte des effizienten Lösungspolyeders können weitgehende Rückschlüsse über die Bereiche möglicher Zielwerte getroffen werden. So ist es in den Verfahren der Fuzzy Linearen Optimierung allgemein üblich, die Untergrenzen mit Hilfe der in (4.4) beziehungsweise (4.6) ermittelten Werte zu bestimmen, indem sie kreuzweise in die jeweils anderen Zielfunktionen eingesetzt werden;[17] der sich daraus ergebende minimale Zielwert stellt dann die Untergrenze der Ziel-Zugehörigkeitsfunktion dar. WERNERS konnte an einem einfachen Gegenbeispiel zeigen, daß es nicht ausreicht, die jeweiligen unteren Werte der ersten Phase in die anderen Zielfunktionen einzusetzen. Vielmehr muß auch für alle Ziel-Obergrenzen getestet werden, ob diese Punkte zu minimalen Zielwerten in der gerade betrachteten Zielfunktion führen.[18] Dies ist auch einsichtig, denn bei völlig gegensätzlicher Zielsetzung von Ziel 1 und 2 ist der bezüglich Ziel 1 optimale Wert beim Einsetzen in Zielfunktion 2 sicher noch ungünstiger, als wenn der bezüglich Ziel 1 untere Grenzwert in die Zielfunktion 2 eingesetzt wird.

Die Bestimmung der Untergrenzen der Zielfunktionen erfolgt demnach in zwei Phasen: In der ersten Phase werden für jedes Ziel untere Werte nach (4.6) berechnet. Danach werden in einer zweiten Phase alle unteren und oberen Werte sämtlicher Zielfunktionen kreuzweise in alle anderen Zielfunktionen eingesetzt und dabei der jeweilige minimale Wert ermittelt. Im Fall nur zweier Zielfunktionen des Beispiels 4-1 bedeutet dies, daß die Lösungspunkte (4 ; 5.75) beziehungsweise (4 ; 4), die bezüglich des ersten Zieles zu Ober- und Untergrenzwerten führten, in die zweite Zielfunktion eingesetzt werden und umgekehrt die Punkte (10 ; 0) beziehungsweise (8 ; 0) der zweiten Zielfunktion in die erste. Aus den sich ergebenden Werten werden die Minima bestimmt und mit den bisherigen Untergrenzen verglichen, um dann die endgültige Zieluntergrenze festlegen zu können. Dies führt im Beispiel 4-1 zu:

$$\text{(4.8)} \qquad \begin{aligned} U_{Z_1} &= \min\{12;\,(10+2\cdot0);\,(8+2\cdot0)\} &= 8 \\ U_{Z_2} &= \min\{32;\,(4\cdot4+2\cdot5.75);\,(4\cdot4+2\cdot4)\} &= 24 \end{aligned}$$

Insgesamt ergibt sich damit für das Beispiel 4-1 folgendes Intervall möglicher Zielwerte:

$$\text{(4.9)} \qquad \begin{aligned} Z_1 &\in [8;\,15.5] \\ Z_2 &\in [24;\,40] \end{aligned}$$

Obwohl allgemein üblich, ist eine derartige Bestimmung von Ober- und Untergrenzen zur Festlegung von Ziel-Zugehörigkeitsfunktionen nicht unproblematisch. Sie erfolgt auf Grund heuristischer Überlegungen, die zwar plausibel sind, deren Richtigkeit aber nicht mathematisch beweisbar ist. Denn es können durchaus andere Punkte des effizienten Lösungsraums existieren, die zu noch schlechteren Werten führen als die

---

[17] Vgl. z.B. Sakawa, M.; Yano, H.: (Decision), S. 322; Inuiguchi, M.; Ichihashi, H.; Kume, Y.: (Solution), S. 24 ff.; Werners, B.: (Entscheidungsunterstützung), S. 85; Rommelfanger, H.: (Entscheiden), S. 205; Zimmermann, H.-J.: (Decision), S. 81 ff.
[18] Vgl. Werners, B.: (Entscheidungsunterstützung), S. 84.

ermittelten Untergrenzen, wenn sie in die Zielfunktionen eingesetzt werden. Da derartige Punkte aber bei allen Zielen suboptimale und bei mindestens einem Ziel die absolut schlechtesten Ergebnisse mit sich bringen, ist es eine plausible Schlußfolgerung, daß solche Punkte nicht für einen optimalen Kompromiß in Frage kommen. Allerdings können im Extremfall auf diese Weise fast die Hälfte aller effizienten Lösungspunkte a priori von der weiteren Suche nach dem Optimum ausgeschlossen sein, wie KORHONEN & WALLENIUS an einem Beispiel zeigen konnten.[19]

Um den Ausschluß eventuell präferierter Lösungspunkte durch die automatisierte Erstellung von Ziel-Zugehörigkeitsfunktionen zu verhindern, sollte im Verfahren an dieser Stelle auf die diesbezüglichen Präferenzen des Entscheidungsträgers eingegangen werden; die errechneten Bandbreiten für die Ziele sollten nicht automatisch in das Modell übertragen werden, so wie es in vielen Verfahren vorgeschlagen wird.[20] Hiermit würde dem Entscheidungsträger implizit unterstellt, daß der obere beziehungsweise untere Zielwert auch gleichzeitig seinem maximalen beziehungsweise minimalen Nutzen entspricht.[21] Dabei wird nicht ausreichend berücksichtigt, daß die Ziel-Zugehörigkeitsfunktion den Grad der subjektiven Befriedigung des Systembenutzers ausdrücken soll. Es ist durchaus vorstellbar, daß der Entscheidungsträger Nutzenvorstellungen besitzt, die mit den automatisch errechneten Werten nicht übereinstimmen.

So könnte z.B der Fall eintreten, daß der Entscheidende den unteren Wert des errechneten Intervalls als inakzeptabel ansieht und stattdessen den Wert, bei dem seine Akzeptanz im ungünstigsten Fall beginnt, höher festlegt; ebenso ist auch eine umgekehrte Konstellation denkbar, bei der der Entscheidungsträger den Punkt minimaler Akzeptanz sogar noch weiter heruntersetzt. Werden diesbezügliche Vorstellungen im System berücksichtigt, wird verhindert, daß durch die Ziel-Zugehörigkeitsfunktion Punkte von der Suche nach der besten Lösung ausgeschlossen werden, die nach den Präferenzen des Entscheidenden durchaus in Frage kommen können.

Dagegen ist es weniger sinnvoll, daß der maximal erreichbare Zielwert und damit der Punkt der höchsten Akzeptanz verändert wird. Ein Reduzierung widerspräche in gewisser Weise dem Grundprinzip rationalen Handelns und Strebens nach optimalen Lösungen, wenn beim Entscheidungsträger schon volle Zufriedenheit vorläge,

---

19   Vgl. Korhonen, P.; Wallenius, J.: (Look), S. 55 f.
20   Vgl. Zimmermann, H.-J.: (Decision), S. 205; Sakawa, M.; Yano, H.: (Decision), S. 322; Werners, B.: (Entscheidungsunterstützung), S. 84 f. Bei Rommelfanger werden zwar auch die Intervallgrenzen automatisch festgelegt, aber zusätzlich vom Entscheidenden Stützstellen erfragt, vgl. Rommelfanger, H.: (Entscheiden), S. 208 f.
21   Vgl. z.B. Werners, B.: (Entscheidungsunterstützung), S. 44.

obwohl unter Unständen dieser Zielwert noch weiter verbessert werden kann.[22] Eine Erhöhung der oberen Akzeptanzgrenze dagegen ist unmöglich, da der errechnete Wert für das Grundmodell eine unter keinen Umständen zu verbessernde Grenze darstellt.

Aus den angestellten Überlegungen kann gefolgert werden, daß die automatisierten Berechnungen von Ober- und Untergrenzen möglicher Zielausprägungen dem Entscheidungsträger lediglich als Orientierungshilfe dienen sollte; es erscheint ratsam, die endgültige Festlegung dem Benutzer zu überlassen. Dies ist in FLOP berücksichtigt. Dem Entscheidungsträger werden im System die errechneten, maximal und mindestens erreichbaren Zielwerte präsentiert, um ihm genaue Vorstellungen über die Bandbreite möglicher Zielausprägungen zu vermitteln. Auf Grund dieser Angaben legt der Benutzer dann - der Erstellung von Zugehörigkeitsfunktionen für die Nebenbedingungen entsprechend - die Intervallgrenzen sowie eventuell weitere Stützstellen fest, die über seine "graduelle Befriedigung" bei bestimmten Zielwerten Auskunft geben. Mit diesen Angaben kann im Anschluß daran die Zugehörigkeitsfunktion des betreffenden Zieles erstellt werden.[23]

Gegen den Einbeziehung des Entscheidungsträgers bei der Erstellung von Ziel-Zugehörigkeitsfunktionen könnte eingewendet werden, daß hierbei zuviele a priori-Informationen vor dem Beginn der eigentlichen Optimierungsrechnungen zu leisten sind. Dem kann entgegengehalten werden, daß zum einen bei der Eingabe Orientierungswerte gegeben werden, die im Falle einer kognitiven Überlastung auch ohne Probleme übernommen werden können. Zum anderen stellen die Ober- und Untergrenzen der Ziele keine unveränderliche Größe im Verfahrensablauf dar. In FLOP ist es dem Systembenutzer jederzeit möglich, die Zugehörigkeitsfunktionen zu verändern, indem Untergrenze oder andere Stützstellen variiert oder auch neue Stützstellen hinzugefügt werden. Die Erstellung von Intervallen möglicher Zielwertbandbreiten kann in FLOP deshalb auch eher als Initialisierung bewertet werden, wodurch sich die Anforderungen bezüglich der zu leistenden a priori-Informationen weiter relativieren.

---

[22] Dies bedeutet keineswegs, daß nicht auch ein optimaler Kompromiß gefunden werden kann, bei dem der betreffende Zielwert *nicht* volles Niveau einnimmt. Die Obergrenze bedeutet lediglich, daß nicht schon *vor der Suche* nach diesem Kompromiß Zugeständnisse gemacht werden, die zu suboptimalen Lösungen führen können.

[23] So wie bei der Eingabe von Stützstellen der Restriktionen, ist in FLOP auch hier ein Test auf logische Konsistenz und Konkavität der sich ergebenden Funktionen integriert.

4.2.2.   Globale Referenzpunkte

4.2.2.1.   Zweck und Ausrichtung

Dem Grundprinzip von FLOP folgend, bei der Suche nach dem optimalen Kompromiß aller Ziele und Restriktionen die Präferenzen des Entscheidungsträgers über Anspruchsniveaus zu erfassen, können sich für den Systembenutzer eventuell Schwierigkeiten ergeben. Zwar hat sich aus der Analyse der Verfahren mit mehrfacher Zielsetzung gezeigt, daß die Artikulation von Präferenzen via Anspruchsniveaus für den Benutzer und das System gegenüber anderen Vorgehensweisen Vorteile besitzt;[24] trotzdem werden an den Entscheidenden gewisse Anforderungen bezüglich seines Urteilsvermögens und seines Gesamtüberblicks über das zu lösende Problem gestellt.

Bei der Änderung bestehender oder dem Setzen neuer Anspruchsniveaus kann der Entscheidungsträger in der Regel nicht genau abschätzen, welche Auswirkungen sich auf Grund dieser Veränderungen auf alle anderen Systemungleichungen ergeben. Dies ist insofern nicht von entscheidender Bedeutung, als dem Benutzer vom System durch die Präsentation der Lösung, die sich aus den gesetzten Ansprüchen ergibt, genau diese Informationen geliefert werden. Ein solcher "trial-and-error"-Prozeß der Suche nach geeigneten Anspruchsniveaus ließe sich allerdings effizienter gestalten, wenn der Entscheidungsträger vor der Variation von Ansprüchen schon eine Vorstellung über die Dimensionen der Auswirkungen besäße.

Um dem Entscheidungsträger die Beurteilung der Auswirkungen von Anspruchsniveauänderungen zu erleichtern und ihn darin leitend zu unterstützen, werden in FLOP vom System drei *globale Referenzpunkte* errechnet und diese jedesmal präsentiert, wenn eine neue Lösung generiert worden ist. Sie stellen in gewisser Hinsicht eine mittlere und zwei extreme Lösungsvarianten dar. Durch sie soll dem Betrachter klar werden, in welcher Niveau-Breite sich jede einzelne Systemungleichung bewegen kann. Außerdem erhält er durch die Referenzpunkte einen Eindruck davon, welche Ziele und Nebenbedingungen besonders sensitiv sind und bei welchen eine Niveauveränderung keine so große Auswirkung auf die anderen Erfüllungsgrade hat.

---

[24]   Vgl. Abschnitt 3.3.2.

4.2.2.2. Referenzpunkt des Max-Min-Ansatzes

Der globale Referenzpunkt auf der Basis des Max-Min-Ansatzes ("Referenzpunkt 0") dient dazu, dem Entscheidungsträger einen Eindruck zu vermitteln, auf welchem Gesamtniveau eine Kompromißlösung mindestens liegen kann, wenn alle Ziele und Nebenbedingungen gleichgewichtet werden. Er entspricht damit dem klassischen Ansatz der Linearen Fuzzy Optimierung, bei dem keinerlei Bewertungen und Präferenzaussagen zugelassen sind und der optimale Kompromiß alleine durch die Maximierung des minimalen Zugehörigkeits- oder Erfüllungsgrades ermittelt wird.[25]

Das aus der Optimierung resultierende Niveau λ_0 sagt aus, daß - unter der Prämisse der Gleich- oder Nichtgewichtung - alle Systemungleichungen simultan *mindestens* dieses Niveau erreichen können.[26] Die in diesem Punkt für jede Ungleichung erreichten Niveaus können demnach für den weiteren Verlauf der Berechnungen als eine Art Mittelwert aufgefaßt werden. Aus der Effizienz der Max-Min-Lösung folgt, daß ein Festsetzen eines Anspruchs *oberhalb* des Niveaus, das die jeweilige Ungleichung beim Referenzpunkt annimmt, automatisch dazu führen *muß*, daß bei mindestens einem anderen Ziel oder einer anderen Nebenbedingung nur ein Erfüllungsgrad erzielt werden kann, der *unter* dem Niveau liegt, das die betreffende Ungleichung bei der Max-Min-Lösung angenommen hatte. Die Festlegung von Ansprüchen oberhalb des Niveaus im Referenzpunkt führt dazu, daß die höheren Ansprüche durch kleinere Niveaus bei anderen Ungleichungen kompensiert werden müssen.

Der so mit Hilfe des Minimum-Operators berechnete Referenzpunkt stellt einen Ausgangspunkt für weitere Lösungen dar. Von ihm aus werden durch die Angabe von Anspruchsniveaus vom Entscheidungsträger Präferenzen artikuliert, die zu Kompensationen zwischen den Erfüllungsgraden einzelner Ungleichungen im System führen. Aber der Referenzpunkt trägt nicht nur zu Beginn, sondern auch während der iterativen Suche nach der optimalen Lösung zur Orientierung des Entscheidungsträgers bei, da an ihm zu jeder Zeit abgelesen werden kann, wie weit der momentane Punkt von der Lösung entfernt ist, die bei Gleichbehandlung aller Systemungleichungen erzielt würde. Der Referenzpunkt kann in diesem Zusammenhang auch dazu verwendet werden, maximale Kompensationsweiten zu bestimmen, d.h. festzulegen, wie weit ein bestimmter Erfüllungsgrad im äußersten Fall von dem mittleren Niveau abweichen darf, das die betreffende Ungleichung im Referenzpunkt annimmt.[27]

---

[25] Vgl. Abschnitt 3.2.2.4.

[26] Diese Bezeichnung für das Max-Min-Niveau wird im folgenden beibehalten.

[27] Und welches mindestens so groß ist wie das maximierte minimale Niveau λ_0 dieses Modells.

Für das Modell (4.3) des Beispiels 4-1 und unter der Annahme, daß der Entscheidungsträger die vom System erechneten Ober- und Untergrenzen der beiden Ziele aus (4.9) übernimmt, ergibt sich folgender, auf der Basis des klassischen Max-Min-Ansatzes ermittelter Referenzpunkt:[28]

(4.10) $x1 = 6.837$
            $x2 = 2.571$ =>

	Zielwert	Niveau
Z 1	11.976	0.531
Z 2	32.490	0.531
R 1	9.408	0.531
R 2	6.833	1.0
R 3	30.796	0.776

Da das Beispiel 4-1 nur zwei Ziele und auch nur zwei fuzzy Nebenbedingungen besitzt, ist der Spielraum für etwaige Kompensationen äußerst begrenzt.[29] So können nur bei den Restriktionen 1 und 3 Ansprüche gesenkt werden, um z.B. eine Erhöhung der Ziel-Zufriedenheit zu erreichen. Demzufolge sind die aus der Analyse des Referenzpunktes zu treffenden Schlußfolgerungen in diesem Fall offensichtlich. Es wird deutlich, daß - neben der Konkurrenz zwischen den beiden Zielen selbst - die erste Restriktion dafür verantwortlich ist, daß insgesamt das Niveau von 0.531 nicht überschritten werden kann. Der Entscheidungsträger kann sich auf Grund der Informationen nun überlegen, ob für ihn eine Mehrbelastung der ersten Restriktion akzeptabel wäre, wenn dafür bei mindestens einem Ziel höhere Zufriedenheit erreicht wird. Entsprechende Überlegungen können auch für die verfolgten Ziele angestellt werden.

Wichtig für eine solche Entscheidung wäre die Kenntnis über das Verhältnis von Einbußen zu Zuwachs bezüglich der Erfüllungsniveaus. Eine Orientierung und Einschätzung wird unter anderem durch die beiden anderen globalen Referenzpunkte ermöglicht, die zusammen mit dem Referenzpunkt aus dem Max-Min-Ansatz erstellt und präsentiert werden.

4.2.2.3.   Referenzpunkt der maximalen Zielwerte

Bei der Erstellung des Referenzpunktes der maximalen Zielwerte ("Referenzpunkt 1") wird eine extreme Haltung vertreten. Im Rahmen der kompensatorischen Suche nach der optimalen Kompromißlösung wird versucht, einzig das Maß der Zufriedenheit bei

---

[28] Die Transformation entspricht der klassischen Vorgehensweise (3.23); die Lösung wird mit Hilfe der Simplexmethode errechnet.

[29] Die zweite Restriktion im Beispiel 4-1 ist scharf formuliert.

den Zielfunktionen so weit wie möglich zu erhöhen; auf die Zugehörigkeitswerte der Nebenbedingungen wird dabei keine Rücksicht genommen. Es existiert lediglich die Einschränkung, daß der Bereich der zulässigen Lösungen nicht verlassen werden darf.[30] Da die Berechnung des Referenzpunktes mit Hilfe des gleichen Transformationsprozesses wie bei der klassischen Linearen Fuzzy Optimierung erfolgt, ist weiterhin gewährleistet, daß der so ermittelte Extrempunkt effizient ist. Ziel des Referenzpunktes ist es herauszufinden, wie weit die Niveaus der Zielfunktionen im äußersten Fall pauschal angehoben werden können, ohne daß dies die Unzulässigkeit des Gesamtsystems zur Folge hat.[31] Beschrieben wird somit ein Punkt maximaler globaler Kompensation der Zielfunktionen auf Kosten der unscharfen Nebenbedingungen.

Die Idee der Anhebung von Zielfunktionswerten auf Kosten der Restriktionen geht auf ZELENY zurück. Von ihm stammt der Gedanke, innerhalb der Optimierung bei mehrfacher Zielsetzung weniger zu versuchen, ein gegebenes System zu optimieren, als stattdessen ein optimales System zu entwerfen ("De-Novo-Programming").[32] Das bedeutet für ZELENY, daß nicht wie bei der Suche nach einem Kompromiß von vornherein eine suboptimale Lösung dadurch in Kauf genommen werden sollte, daß eine Lösung unter den bestehenden Restriktionen gesucht wird; stattdessen wird vorgeschlagen, in jedem Fall die Ideallösung anzustreben und die Restriktionen so auszuweiten und zu verändern, daß die Ideallösung zulässig wird.[33] Im Anschluß daran sollte untersucht werden, welche Kosten das gleichzeitige Erreichen aller Einzelzieloptima in bezug auf die dadurch nötige Ausweitung der Restriktionen mit sich bringt und ob diese Kosten nicht durch den zusätzlichen Gewinn aller Zielfunktionen im Vergleich zu einem klassischen Kompromiß ausgeglichen werden. In jedem Fall wird durch eine solche Vorgehensweise erreicht, daß es keine Tradeoffs zwischen den einzelnen Zielen mehr gibt, da alle Ziele zur höchsten Zufriedenheit erfüllt sind.[34]

Diese auf den ersten Blick verblüffend einfache Methode, einen Kompromiß zwischen allen Zielen unnötig zu machen, setzt allerdings, wenn sie ohne relativierende Einschränkungen angewendet wird, einige realtitätsferne Prämissen: So wird unterstellt, daß es in der Realität keine konkurrierenden Ziele per se gibt.[35] Des weiteren müssen alle Nebenbedingungen auch tatsächlich ausweitbar sein, wenn auch unter

---

[30] Diese Einschränkung gewährleistet, daß die scharfen Restriktionen des Modells wie gefordert im vollen Maß eingehalten werden.

[31] Der Begriff "pauschal" bedeutet in diesem Zusammenhang, daß zwischen den einzelnen Zielen keine Unterscheidung getroffen wird; die Anhebung der Zielniveaus erfolgt unter Gleichgewichtung aller Ziele.

[32] Vgl. Zeleny, M.: (Design), S. 171.

[33] Vgl. Zeleny, M.: (Approach), S. 33.

[34] Vgl. Zeleny, M.: (Approach), S. 28.

[35] Vgl. Zeleny, M.: (Decision), S. 492.

Kosten. Im Gegensatz dazu existieren in realen betrieblichen Problemstellungen oft Zielsetzungen, die unwiderruflich im Konflikt zueinander stehen;[36] außerdem setzen sich viele Restriktionen aus vom Entscheidungsträger nicht zu beeinflussenden Faktoren zusammen, deren Grenzen selbst mit zusätzlichen Mitteln nicht zu verändern sind, sondern feste exogene Größen darstellen.

Im Bereich der Linearen Fuzzy Optimierung bietet der Grundgedanke des De-Novo-Programmierens jedoch interessante Ansatzpunkte zur Gestaltung der Kompensation zwischen einzelnen Zielen und Nebenbedingungen. Die Existenz unscharfer Restriktionsgrenzen bietet die Möglichkeit, die graduelle Zugehörigkeit einzelner Bedingungen gezielt einzusetzen, um bestimmte Zielwerte zu erhöhen. Bei unscharfen Ungleichungen besteht im Gegensatz zum Ansatz von ZELENY nicht die Gefahr, eine Restriktion stärker auszulasten, obwohl sie in der Realität nicht veränderbar ist und kein Spielraum zur Modellierung des optimalen Systems zur Verfügung steht.

Auch wenn der Referenzpunkt, bei dem die Erfüllungsgrade der Nebenbedingungen zur Erhöhung der Zielniveaus soweit wie möglich reduziert werden, auf Grund seiner einseitigen Bewertungen nicht für einen optimalen Kompromiß in Frage kommen sollte, so kann er dennoch wertvolle Orientierungshilfen für den Prozeß der Lösungssuche leisten. Durch ihn wird deutlich, welche negativen Auswirkungen auf die Restriktionen eine radikale pauschale Präferenz mit sich bringt. Der im De-Novo-Ansatz vorgeschlagene Vergleich von Ausgangslösung und Lösung des umgestalteten Modells wird in FLOP dadurch erleichtert, daß hier lediglich Zuwächse und Abnahmen von Niveauwerten miteinander verglichen werden müssen. Er bringt dem Entscheidungsträger zusätzliche Informationen, in welchem Bereich er seinen subjektiv optimalen Kompromiß zu suchen hat.

Es ist aus zweierlei Gründen nicht zwingend, daß im globalen Referenzpunkt der maximalen Zielwerte *alle* unscharfen Nebenbedingungen so ausgelastet werden, daß sie nur noch minimale Zugehörigkeit mehr besitzen.[37] Zum einen kann es vorkommen, daß so gegensätzliche Zielsetzungen bestehen, daß eine Vergrößerung aller Ziele ab einem bestimmten Punkt, unabhängig von den bestehenden Nebenbedingungen, nicht mehr möglich ist. Die Vergrößerung der Zielwerte wird allein durch die

---

[36]   Als Beispiel hierfür seien bei einer Produktionsunternehmung der Industrie die Ziele Gewinnmaximierung und Minimierung der Umweltbelastung angeführt (obwohl langfristig die Minimierung der Umweltbelastung durchaus als Gewinnpotential angesehen werden kann).

[37]   Wie in (3.10) definiert, sind Lösungen eines fuzzy Modells nur dann zulässig, wenn alle Zugehörigkeitswerte größer als Null sind. Eine maximale Auslastung einer Restriktion bedeutet in diesem Zusammenhang dann immer, daß diese Ungleichng nur noch einen minimalen Zugehörigkeitswert besitzt, der positiv ist, aber gegen Null geht.

Konkurrenz zwischen den Zielen untereinander verhindert; an dieser Stelle können aber alle Nebenbedingungen noch zulässige Erfüllungsgrade größer als Null besitzen.

Zum anderen müssen, auch wenn sich die Ziele nicht vollständig widersprechen, nicht alle Nebenbedingungen so ausgelastet sein, daß ihr Erfüllungsgrad auf Nullniveau sinkt. Dies hängt mit der Tatsache zusammen, daß im allgemeinen in einem effizienten Lösungspunkt nicht alle Restriktionen "bindend" sind. Im Gegensatz zur Bedeutung des Begriffs in der klassischen Linearen Optimierung[38] bezieht sich hier im unscharfen Fall "bindend" allein auf Zugehörigkeitswerte und bezeichnet die Systemungleichungen, die pareto-bessere Lösungen verhindern. Aus dem Prinzip der Optimierung von Zugehörigkeitsfunktionen folgt evident, daß immer *mindestens eine* Systemungleichung existiert, deren Zugehörigkeitswert sich verkleinert, sobald bei einer beliebigen anderen Ungleichung versucht wird, ein höheres Niveau zu erreichen und die damit für die Optimierung einschränkend bindend ist.[39] Es kann zwar theoretisch nicht ausgeschlossen werden, daß im Referenzpunkt 1 alle fuzzy Restriktionen gleichzeitig bindend sind; gleichwohl erscheint dies selbst bei kleineren Problemen äußerst unwahrscheinlich. Denn dies würde bedeuten, daß genau ein Punkt existiert, an dem alle fuzzy Restriktionen gleichzeitig das Nullniveau an Zugehörigkeit erreichen und daß alle Restriktionen in der Umgebung des Referenzpunktes für einen infinitesimalen Zuwachs an Zielbefriedigung den gleichen Verlust an Zugehörigkeit aufweisen.

Im Normalfall ist der globale Referenzpunkt der maximalen Zielwerte vielmehr durch wenige bindende Nebenbedingungen gekennzeichnet. Dies bietet die Möglichkeit, Engpässe, sensitive Stellen sowie - im Zusammenhang mit den beiden anderen globalen Referenzpunkten - Bandbreiten für die Kompensation einzelner Systemungleichungen erkennen und ihre Auswirkungen analysieren zu können. Dabei kann es durchaus sein, daß die drei globalen Referenzpunkte verschiedene bindende Ungleichungen besitzen; dies bedeutet dann, daß für verschiedene Präferenztendenzen unterschiedliche Restriktionen die Erreichung höherer Niveaus verhindern. Beim Referenzpunkt 1 wird dem Entscheidungsträger vor Augen geführt, welche Restriktionen für eine sinnvolle Kompensation zur Disposition stehen, wenn seine Präferenzen mehr auf die Erreichung von hohen Zielwerten als auf die möglichst volle Einhaltung von Nebenbedingungen gerichtet sind.

---

[38] In der klassischen Linearen Optimierung sind - abgesehen vom Fall der Degeneration - immer genau so viele Restriktionen für einen Lösungspunkt bindend wie Entscheidungsvariable existieren, d.h. wie groß die Dimension des Lösungsraums ist; vgl. Bloech, J.: (Optimierung), S. 50.

[39] Bestehen keine Anspruchsniveaus oder sonstigen Präferenzartikulationen, folgt aus der gegensätzlichen Zielrichtung, daß mindestens eine Nebenbedingung und ein Ziel gleiches minimales Niveau haben und damit bindend sind.

In aller Regel existiert beim Referenzpunkt 1 mindestens eine fuzzy Restriktion, deren Zugehörigkeit bis an die Grenze der Akzeptanz ausgelastet wird und die ein Niveau nahe der Nullgrenze besitzt.[40] Nur für den Fall, daß der Entscheidungsträger die Punkte voller Zufriedenheit bei den einzelnen Zielfunktionen sehr niedrig ansetzt, kann es passieren, daß alle Zielfunktionen volles Niveau erreichen und trotzdem keine Restriktion bindend ist, d.h. alle Nebenbedingungen im Referenzpunkt noch ein positives Niveau aufweisen. In diesem Fall ist der globale Referenzpunkt ein Indiz dafür, daß die Werte voller Zufriedenheit bei den Zielfunktionen weiter angehoben werden könnten.

Rechnerisch läßt sich der globale Referenzpunkt 1 in FLOP durch die Erstellung und Lösung eines Modells ermitteln, bei dem die pauschale Erhöhung der Zielwerte dadurch erreicht wird, daß für alle unscharfen Restriktionen ein minimales Niveau zugelassen ist.[41] Bei der Optimierung dieses Modells wird für die fuzzy Restriktionen nicht mehr versucht, die Zugehörigkeit zu maximieren, sondern lediglich die Grundanforderung der Zulässigkeit erfüllt. Dazu wird in allen unscharfen Restriktionen statt des Unschärfeintervalls nur noch die untere Intervallgrenze betrachtet und mit ihr jeweils eine scharfe Nebenbedingung aufgestellt. Diese Nebenbedingungen stellen die Zulässigkeit des fuzzy Modells sicher. Bei der Optimierung wird dann ein Kompromiß zwischen den Zielen unter Einhaltung der neu festgelegten scharfen Bedingungen gesucht. Die gefundene Kompromißlösung entspricht damit dem maximalen Zielniveau unter voller Auslastung des Unschärfebereiches bei der Erfüllung der fuzzy Restriktionen.[42] Wird das so konstruierte Modell mit der Simplexmethode gelöst, kann der errechnete Lösungspunkt nun wieder in die unscharfen Restriktionen eingesetzt werden, um für diese die sich ergebenden Zugehörigkeitswerte zu bestimmen.

Bestimmung und Aussage des globalen Referenzpunktes der maximalen Zielwerte sollen an Hand des Beispiels 4-1 verdeutlicht werden. Zur Berechnung wir das Modell (4.3) wieder so transformiert, daß die Zugehörigkeit maximiert und für die unscharfen Bedingungen das Nullniveau als Restriktionsgrenze eingesetzt wird. Es ergibt sich:

---

[40] Dies ergibt sich aus der Art der Berechnung von Obergrenzen für die Ziel-Zugehörigkeitsfunktionen, bei denen per definitionem alle Restriktionen voll ausgelastet werden.

[41] Natürlich bleiben in den Referenzpunkten auch alle schon im Ausgangsproblem scharf formulierten Restriktionen ebenfalls voll erfüllt.

[42] Dies bedeutet nicht, daß alle fuzzy Restriktionen bis zur Grenze der Zulässigkeit ausgelastet werden. Die Bedingung bedeutet vielmehr, daß alle Restriktionen *mindestens* zu einem positiven Niveau nahe Null erfüllt sein müssen.

(4.11)

$$\text{Max } \lambda$$

$$\text{u.d.Nb.: } 7.5\lambda - x_1 - 2x_2 \leq -8 \quad (Z_1)$$
$$16\lambda - 4x_1 - 2x_2 \leq -24 \quad (Z_2)$$
$$x_1 + x_2 \leq 10 \quad (R_1)$$
$$x_1 \geq 4 \quad (R_2)$$
$$3x_1 + 4x_2 \leq 35 \quad (R_3)$$
$$\lambda, \quad x_1, \quad x_2 \geq 0$$

Wird der ermittelte Lösungspunkt (7.161 ; 2.839) in die unscharfen Restriktionen vom Modell (4.3) des Beispiels 4-1 eingesetzt, ergibt sich der in (4.12) wiedergegebene Referenzpunkt. Zwecks größerer Aussagekraft wird ihm der bereits ermittelte Max-Min-Referenzpunkt zur Seite gestellt:[43]

(4.12)

	Ref. 0 Max-Min	Ref. 1 Max. Zielwerte
X 1	6.837	7.161
X 2	2.571	2.839
Z 1	0.531	0.645
Z 2	0.531	0.645
R 1	0.531	0+
R 2	1.0	1.0
R 3	0.776	0.613

Es läßt sich ablesen, daß hier wiederum - wie auch beim Max-Min-Ansatz - die erste Restriktion bindend ist. Ob ohne dem bestehenden Zielkonflikt die Zufriedenheitsniveaus der beiden Ziele weiter erhöht werden könnten, ohne daß die erste Restriktion unzulässig würde, kann aus dem Referenzpunkt alleine nicht geschlossen werden.[44] Es läßt sich aber erkennen, daß eine Abnahme der Zugehörigkeit von einem Niveau von 0.531 auf ein Niveau bei Null in der ersten Restriktion in Kauf genommen werden muß, um bei den beiden verfolgten Zielen einen Zuwachs an Befriedigungsniveau von 0.531 auf 0.645 zu erreichen. Dem Entscheidenden wird dadurch in FLOP deutlich, in welchem Verhältnis eine Kompensation durchgeführt werden muß, wenn die Zielniveaus erhöht werden sollen.

---

43 Das Symbol "0+" soll die Situation kennzeichnen, in der eine Restriktion voll ausgeschöpft wird, aber noch ein positives Niveau nahe Null annimmt, damit die Lösung zulässig bleibt. Diese Darstellungsweise wird im folgenden beibehalten.

44 Dies ist aber deshalb anzunehmen, da beide Zielfunktionen auf identischem Niveau erfüllt werden, was auf eine direkte einschränkende Konkurrenz auch in diesem Punkt schließen läßt.

Des weiteren wird ersichtlich, daß die Einhaltung der dritten Restriktion zwar in beiden Punkten nicht vollständig gewährleistet ist, eine Erhöhung der Anspruchsniveaus bei den Zielen aber nicht dazu führt, daß bei ihr wesentliche Erfüllungseinbußen hingenommen werden müssen. Die Errechnung der beiden Referenzpunkte macht dem Entscheidungsträger deutlich, daß die dritte Restriktion gegenüber einer Zielniveauvergrößerung nicht besonders sensitiv reagiert.

4.2.2.4.   Referenzpunkt der maximalen Erfüllung der Restriktionen

Neben der Berechnung des Referenzpunktes nach dem Max-Min-Ansatz und des Punktes maximaler Zielwerte wird dem Entscheidungsträger in FLOP noch ein dritter globaler Referenzpunkt als Orientierungshilfe für die weitere Suche nach einer für ihn optimalen Kompromißlösung zur Verfügung gestellt. Um die gesamte Bandbreite möglicher Kompensation auszuloten, wird beim Referenzpunkt der maximalen Erfüllung der Restriktionen ("Referenzpunkt 2") versucht, die Zugehörigkeit der Nebenbedingungen zu maximieren, ohne Rücksicht auf das Befriedigungsniveau der Ziele zu nehmen; die einzige Einschränkung besteht wieder in der Zulässigkeit der Lösung. Der Referenzpunkt entspricht daher dem der maximalen Zielwerte mit umgekehrten Vorzeichen zwischen Zielen und Nebenbedingungen.

Im Referenzpunkt 2 wird die extreme Situation beschrieben, in der die Präferenzen des Entscheidungsträgers vollständig auf das Erfüllen der Nebenbedingungen ausgerichtet sind und diese Präferenzen den Wunsch nach möglichst hohen Zielwerten dominieren. Wie schon beim anderen extremen Referenzpunkt 1 erfolgt die Erstellung in erster Linie nicht in der Absicht, einen realistischen Lösungsvorschlag zu errechnen; vielmehr soll ein Überblick verschafft werden. Wie beim Referenzpunkt der maximalen Zielwerte sind dabei auch in diesem Fall in aller Regel nicht alle Zielfunktionen bindend, so daß auch bezüglich dieses Referenzpunktes zwischen kritischen und weniger sensitiven Systemungleichungen unterschieden werden kann.

Die Berechnung des Referenzpunktes 2 in FLOP erfolgt nach dem gleichen Prinzip wie beim Referenzpunkt 1. Optimiert wird wiederum ein Modell, bei dem für alle fuzzy Restriktionen ein Repräsentant des Unschärfeintervalls herausgegriffen wird, und diese so in eine deterministische Form gebracht werden. Im Referenzpunkt 2 erfolgt die Optimierung stufenweise. Ausgangspunkt ist die Lösung des Max-Min-Ansatzes, da bei ihr ein Niveau existiert, das alle Nebenbedingungen erreichen und bei dem auf der anderen Seite die Zielniveaus sämtlich größer als Null (in diesem Fall sogar größer oder gleich dieses Niveaus) sind. In der nächsten Iteration werden dann die Anspruchsniveaus aller fuzzy Restriktionen auf 1.0 gesetzt, d.h. die zulässigen

Lösungen dieses Modells erfüllen alle Restriktionen des Originalproblems in vollem Maße. Aus diesem zweiten Modell können sich zwei verschiedene Folgesituationen ergeben, die getrennt voneinander zu behandeln sind.

Einerseits ist es möglich, daß alle fuzzy Nebenbedingungen voll eingehalten werden und dennoch bei sämtlichen Zielfunktionen ein Befriedigungsniveau größer als Null erreicht werden kann. Dies bedeutet, daß die untersten Akzeptanzschwellen für alle Zielwerte vom Entscheidungsträger so festgesetzt worden sind, daß von ihnen ausgehend alle Restriktionen voll eingehalten werden können; die Zielfunktionen sind auf einem niedrigen Befriedigungsniveau für die Restriktionen nicht einschränkend und bindend. Erst wenn an die Zielniveaus höhere Ansprüche gestellt werden, führt dies zu Einbußen an Erfüllung bei den unscharfen Restriktionen.

Eine andere Situation tritt ein, wenn eine Erhöhung aller Restriktions-Anspruchsniveaus auf das volle Niveau 1.0 zur Unlösbarkeit des Modells führt; bevor alle Nebenbedingungen voll eingehalten werden können, kommt es dazu, daß mindestens eine Zielfunktion keine positive Zugehörigkeit mehr besitzt. Die sich aus der Unlösbarkeit ergebende Frage lautet, ab welchem Niveau der Erfüllung der Nebenbedingungen die Unzulässigkeit der bindenden Zielfunktion(en) beginnt.

In FLOP wird in einem solchen Fall eine iterative Intervallschachtelung benutzt, um das Niveau zu bestimmen, ab dem bei mindestens einer Zielfunktion die unterste Akzeptanzschwelle erreicht ist. Ausgangspunkt ist das Intervall, das sich aus einer zulässigen und einer unzulässigen Lösung zusammensetzt. Das gesuchte Niveau muß im Bereich zwischen dem Niveau des Max-Min-Ansatzes, der eine zulässige Lösung ergibt, und dem vollen Niveau 1.0, das zu einem unlösbaren Modell führt, liegen. Davon ausgehend wird jeweils die Intervallmitte auf Zulässigkeit getestet, indem die Anspruchsniveaus der unscharfen Restriktionen auf dieses mittlere Niveau gesetzt werden und dann die Verträglichkeit dieser Ansprüche mit den Zielniveaus untersucht wird; in jedem Fall kann das Intervall, in dem das gesuchte Niveau liegen muß, danach halbiert werden. Die iterative Prozedur wird beendet, wenn das Niveau weit genug eingegrenzt ist.[45]

Die Vorgehensweise bei der Berechnung des Referenzpunktes 2 soll wiederum am Beispiel 4-1 veranschaulicht werden. Um zu testen, ob eine zulässige Lösung existiert, bei der alle Restriktionen des Problems voll erfüllt sind, kann das Modell (4.11) verwendet werden, indem statt der schwachen jetzt die scharfen Grenzen des Unschärfeintervalls zum vollen Niveau als Restriktionsgrenzen eingesetzt werden:

---

[45] Der linguistisch unscharfe Ausdruck "weit genug" bedeutet in FLOP, daß die Größe des Intervalls, in dem sich das gesuchte Niveau befindet, kleiner als 0.002 ist.

(4.13) $\text{Max } \lambda$

$$u.d.Nb.: \quad 7.5\lambda - x_1 - 2x_2 \leq -8 \quad (Z_1)$$
$$16\lambda - 4x_1 - 2x_2 \leq -24 \quad (Z_2)$$
$$x_1 + x_2 \leq 8 \quad (R_1)$$
$$x_1 \geq 4 \quad (R_2)$$
$$3x_1 + 4x_2 \leq 28 \quad (R_3)$$
$$\lambda, \quad x_1, \quad x_2 \geq 0$$

Im Beispiel ist das so aufgestellte Modell lösbar. Dies bedeutet, daß der Punkt (6.068;1.938) alle Restriktionen des Problems voll erfüllt und dennoch bei den beiden Zielen ein Befriedigungsniveau von 0.259 erreicht. Der so ermittelte Referenzpunkt 2 ist in (4.14) im Zusammenhang mit den beiden anderen globalen Orientierungshilfen aufgeführt.

(4.14)

	Ref. 0 Max-Min	Ref. 1 Max. Zielwerte	Ref. 2 Max. Erfüllung NB
X 1	6.837	7.161	6.068
X 2	2.571	2.839	1.938
Z 1	0.531	0.645	0.259
Z 2	0.531	0.645	0.259
R 1	0.531	0+	1.0
R 2	1.0	1.0	1.0
R 3	0.776	0.613	1.0

Da bei diesem Referenzpunkt keine Zielfunktion bindend ist, d.h. die Erfüllung der Restriktionen einschränkt, wird ersichtlich, daß auch keines der verfolgten Ziele besonders sensitiv in bezug auf die Erhöhung von Erfüllungsgraden der Nebenbedingungen ist. Im Vergleich zu den beiden anderen globalen Referenzpunkten wird insgesamt deutlich, in welchem Rahmen bei allen Systemungleichungen Ansprüche gesetzt werden können und für welche Ziele und Nebenbedingungen Kompensationen in Frage kommen; dabei läßt sich die Analyse differenzieren nach Kompensationen, die eine Niveauverbesserung einer Zielfunktion zum Ziel haben und solchen, die die Erfüllung einer Nebenbedingung verbessern wollen.

Es zeigt sich, daß gegenüber dem Max-Min-Ansatz bei beiden Zielen ein Rückgang des Niveaus von 0.531 auf 0.259 in Kauf genommen werden muß, um die erste und dritte Restriktion voll erfüllen zu können; trotzdem verbleibt ein gewisses Niveau an Zufriedenheit. Dies hat seine Ursache in der Festlegung der Akzeptanzuntergrenzen der Ziele. Wäre der Entscheidungsträger anspruchsvoller gewesen und hätte seine Akzeptanzbereiche schärfer gefaßt, hätte sich eine Situation ergeben, bei der nicht mehr alle Nebenbedingungen voll hätten erfüllt werden können.

An einem Beispiel soll auch der andere mögliche Fall innerhalb der Berechnung des Referenzpunktes 2 illustriert werden, bei dem die Nebenbedingungen auf Grund der Forderung nach Zulässigkeit der Ziel-Zugehörigkeitsfunktionen nicht zu vollem Niveau eingehalten werden können. Dazu sei im Beispiel 4-1 angenommen, daß der Entscheidungsträger bei der zweiten Zielfunktion die Akzeptanzuntergrenze nicht bei 24, sondern bei 35 Werteinheiten festgelegt hätte. Das veränderte Modell führt auch zu neuen Referenzpunkten; so läßt sich beispielsweise beim Referenzpunkt 0 des Max-Min-Ansatzes nur noch ein Mindestniveau λ_0 von 0.391 erreichen. Für den hier betrachteten Referenzpunkt 2 würde das dazu führen, daß nicht alle Nebenbedingungen voll eingehalten werden können. Die zweite Zielfunktion erreicht ihre Akzeptanzuntergrenze, bevor die erste Restriktion volles Niveau annimmt. Die Bestimmung des Referenzpunktes 2 wird demzufolge mit Hilfe der beschriebenen Intervallschachtelung durchgeführt. Ausgegangen wird von den Niveaus 0.391 und 1.0, die zu zulässigen beziehungsweise unzulässigen Lösungen führten. Die weitere Eingrenzung des gesuchten Niveaus N^* erfolgt dann wie folgt:

$$
\begin{array}{lllll}
(4.15) & 1. & N^* \in [0.391\,;\,1.0] & \Rightarrow \text{ teste } 0.696 & \Rightarrow \text{ lösbar} \\
& 2. & N^* \in [0.695\,;\,1.0] & \Rightarrow \text{ teste } 0.848 & \Rightarrow \text{ unlösbar} \\
& 3. & N^* \in [0.695\,;\,0.848] & \Rightarrow \text{ teste } 0.771 & \Rightarrow \text{ unlösbar} \\
& & \vdots & & \\
& 10. & N^* \in [0.7483\,;\,0.7495] & \Rightarrow \text{ Intervall} < 0.002 & \Rightarrow \text{ Abbruch} \\
& & \Rightarrow N^* = 0.749 & &
\end{array}
$$

Dies ergibt im Resultat folgenden Referenzpunkt 2, dem zur Veranschaulichung wieder die beiden übrigen Referenzpunkte zur Seite gestellt sind:

(4.16)

	Ref. 0 Max-Min	Ref. 1 Max. Zielwerte	Ref. 2 Max. Erfüllung NB
X 1	8.674	8.625	8.753
X 2	1.130	1.375	0
Z 1	0.391	0.45	0.1
Z 2	0.391	0.45	0+
R 1	0.391	0+	0.749
R 2	1.0	1.0	1.0
R 3	0.797	0.73	1.0

Im weiteren Verlauf werden für die Zielfunktionen wieder die Akzeptanzuntergrenzen (4.9) angenommen, die zu den Referenzpunkten in (4.14) führen. Der dortige Referenzpunkt 2 bildet die Ausgangsbasis zu weitergehenden Überlegungen. Da alle Nebenbedingungen voll erfüllt werden können und die Zielfunktionen trotzdem alle ein Niveau größer als Null besitzen, erscheint zumindest überlegenswert, die Untergrenzen der Ziel-Zugehörigkeitsfunktionen anzuheben. Der Referenzpunkt 2 stellt in dieser Situation logisch eine Untergrenze dar, die auch im für die Ziele ungünstigsten Fall nicht unterschritten zu werden braucht. Unter der Prämisse, daß nichts akzeptiert werden sollte, was noch unter dem "worst-case"-Fall liegt, scheint es naheliegend, die Untergrenzen der Zielfunktionen auf den Wert heraufzusetzen, der im Referenzpunkt erreicht ist. Das derartig veränderte Modell bringt dann natürlich mit sich, daß auch eventuell eingegebene Stützstellen der Zielfunktionen vom Entscheidungsträger entsprechend anzupassen sind und die beiden anderen globalen Referenzpunkte auf Grund der veränderten Modellstruktur neu berechnet werden müssen.[46]

Im Beispiel 4-1 hieße dies folgendes: Im Referenzpunkt 2 sind alle Nebenbedingungen voll erfüllt, trotzdem haben die beiden Zielfunktionen noch ein Zufriedenheitsniveau von 0.259. Werden diese Niveaus in die ursprünglichen Einheiten der beiden Zielfunktionen transformiert, so ergeben sich die Werte:

$$(4.17) \qquad Z_1 \approx 9.94$$
$$Z_2 \approx 28.15$$

Diese können nun als neue Akzeptanzuntergrenzen verwendet werden, da sie auch dann erreichbar sind, wenn alle unscharfen Restriktionen auf Kosten der Zielfunktionen voll eingehalten werden. Die Untergrenzen für die Zielwerte der beiden Zielfunktionen des Beispiels 4-1 verändern sich dann wie folgt:

$$(4.18) \qquad \textit{vorher:} \ Z_1 \in [8\,;\,15.5] \qquad\qquad \textit{nachher:} \ Z_1 \in [9.94\,;\,15.5]$$
$$Z_2 \in [24\,;\,40] \qquad\qquad\qquad Z_2 \in [28.15\,;\,40]$$

Bei einer solchen Anpassung sollte allerdings nicht außer acht gelassen werden, daß die Erstellung von Akzeptanzober- und -untergrenzen die subjektiven Vorstellungen des Entscheidungsträgers widerspiegeln sollen. Eine Änderung der Intervallgrenzen kann demnach dem Entscheidungsträger nur *vorgeschlagen* werden. Erst wenn dieser dann auf Grund der dargebotenen Informationen auch seine Vorstellungen ändert, sollte das formale Modell dem neuen mentalen Modell angepaßt werden. Die Vorgehensweise sollte wie bei der Bestimmung der Akzeptanzuntergrenzen der Zielfunktionen ausgelegt sein, indem der Entscheidungsträger von dem Richtwert in beiden Richtungen abweichen kann, sobald dies seinen subjektiven Wertschätzungen entspricht.

Für eine kritische Begutachtung der neuen Untergrenzen spricht auch, daß beim Referenzpunkt 2 lediglich eine globale Sichtweise verfolgt wird, bei der Ziele und Neben-

---

[46] Neuberechnungen der globalen Referenzpunkte sind *immer* erforderlich, sobald eine beliebige Ungleichung des Ausgangmodells verändert worden ist.

bedingungen jeweils zusammenhängend betrachtet werden. Aussagen über die Kompensationsmöglichkeiten *zwischen* den Zielen werden dabei nicht untersucht. Für den Fall einer globalen Präferenz der Restriktionen gegenüber den Zielen und sehr hoher Präferenzunterschiede zwischen den Zielen lassen sich Situationen konstruieren, in denen ein Punkt durch die Anhebung der Akzeptanzuntergrenzen wie in (4.18) aus der Lösungssuche ausgeschlossen würde, obwohl ihn der Entscheidungsträger gegenüber anderen, nicht ausgeschlossenen Lösungspunkten präferiert. Dies zeigt, daß zuerst untersucht werden sollte, wie die Vorstellungen des Entscheidenden tatsächlich ausgestaltet sind, bevor Modellveränderungen durchgeführt werden. Eine solche Untersuchung wird dadurch erreicht, daß die Entscheidung über Beibehaltung oder Änderung der Untergrenzen dem Entscheidungsträger selbst überlassen wird.

Dies ist im System FLOP realisiert. Tritt bei der Berechnung des Referenzpunktes 2 der Fall ein, daß alle Nebenbedingungen voll erfüllt werden können und dennoch das Niveau sämtlicher Zielfunktionen größer als Null ist, so werden daraus neue potentielle Untergrenzen errechnet. Dem Entscheidungsträger wird mitgeteilt, daß eine Erhöhung der Untergrenzen möglich ist. Ändert dieser daraufhin seine Vorstellungen, kann dies im Modell nachvollzogen werden, wobei das System die neu errechneten Untergrenzen als Orientierung anbietet. Falls der Benutzer keine Änderung der Akzeptanzuntergrenzen für die Ziele wünscht, wird die Suche nach der besten Kompromißlösung mit dem bestehenden Modell unverändert fortgesetzt.

Mit der Erstellung der drei Referenzpunkte sind dem Entscheidungsträger Hilfen zur Hand gegeben, an denen er sich bei der Suche nach dem für seine subjektiven Vorstellungen optimalen Kompromiß immer wieder global orientieren kann. Die Suche selbst ist dadurch gekennzeichnet, daß bei ihr nicht nur globale Präferenzen zwischen Zielen und Nebenbedingungen ausgedrückt werden, wie es in den Referenzpunkten der Fall ist, sondern daß der Entscheidungsträger hier spezielle Vorstellungen und Wertschätzungen über einzelne Ziele und/oder Restriktionen mit Hilfe von Anspruchsniveaus im Modell wiedergibt.

4.2.3. Optimieren mit Anspruchsniveaus

4.2.3.1. Vorgehensweise der Optimierung mit Anspruchsniveaus

Im klassischen Ansatz der Linearen Fuzzy Optimierung wird die optimale Lösung des Ausgangsproblems durch eine Schnittmengenbildung unscharfer Mengen auf der Grundlage des Minimum-Operators ermittelt. Der Entscheidungsträger ist nicht in der Lage, seine Präferenzen und Urteile über die Wertigkeit verschiedener Systemungleichungen zu artikulieren, da die Optimierung alleine auf die Maximierung des kleinsten Zugehörigkeitswertes gerichtet ist und dabei zwischen einzelnen Ungleichungen keine Unterscheidung getroffen werden kann.

In FLOP wird es durch die Verwendung von Anspruchsniveaus möglich, die subjektiven Vorstellungen des Entscheidungsträgers in die Optimierung mit einzubeziehen. Mit ihrer Hilfe ist es dem Benutzer möglich, auf die Werte bestimmter Ziele oder Nebenbedingungen gezielt Einfluß zu nehmen. Grundlage der Optimierung bleibt dabei der Minimum-Operator und die damit verbundene Maximierung minimaler Zugehörigkeitswerte.

Durch das Setzen von Anspruchsniveaus kann in FLOP der Nachteil des Minimum-Operators durchbrochen werden, daß sich die errechnete Lösung ausschließlich nach dem kleinsten Zugehörigkeitswert richtet und damit einer zu pessimistischen Grundeinstellung entspricht. Es wird zwar bei der Optimierung weiterhin versucht, alle Niveaus so weit wie möglich anzuheben, doch verhindert ein tiefer Zugehörigkeitswert jetzt nicht mehr notwendigerweise das Erreichen hoher Niveaus bei anderen Zielen oder Restriktionen; das minimale Niveau determiniert nicht mehr das Gesamtniveau aller anderen Zugehörigkeitswerte. Gerade dieser Punkt führte empirischen Untersuchungen zufolge dazu, daß die Lösungen einer Optimierung mit dem Minimum-Operator nicht den Vorstellungen der Entscheidenden entsprachen und somit das Modell in der Praxis nicht sinnvoll angewendet werden konnte.[47]

Des weiteren wird durch die Kombination von Anspruchsniveaus und Minimum-Operator erreicht, daß einerseits der Entscheidungsträger bequem seine Präferenzen im Modell ausdrücken kann, aber andererseits dennoch ein fuzzy Modell vorliegt, das in eine mit einem Standardverfahren der Linearen Optimierung lösbare Form transformiert werden kann. Es bleibt dadurch gewährleistet, daß *alle* errechneten Lösungen effizient sind. Die Unterschiede in den einzelnen pareto-optimalen Lösungspunkten entstehen lediglich durch die verschiedenen Präferenzen, die der Entscheidungsträger in bezug auf die Systemungleichungen äußert.

Realisiert wird eine solche Kombination von Anspruchsniveau und Maximierung minimaler Zugehörigkeit in FLOP durch verschiedene Formen der Transformation des Grundproblems in das vom Simplexverfahren zu lösende Modell. Den Ausgangspunkt der Optimierungsrechnungen bildet eine Transformation des Ausgangsproblems in ein Modell der Art (3.23), beziehungsweise bei stückweise linearen Zugehörigkeitsfunktionen der Art (3.27). Werden nun für bestimmte Ungleichungen des ursprünglichen Problems Anspruchsniveaus festgesetzt, führt dies in FLOP zu einer veränderten Transformation: Zuerst wird vom System errechnet, welchem Wert in der Einheit der betreffenden Ungleichung das gesetzte Anspruchsniveau entspricht.

---

47 Vgl. Abschnitt 3.2.2.2.

Danach wird eine neue, deterministisch-scharfe Nebenbedingung konstruiert, mit der die Forderung ausgedrückt wird, daß ein errechneter Lösungspunkt bezüglich der betrachteten Ungleichung *mindestens* einen Wert erreicht, der das Anspruchsniveau erfüllt.

Für das Modell des Beispiels 4-1 und Zielober- und -untergrenzen nach (4.9) würde beispielsweise ein Festlegen eines Anspruchsniveaus von 0.6 für die erste Zielfunktion zu folgender neuer Nebenbedingung führen:

$$(4.19) \quad f_{Z_1}(X) = \begin{cases} 1 & f\ddot{u}r & x_1 + 2x_2 \geq 15.5 \\ \frac{x_1+2x_2-8}{15.5-8} & f\ddot{u}r & 8 \leq x_1 + 2x_2 < 15.5 \\ 0 & f\ddot{u}r & x_1 + 2x_2 < 8 \end{cases}$$

$$\Rightarrow f_{Z_1}(12.5) = 0.6$$

$$\Rightarrow x_1 + 2x_2 \geq 12.5 \qquad (Z_1)$$

Durch das Hinzufügen der neuen Bedingung braucht die alte Ziel-Zugehörigkeitsfunktion nicht mehr transformiert zu werden; es besteht für diese Ungleichung in der Optimierung nun nicht mehr das Ziel, größer oder gleich dem minimalen Zugehörigkeitswert zu sein (wie es bei einer normalen Transformation der Fall wäre), angestrebt wird vielmehr allein das Erreichen oder Übertreffen des gesetzten Anspruchsniveaus. Die auf Grund der alten Bedingung aus der Zugehörigkeitsfunktion des Zieles abgeleiteten Bedingungen für das transformierte Modell können gestrichen werden. Das Setzen von Anspruchsniveaus bedeutet demnach ein Herauslösen der betreffenden Ungleichung aus dem - weiterhin parallel durchgeführten - Prozeß der Maximierung der Zugehörigkeitswerte. Das Niveau der gelösten Ungleichung richtet sich ausschließlich nach dem gesetzten Anspruch und kann demnach sowohl höher als auch niedriger als der minimale Zugehörigkeitswert der Fuzzy Optimierung sein.[48]

Der Vorgang kann auch so interpretiert werden, daß durch die Bestimmung eines Anspruchsniveaus ein Wert festgelegt wird, der dem gewünschten Niveau entspricht und der mindestens erreicht werden soll; die Abbildung in das transformierte Modell wird durch diesen deterministischen Repräsentanten ersetzt. Innerhalb der Maximierung aller Zugehörigkeitswerte wird dann eine solche Bedingung genauso behandelt wie die scharfen Restriktionen des Ausgangsproblems. Wie bei diesen kann es für so konstruierte Modelle auch nur dann zulässige Lösungen geben, wenn die neu aufgestellten scharfen Bedingungen voll eingehalten werden; dies entspricht dann dem Erreichen des gesetzten Anspruchsniveaus. Lassen sich die Anspruchsniveaus dage-

---

[48] Dies bedeutet, daß das Setzen von Anspruchsniveaus nicht nur zum Anheben, sondern genauso zum Senken von Ansprüchen verwendet werden kann; darauf wird näher im folgenden Abschnitt eingegangen.

gen nicht erreichen, besitzen die Restriktionen im transformierten Modell einen Erfüllungsgrad von Null und stellen damit die minimale Zugehörigkeit dar.

Wird im Beispiel 4-1 lediglich bei der ersten Zielfunktion ein Anspruchsniveau von 0.6 gesetzt, führt dies gemäß (4.19) zu folgendem transformierten Modell:

$$(4.20) \qquad \text{Max} \quad \lambda$$

$$\text{u.d.Nb.:} \qquad \begin{aligned} x_1 + 2x_2 &\geq 12.5 \ (Z_1) \\ 16\lambda - 4x_1 - 2x_2 &\leq -24 \ (Z_2) \\ 3\lambda + x_1 + x_2 &\leq 11 \ (R_1) \\ 0.5\lambda + x_1 + x_2 &\leq 10 \ (R_1) \\ x_1 &\geq 4 \ (R_2) \\ 12.5\lambda + 3x_1 + 4x_2 &\leq 40.5 \ (R_3) \\ 3.\bar{3}\lambda + 3x_1 + 4x_2 &\leq 35 \ (R_3) \\ \lambda, \quad x_1, \quad x_2 &\geq 0 \end{aligned}$$

Wird die bezüglich dieses Modells optimale Lösung in die originären Ungleichungen eingesetzt, lassen sich daraus auch die Niveaus der Erfüllung beziehungsweise Einhaltung ermitteln:

$$(4.21) \quad \Rightarrow \quad \begin{aligned} x_{1,opt} &= 6.5 \\ x_{2,opt} &= 3.0 \end{aligned} \qquad AN: \Rightarrow \quad \begin{aligned} Z_1 &= 0.6 \\ Z_2 &= 0.5 \\ R_1 &= 0.5 \\ R_2 &= 1.0 \\ R_3 &= 0.72 \end{aligned}$$

In der optimalen Lösung werden sowohl die scharfe Restriktion R_2 als auch die neu konstruierte, aus dem gesetzten Anspruchsniveau resultierende Bedingung für das erste Ziel Z_1 voll eingehalten. Es zeigt sich, daß die Erfüllung des Anspruchs bezüglich des Zieles dazu führt, daß bei allen anderen unscharfen Systemungleichungen - gegenüber der Lösung ohne Anspruchsniveaus - Einbußen an Zugehörigkeit in Kauf genommen werden müssen. Durch die bestehende Konkurrenz zwischen den Zielen führt ein Anspruchsniveau von 0.6 auch für das zweite Ziel zu einer - wenn auch geringen - Einbuße an Zufriedenheit.[49] Außerdem bringt die gegensätzliche Richtung von Zielerhöhung und Restriktionseinhaltung mit sich, daß beide fuzzy Restriktionen nun im Vergleich zur Lösung ohne Anspruchsniveaus nur zu einem geringerem Grad erfüllt sind.

Bindend sind in dem errechneten Lösungspunkt das zweite Ziel und die erste Restriktion. Denn unter der Prämisse, daß die scharfe zweite Nebenbedingung und der als scharfe Bedingung neu formulierte Anspruch beim ersten Ziel erfüllt werden, ist es

---

[49] Die verglichene Max-Min-Lösung ist unter anderem in (4.14) wiedergegeben.

die Konkurrenz zwischen diesen beiden Systemungleichungen, die verhindert, daß der minimale Zugehörigkeitswert von 0.5 Niveaupunkten weiter angehoben kann. Es wird deutlich, daß die Optimierung der Niveaus weiterhin nach dem Grundsatz des Max-Min-Ansatzes erfolgt; die gesetzten Anspruchsniveaus sind dabei durch in jedem Fall zu erfüllende Grundvoraussetzungen in die Optimierung integriert, was durch die Formulierung in neuen, scharfen Nebenbedingungen erreicht wird.

Auch für den Fall, daß das Anspruchsniveau des ersten Zieles beispielsweise auf 0.2 festgelegt worden wäre, besäße diese Ungleichung keinen bindenden Charakter. Sobald das Anspruchsniveau erfüllt ist, wird der betreffenden Ungleichung im optimierten Modell volle Zugehörigkeit zugesprochen, wodurch sie dann für die Maximierung minimaler Zugehörigkeit nicht mehr bindend sein kann. Auf diese Weise wird der unrealistische Ansatz der Max-Min-Optimierung durchbrochen, da jetzt durch das Setzen eines niedrigen Anspruchsniveaus bei einer bindenden Ungleichung das gesamte Erfüllungsniveau des Problems angehoben werden kann, ohne daß der kleine Zugehörigkeitswert dieser Ungleichung als "schwächstes Glied der gesamten Kette" dies verhindert.

Zu klären bleibt im Rahmen der Optimierung mit Anspruchsniveaus noch die Frage, wie im System FLOP die Situationen behandelt werden, in denen die vom Entscheidungsträger gesetzten Anspruchsniveaus *nicht* erfüllt werden können. Eine solche Situation bedeutet, daß mit der Maximierung der Zugehörigkeitswerte gar nicht begonnen werden kann, da die als Grundvoraussetzung geforderte Erfüllung aller Ansprüche - unter Beibehaltung der Zulässigkeit bei allen anderen Ungleichungen - nicht zu realisieren ist. Die einfachste Möglichkeit der Behandlung läge darin, dem Entscheidungsträger die Unlösbarkeit des Modells mitzuteilen; als Folge müßte dann mindestens ein Anpruch solange gesenkt werden, bis eine Kombination der Entscheidungsvariablen gefunden wird, die den Ansprüchen genügt und zudem im Bereich insgesamt zulässiger Punkte liegt.

Allerdings weist ein Reduzieren einzelner Anspruchsniveaus den Nachteil auf, daß dadurch die impliziten Verhältnisse zwischen den Systemungleichungen verändert werden. Bei der sich ergebenden, auf Grund der Anspruchsniveaureduzierung zulässigen Lösung sind die Proportionen zwischen hohen und tiefen Zugehörigkeitswerten sowie die Kompensationsverhältnisse notgedrungen verschoben.[50] Um dies zu verhindern, wird in FLOP bei Unlösbarkeit des Systems als zusätzliche Hilfestellung für den Entscheidungsträger eine Projektion der Lösung auf den effizienten Rand des

---

[50] Natürlich könnte auch der Entscheidende selbst die Ansprüche so reduzieren, daß die Niveaus in einem konstanten Verhältnis zueinander verbleiben. Dies erfordert jedoch zum einen einen hohen Aufwand, da *alle* Anspruchsniveaus verändert werden müßten, zum anderen müßte der Entscheidungsträger dann auch selbständig berechnen, welche Ansprüche zu einem gleichbleibenden Verhältnis führen.

Lösungspolyeders vorgenommen. Dies bedeutet, daß die zu hoch gesetzten Anspruchsniveaus in gleichbleibendem Verhältnis zueinander solange reduziert werden, bis der effiziente Rand des zulässigen Bereiches erreicht ist.[51]

Die Projektion einer unzulässigen Lösung auf den effizienten Rand des Lösungspolyeders entspricht der Vorgehensweise vieler Verfahren der Linearen Optimierung unter mehrfacher Zielsetzung. Insbesondere ist sie vergleichbar mit dem Referenzpunktverfahren von WIERZBICKI & LEWANDOWSKI, bei dem für jede bestehende Zielfunktion ebenfalls Anspruchsniveaus festgelegt werden und im Falle der Nichterreichbarkeit dieser Ansprüche eine Projektion auf den effizienten Rand des Lösungspolyeders erfolgt.[52] Der Unterschied zu FLOP besteht darin, daß in FLOP grundsätzlich die Datenunschärfe zum Auflösen von Zielkonflikten verwendet wird; erst wenn dies nicht mehr möglich ist, werden die Ansprüche auf den Lösungsrand projiziert.

Für die schrittweise Reduktion der Anspruchsniveaus existieren allerdings in FLOP Untergrenzen. Diese greifen immer dann, wenn Anspruchsniveaus in sehr unterschiedlicher - und nicht erreichbarer - Höhe festgelegt worden sind. Würden die Anspruchsniveaus dann im gleichen Verhältnis reduziert, kann es dazu kommen, daß die "tiefen" Anspruchsniveaus sehr geringes Niveau annehmen und sich sogar dem Nullniveau nähern, während die "hohen" Niveaus die Lösbarkeit weiterhin verhindern. Um dies zu vermeiden, wird in FLOP dafür Sorge getragen, daß bei allen Anspruchsniveaus ein Mindestmaß an Erfüllung beibehalten wird; Ansprüche werden nur bis zu diesem Niveau reduziert.

Die Berechnung dieser Maßgröße erfolgt mit Hilfe der Niveaus $\lambda_{0,i}$, welche die fuzzy Ungleichungen in der Max-Min-Lösung annehmen, und einer vom Entscheidungsträger anzugebenden maximalen Kompensationsweite.[53] Es kann in FLOP zwischen "kleiner" (=0.25), "normaler" (=0.4) und "großer" (=0.5) Kompensation gewählt werden.[54] Entscheidet sich der Entscheidungsträger z.B. für den mittleren Wert,[55] bedeutet dies im Zusammenhang mit der Reduktionsuntergrenze folgendes: Im Fall

---

[51]   Eine solche Projektion entspricht einer Minimierung des Abstandes vom Punkt zum zulässigen Bereich bei Verwendung der euklidischen Metrik.

[52]   Vgl. Lewandowski, A.; Wierzbicki, A.: (Decision), S. 3 - 20. Zu diesem Verfahren vgl. auch Abschnitt 3.3.2.

[53]   Die Lösung λ_0 des Max-Min-Ansatzes sagt aus, daß alle Ungleichungen mindestens dieses Niveau erreichen und nur die bindenden Restriktionen genau λ_0 annehmen. Der Wert $\lambda_{0,i}$ beschreibt demnach das Niveau der i-ten fuzzy Restriktion in der Max-Min-Lösung mit $\lambda_{0,i} \geq \lambda_0$ für alle Ungleichungen.

[54]   Die Eingabe der maximal gewünschten Kompensationsweite ist in FLOP auch noch in einem anderen Zusammenhang von Bedeutung; darauf wird näher in Abschnitt 4.2.4. eingegangen.

[55]   Wie die Bezeichnung "normal" bereits andeutet, geht FLOP von der mittleren Weite als "default"-Wert aus, sofern kein anderer Wert explizit eingegeben wird.

der Unlösbarkeit können Anspruchsniveaus nur reduziert werden, solange sie größer sind als $(\lambda_{0,i} - 0.4)$; falls $\lambda_{0,i}$ selbst kleiner als die Kompensationsweite 0.4 sein sollte, wird keine explizite Untergrenze für die Anspruchsniveaureduzierung gesetzt. Im Beispiel 4-2 soll die Reduzierung von Anspruchsniveaus bei einem unlösbaren Modell veranschaulicht werden.

Beispiel 4-2: Der Entscheidungsträger habe eine normale Kompensationsweite gewählt. Die Lösung des Max-Min-Ansatzes sowie die sich ergebenden Untergrenzen einer Reduzierung der Anspruchsniveaus für den Fall, daß die gesetzten Ansprüche nicht erreichbar sind, sind (4.22) zu entnehmen.

(4.22)

	Obergrenze = Max-Min-Lösung	Untergrenze bei mittlerer Kompensation (w = 0.4)
Z1	0.531	0.131
Z2	0.531	0.131
R1	0.531	0.131
R2	1.0	1.0
R3	0.776	0.376

Die Berechnung muß für die Lösungssuche nur einmal berechnet werden, da diese Untergrenzen unabhängig von den (zu hoch) gesetzten Ansprüchen sind. Dies bedeutet, daß in FLOP vor Beginn der Lösungssuche für alle Ansprüche ein Mindestmaß an Erfüllung errechnet wird; eine Reduktion eines Erfüllungsgrades unter diese Schwelle im Zuge einer Projektion auf den zulässigen Rand des Lösungspolyeders wird dann nicht zugelassen.[56]

Es seien im Beispiel 4-2 vom Entscheidungsträger für die erste und zweite Zielfunktion des Modells (4.3) ein Anspruchsnvieau von 0.9 und für die erste Restriktion ein Anspruchsniveau von 0.15 festgelegt. Die Erfüllung dieser Ansprüche des Beispiels 4-2 - zusammen mit der Erfüllung der scharfen zweiten Restriktion - stellen zu hohe Anforderungen, die auch durch niedrige Erfüllungsgrade bei den restlichen unscharfen Systemungleichungen nicht ausgeglichen werden können; das Problem ist unlösbar. Werden daraufhin alle Ansprüche im gleichen Verhältnis bis zur Lösbarkeit reduziert,[57] würde dies bei der ersten Restriktion zu einem Anspruch nahe des Nullniveaus führen. Stattdessen wird diese Ungleichung nur bis auf das Mindestmaß von

---

[56] Wäre z.B. $\lambda_{0,R1} = 0.331$ gewesen, hätte sich in FLOP ein Mindestmaß von 0 ergeben, da die volle Kompensationsweite in diesem Fall gar nicht ausgenutzt werden kann.

[57] Die Reduzierung "bis zur Lösbarkeit" bedeutet, daß dann Punkt existiert, bei dem einerseits die gesetzten Anspruchsniveaus erfüllt werden können und zudem andererseits alle übrigen Systemungleichungen eine positive Zugehörigkeit aufweisen.

0.131 reduziert, während die Ansprüche des ersten und zweiten Zieles - in zueinander weiterhin konstantem Verhältnis - bis zur Lösbarkeit des Modells reduziert werden. Im Beispiel 4-2 führt dies zu folgender Reduktion der gesetzten Anspruchsniveaus:[58]

(4.23)

	AN original	AN reduziert	Verhältnis
Z 1	0.9	0.626	$0.69\overline{5}$
Z 2	0.9	0.626	$0.69\overline{5}$
R 1	0.15	0.131	$0.87\overline{3}$

Dies zeigt, daß das Bestreben nach einer Reduktion im gleichen Verhältnis ab einem gewissen Punkt zu Gunsten der Mindesterfüllung einer Systemungleichung gebremst wird.

Die Lösung, die sich aus den reduzierten Anspruchsniveaus ergibt, soll für den Entscheidungsträger keine normative Vorgabe bedeuten, sondern lediglich illustrieren, welche Lösung unter den geäußerten Präferenzen und unter Einhaltung von Mindestmaßen an Erfüllung möglich ist. Der Systembenutzer kann im Anschluß daran gezielt Ansprüche neu festlegen und sich so dem optimalen Kompromiß des Gesamtproblems schrittweise nähern. Da die ermittelte Lösung - wie alle anderen erzielten Lösungen auch - effizient ist, kann ein Anheben eines Anspruches aber nur dann zu einer zulässigen Lösung führen, wenn gleichzeitig andere Anspruchsniveaus gesenkt oder gelöscht werden.

4.2.3.2.   Prozeß der Lösungssuche mit Anspruchsniveaus

Aus der Art der Optimierung mit Anspruchsniveaus ergeben sich in FLOP verschiedene Möglichkeiten, bestehende Präferenzen auszudrücken. Soll beispielsweise - den subjektiven Werturteilen des Entscheidungsträgers entsprechend - bei einer bindenden Restriktion ein niedrigerer Erfüllungsgrad zugelassen werden, um bessere Zielwerte zu erreichen, so kann dies auf direktem oder indirektem Wege erreicht werden. Direkt bedeutet in diesem Zusammenhang, daß das Setzen des Anspruchsniveaus dazu benutzt wird, für die Restriktion einen kleineren Erfüllungsgrad "möglich zu machen"; durch die Festsetzung des kleineren gewünschten Niveaus wird die

---

[58] Das Beispiel 4-2 kann erst gelöst werden, wenn die Anspruchsniveaus der beiden Ziele - in konstantem Verhältnis zu den ursprünglichen Anspruchsniveaus - auf 0.626 reduziert werden. Gleichwohl müssen bei der effizienten Lösung die beiden Ziele nicht in gleichem Maße erfüllt sein; es zeigt sich vielmehr, daß die erste Zielfunktion unter den gegebenen Ansprüchen zu einem Niveau von 0.64 befriedigt werden kann.

Restriktion aus der normalen Maximierung der Zugehörigkeitswerte herausgenommen und bei ihr stattdessen die Erfüllung des Anspruchsniveaus angestrebt. Sie ist nicht mehr bindend, wodurch für alle übrigen Systemungleichungen und insbesondere für die mit der Restriktion in Konkurrenz stehenden Ziele höhere Niveaus erreicht werden können. Das Anspruchsniveau wird in diesem Fall dazu benutzt, die Restriktion für eine Kompensation "freizugeben" und lediglich mit dem Anspruchsniveau eine Untergrenze der Erfüllung festzulegen. In der optimalen Lösung eines solchen Modells werden dann andere als die betrachtete Ungleichung für die Einschränkung des Gesamtniveaus bindend.

Eine indirekte Kompensation erfolgt, wenn bei allen Zielen ein höheres Anspruchsniveau gesetzt wird. Bevor der minimale Zugehörigkeitswert verbessert werden kann, müssen alle Anspruchsniveaus erfüllt werden. Dies schränkt die darauffolgende Maximierung des kleinsten Niveaus weiter ein, so daß sich implizit durch die Erhöhung anderer Niveaus der Erfüllungsgrad der bindenden Restriktion weiter vermindert. In diesem Fall einer indirekten Senkung des Niveaus der betrachteten Restriktion erfolgt die Kompensation durch das Setzen höherer Ansprüche für die zu vergrößernden Niveaus, bei der direkten Kompensation durch das Setzen niedrigerer Ansprüche für die zu senkenden Niveaus; letzlich besteht der Unterschied nur in der Sichtweise und dem Ausgangspunkt, von dem aus die Kompensation zwischen verschiedenen Zugehörigkeitswerten erfolgen soll.[59]

Der unterschiedliche Ausgangspunkt kann aber für den weiteren Verlauf der Optimierungsrechnungen durchaus von Bedeutung sein. Je mehr Anspruchsniveaus gesetzt werden, um so weniger unscharfe Ungleichungen verbleiben für die eigentliche fuzzy Maximierung. Die Optimierung gerät immer stärker in eine "entweder-oder"-Situation. Entweder lassen sich alle gesetzten Anspruchsniveaus erfüllen, dann werden aber nur noch wenige Zugehörigkeitswerte maximiert; oder aber es werden so viele hohe Anspruchsniveaus gesetzt, daß eine gleichzeitige Erfüllung aller scharfen Nebenbedingungen und aller Anspruchsniveaus überhaupt nicht mehr möglich ist.

Unabhängig von der Lösbarkeit des Modells nehmen die Optimierungsrechnungen in zunehmendem Maße deterministische Formen an, je mehr Anspruchsniveaus gesetzt sind. Sind im Extremfall vom Entscheidungsträger für sämtlichen Ziele und Nebenbedingungen eigene Anspruchsniveaus festgelegt worden, liegt ein vollständig deterministisches Modell vor. Jedes der ursprünglichen Unschärfeintervalle wird durch einen festen Wert, der dem Anspruchsniveau entspricht, repräsentiert. Für das resultierende Modell bedeutet dies, daß überhaupt keine Optimierung mehr stattfindet. Die einzige Aufgabe des Systems besteht darin zu testen, ob eine Lösung existiert, bei der

---

[59] Die gleichen Aussagen können entsprechend für das direkte bzw. indirekte Anheben eines Anspruchs getroffen werden.

die gesetzten Ansprüche für alle Systemungleichungen erreicht werden können oder ob die gesetzten Ansprüche miteinander unvereinbar sind.

Da keine Zugehörigkeitswerte mehr explizit optimiert werden, testet das System in einer solchen Situation lediglich, ob ein Bereich zulässiger Lösungen existiert. Ist dies der Fall, wird ein *beliebiger* effizienter Eckpunkt dieses Lösungspolyeders als neue Lösung ausgewählt.[60] Die Aussagekraft einer solchen Lösung ist demnach auch auf die Erreichbarkeit der gesetzten Ansprüche beschränkt.[61]

Um die Fuzzy Optimierung nicht unnötig einzuengen, erscheint es daher ratsam, sich beim Setzen und Ändern von Anspruchsniveaus der direkten Art der Kompensation zu bedienen und auch nur für solche Ungleichungen Anspruchsniveaus festzulegen, die entweder bindend sind oder deren Niveaus direkt erhöht werden sollen. In FLOP wird dies dadurch ermöglicht, daß einmal festgesetzte Ansprüche nicht nur beliebig variiert, sondern auch wieder gelöst werden können, indem das Anspruchsniveau auf Null gesetzt wird. Dies hat nicht zur Folge, daß in der nächsten Lösung die Ungleichung, deren Ansprüche gelöscht worden sind, überhaupt keinen Grad an Zugehörigkeit mehr besitzen muß; es bedeutet vielmehr, daß sie für die Fuzzy Optimierung der Maximierung der Erfüllungsniveaus wieder miteinbezogen wird, ohne daß bei ihr ausschließlich auf die Erfüllung des Anspruchsniveaus geachtet wird. Sind die Möglichkeiten einer Kompensation im Rahmen der Suche nach der optimalen Kompromißlösung in einer Richtung ausgelotet, erscheint es sinnvoll, die gesetzten Anspruchsniveaus z.B. eines Zieles wieder zu lösen, wenn getestet werden soll, welche Möglichkeiten der Kompensation bei einem anderen Ziel existieren.

Die Suche nach dem optimalen Kompromiß besteht demnach in FLOP aus einem sinnvollen Zusammenspiel zwischen dem Setzen, Ändern und Lösen von Anspruchsniveaus und der Maximierung der Zugehörigkeitswerte der übrigen unscharfen Ziele und Nebenbedingungen. Die Vorgehensweise trägt insofern den Erkenntnissen der menschlichen Problemlöseforschung Rechnung, als die Suche einerseits durch das Prinzip des Satisfizierens von Anspruchsniveaus und andererseits gleichzeitig durch das ständige Lösen und Neuerstellen von Teilproblemen gekennzeichnet ist. Der Entscheidungsträger setzt gewisse Ansprüche und testet deren Erreichbarkeit; danach wird die Suche nach der besten Lösung inkremental fortgesetzt, indem ausgehend von

---

60 Da der zu optimierende, das Niveau der Zugehörigkeitsfunktionen repräsentierende Parameter λ im Modell nicht mehr auftaucht, bricht das Simplexverfahren mit einer unbegrenzten Lösung ab, sobald der Bereich zulässiger Lösungen erreicht wird.

61 Im Fall, daß für alle Systemungleichungen ein Anspruchsniveau gesetzt worden ist, wird dies in FLOP dem Entscheidungsträger mitgeteilt; gleichzeitig wird er gebeten, zumindest ein Anspruchsniveau wieder zu lösen, wenn die Suche nach anderen Lösungen fortgesetzt werden soll. Allerdings erscheint eine solche Situation um so unwahrscheinlicher, je komplexer die Problemstellung ist und je mehr fuzzy Ungleichungen vorliegen.

den Erkenntnissen der bereits behandelten Teilprobleme leicht veränderte Ansprüche festgelegt und anschließend getestet werden. Das System unterstützt den Benutzer dabei in der Weise, daß ihm für jedes Teilproblem errechnet wird, ob die Ansprüche erfüllt werden können und welche Auswirkungen kleinere Veränderungen im Modell auf die errechneten Lösungen haben. Es gibt dem Entscheidungsträger damit die Möglichkeit, auch in komplexen Situationen Zusammenhänge erkennen und Schlußfolgerungen ziehen zu können und entschärft damit die Auswirkungen seiner begrenzten Kapazitäten der Informationsverarbeitung.

4.2.4. Automatische Lösungssuche

4.2.4.1. Zweck und Ausrichtung

Die iterative Suche nach der optimalen Kompromißlösung in FLOP durch das Eingeben, Ändern und Löschen von Anspruchsniveaus hat den Vorteil, daß der Entscheidungsträger den Verlauf der Optimierungsrechnungen mit Parametern steuern kann, die einen direkten Bezug zu seinem mentalen Modell besitzen und mit dem seine subjektiven Vorstellungen ohne weitere Transformationen ins Modell übertragen werden können. Allerdings bringt es die Optimierung mit Anspruchsniveaus mit sich, daß die Suche nach eventuell präferierten Lösungen nur fortgesetzt werden kann, wenn zumindest ein Anspruchsniveau geändert wird. Zu Problemen im Verfahrensablauf kommt es, wenn der Entscheidungsträger zwar einerseits mit der momentan ermittelten Lösung unzufrieden ist und die Suche fortsetzen möchte, aber andererseits keine Änderung bei den gesetzten Anspruchsniveaus durchführen kann oder will; um neue effiziente Lösungen generieren zu können, benötigt das System aber zumindest bezüglich einer Ungleichung veränderte Ansprüche.

Damit eine solche Situation nicht zu einem unbefriedigendem Abbruch der Optimierungsrechnungen führt, sollte der Fortgang der Rechnungen sichergestellt sein. Die Unterstützung muß dabei über Orientierungshilfen - wie z.B. die Bereitstellung der globalen Referenzpunkte in FLOP - hinausgehen. Vielmehr sollte das System, ausgehend vom letzten errechneten Lösungspunkt, selbständig einen neuen Lösungsvorschlag errechnen und dem Entscheidungsträger präsentieren. Dabei ist zu gewährleisten, daß sich die neue Lösung nicht grundlegend von der Ausgangslösung unterscheidet und die Struktur der einzelnen Niveaus in etwa beibehalten wird.

Diese Form der Entscheidungsunterstützung ist für den Fall mehrerer Ziele und deterministischer Daten im Verfahren VIG von KORHONEN & WALLENIUS realisiert; der Entscheidungsträger beobachtet hier die selbständig durchgeführte Kompromißsuche auf dem effizienten Lösungsrand und unterbricht den dynamischen Vorgang nur dann, wenn eine andere Suchrichtung eingeschlagen werden soll oder eine zufriedenstellende Lösung erreicht worden ist.[62] Gerade dieses selbständige "Fortbewegen" durch die Berechnung neuer Lösungen zeichnet VIG gegenüber den übrigen Verfahren der Linearen Optimierung bei mehrfacher Zielsetzung aus, da dem Entscheidungsträger mit für ihn geringem Aufwand eine weitgehende Unterstützung angeboten wird.

Die Idee der selbständigen Errechnung einer Fortschreitrichtung ist in FLOP auf die Optimierung mit fuzzy Daten übertragen worden. Immer wenn der Entscheidungsträger die Anspruchsniveaus unverändert läßt, die Suche nach der besten Lösung aber noch nicht beenden will, ermittelt das System eine neue Lösung. Ausgangspunkt der Berechnungen ist dabei einzig die momentan ermittelte Lösung. Vorher gesetzte Ansprüche spielen keine Rolle mehr, da sich das System nur an den erreichten Niveaus der Ausgangslösung orientiert. Alle im Verlauf der automatischen Lösungssuche angestellten Vergleiche beziehen sich auf Niveaudifferenzen zur Ausgangslösung.

Die automatische Berechnung einer neuen Lösung läßt sich nicht nur in den Situationen anwenden, in denen sonst die Suche nicht fortgesetzt werden könnte. Der Entscheidungsträger kann vom System außerdem eine neue Fortschreitrichtung berechnen lassen, um sich zu orientieren, welche Anspruchsniveauänderung ihm als nächstes vorgeschlagen wird und um diesen Vorschlag dann mit den eigenen Absichten zu vergleichen.[63] So gewährleistet die selbständige Berechnung neuer effizienter Lösungen in FLOP einerseits, daß das Verfahren bei konstanten Anspruchsniveaus nicht abbricht und bietet andererseits die Möglichkeit zusätzlicher Entscheidungshilfe. Der errechnete Lösungspunkt kann als eine Art *lokaler* Referenzpunkt verstanden werden. Im Gegensatz zu den drei globalen Referenzpunkten wird durch ihn eine Unterstützung in Abhängigkeit vom momentanen Lösungspunkt und dessen Umgebung geleistet. Während erstere dazu dienen, die Bestimmung der allgemeinen Zielrichtung der Kompensation zu unterstützen, bietet der lokale Referenzpunkt eine Hilfestellung in der speziellen Suche nach der nächsten Lösung.

Es ist allerdings nicht die Intention der automatischen Lösungssuche mittels lokaler Referenzpunkte, den gesamten Suchprozeß nach dem optimalen Kompromiß des Ausgangsproblems vom Rechner durchführen zu lassen. Dies stünde im Gegensatz zum Ziel des Verfahrensablaufs in FLOP, die Präferenzen des Entscheidungsträgers bezüglich der Systemungleichungen direkt durch die Angabe von Anspruchsniveaus

---

[62] Zu einer näheren Beschreibung des Verfahrens vgl. Abschnitt 3.3.2.
[63] Der Vorgang ist in gewisser Weise vergleichbar mit einer Schachpartie, bei der der Spieler den eigenen Zug zur Unterstützung von einem Computer durchführen läßt, um ihn danach mit den eigenen Absichten zu vergleichen und daraus einen endgültigen Zug abzuleiten.

in die Optimierung mit einzubeziehen. Bei einem ausschließlich vom Computer gesteuerten Suchprozeß wäre diese direkte Artikulation der subjektiven Vorstellungen nicht gegeben, der Entscheidungsträger würde lediglich durch die Auswahl einer der angebotenen effizienten Lösungen eine Form der globalen Präferenz zwischen verschiedenen Lösungen äußern. Die Form der Optimierung entspräche dann eher dem Fall, bei dem überhaupt keine Präferenzen zwischen den verschiedenen Zielen und Nebenbedingungen im Modell berücksichtigt werden können und dem Entscheidungsträger nur die Wahl bleibt, die gefundene Lösung zu akzeptieren oder abzulehnen.

Bei einer automatischen Suche nach weiteren Lösungen wird die fehlenden Angaben des Entscheidungsträgers durch das System simuliert, indem die fehlenden Präferenzen des Entscheidungsträgers durch "Präferenzen" des Systems ersetzt werden. Die so errechnete neue Lösung soll dem Entscheidungsträger helfen, neue eigene Vorstellungen über die Suche nach besseren Lösungen in der lokalen Umgebung des Ausgangspunktes zu entwickeln. Mit den sich daraus ergebenden neuen Ansprüchen kann dann die vom Benutzer gesteuerte Lösungssuche wieder aufgenommen werden.

Die Auswahl der zu verändernden Niveaus und die damit verbundene Festlegung der Richtung einer Kompensation zwischen einzelnen Ungleichungen erfolgt auf der Grundlage einer Sensitivitätsanalyse. FLOP testet - ausgehend von der momentan erzielten Lösung - für jedes Ziel und jede Nebenbedingung, welche Auswirkungen eine Erhöhung des jeweiligen Niveaus auf die anderen Ungleichungen hat. Diejenige Ungleichung, die dabei den größten positiven Gesamteffekt erzielt, wird ausgewählt. In der neuen Lösung besitzt dann mindestens diese Ungleichung ein höheres Niveau.[64] Der Beurteilung des Gesamteffektes liegt ein festes Bewertungsschema zugrunde. Dabei wird im wesentlichen eine neutrale Haltung eingenommen. Das bedeutet, daß zur Bewertung der in Frage kommenden Punkte die Niveauveränderungen in bezug auf die Ausgangslösung summiert werden und der Punkt mit dem größtem Gesamtvergleichswert als neuer Lösungspunkt ausgewählt wird.[65]

Die Größe der Niveauveränderungen ist unabhängig von der Auswahl eines neuen Punktes. Sie berechnet sich vielmehr aus der momentanen Lösung und richtet sich nach der Höhe der im Ausgangspunkt durchgeführten Kompensationen. Die Bestim-

---

[64] Eine Erhöhung dieses Niveaus muß nicht die einzige positive Auswirkung sein, da in der Regel die Erhöhung eines Niveaus zu einer größeren Zugehörigkeit auch bei anderen Ungleichungen führt.

[65] In FLOP existieren gewisse kleinere Abweichungen von diesem Grundschema. Es werden einige Boni- und Mali-Faktoren zu den Vergleichswerten hinzuaddiert, beispielsweise für eine zusätzliche Aus- oder Entlastung der Restriktion, die in der momentanen Lösung bereits am stärksten ausgelastet ist. Das genaue Bewertungsschema ist Inhalt des Abschnitts 4.2.4.3.

mung einer neuen Lösung im Rahmen der automatischen Lösungssuche erfolgt in FLOP in drei Etappen:

1. Bestimmung der Fortschreitweite
2. Bestimmung lokaler Referenzpunkte für jede unscharfe Systemungleichung
3. Bestimmung einer Fortschreitrichtung und damit Auswahl einer neuen Lösung durch Analyse der lokalen Referenzpunkte

Falls gewünscht, können in nachfolgenden Iterationen vom neuen Punkt ausgehend weitere Lösungen vom System errechnet und vorgeschlagen werden; ebenso ist es möglich, daß der Entscheidungsträger im Anschluß an die automatische Lösungsgenerierung neue, eigene Anspruchsniveaus setzt und so die selbstgesteuerte Suche nach dem optimalen Kompromiß wieder aufnimmt.

4.2.4.2. Bestimmung der Fortschreitweite im Rahmen der automatischen Lösungssuche

Soll ausgehend vom aktuellen Lösungspunkt eine neue effiziente Alternative vom System selbständig berechnet werden, muß ein Maß dafür bestimmt werden, wie weit die neu errechnete effiziente Lösung von der momentanen abweichen soll. Dazu ist in einer ersten Phase festzulegen, wie groß der Abstand zwischen den Erfüllungsgraden der alten und neuen Lösung sein soll. Diese Vorgabe soll als *Fortschreitweite* bezeichnet werden. Die Fortschreitweite erfüllt für die automatisierte Lösungssuche den weiteren Zweck, für die nachfolgende Auswahl eines lokalen Referenzpunktes als neuer Lösung eine Vergleichbarkeit herzustellen. Durch sie wird gewährleistet, daß die Effekte aller zur Disposition stehenden Punkte gegeneinander abgewogen werden können.

In FLOP hängt die Fortschreitweite zur nächsten Lösung davon ab, wie große Kompensationen in der momentan errechneten Lösung bereits durchgeführt worden sind. Zur Bestimmung von Maßgrößen für die Stärke der Auslastungen einzelner Restriktionen wird für jede fuzzy Restriktion ein Toleranzintervall konstruiert, innerhalb dessen das System im Fall der automatischen Lösungsgenerierung den Erfüllungsgrad zu Gunsten der Niveauvergrößerung anderer Ungleichungen herabsetzen kann. Werden die Untergrenzen dieser Toleranzintervalle mit der momentanen erzielten Lösung verglichen, kann daraus ein Maß für die Größe der bereits durchgeführten Kompensationen abgeleitet werden. Zur Berechnung der Fortschreitweite wird dann das Maß der Ungleichung herangezogen, bei der in der momentanen Lösung - von der aus der neue Punkt ja berechnet werden soll - das Toleranzintervall am stärksten ausgelastet ist.

Die Konstruktion des Toleranzintervalls erfolgt mit Hilfe der vom Entscheidungsträger festgelegten maximalen Kompensationsweite w und der Lösung des Max-Min-Ansatzes.[66] Die Obergrenzen O_i des Intervalls bildet das Niveau $\lambda_{0,i}$, das die i-te Ungleichung bei der Max-Min-Lösung annimmt. Es repräsentiert eine "neutrale" Auslastung, da keinerlei Präferenzen vorliegen, die bestimmte Ungleichungen besonders auslasten; Werte unterhalb dieses Niveaus $\lambda_{0,i}$ bedeuten demnach, daß die betreffende Ungleichung stärker als im "neutralen" Fall belastet worden ist. Die Untergrenzen U_i möglicher automatischer Kompensationen ist abhängig von der Größe des Niveaus $\lambda_{0,i}$. Es kommen in FLOP drei verschiedene Berechnungsarten in Frage. Wie bei der Reduktion der Anspruchsniveaus im Fall der Unlösbarkeit, liegt auch hier bei der Erstellung der Untergrenzen U_i der Toleranzintervalle für selbständige Kompensationen der Gedanke zugrunde, daß ein Mindestmaß an Erfüllung der ursprünglichen Ziele und unscharfer Restriktionen in jedem Fall gewährleistet bleiben sollte:

$$(4.24) \quad U_i := \begin{cases} (\lambda_{0,i} - w) & f\ddot{u}r & \lambda_{0,i} > w + 0.1 \\ 0.1 & f\ddot{u}r & 0.1 < \lambda_{0,i} \leq w + 0.1 \\ \lambda_{0,i} & f\ddot{u}r & \lambda_{0,i} \leq 0.1 \end{cases}$$

Durch (4.24) wird erreicht, daß bei ausreichend hohem "neutralen" Niveau das Intervall der jeweiligen fuzzy Ungleichung so groß wie die maximale Kompensationsweite w ist. Ist der Wert $\lambda_{0,i}$ für die betreffende Ungleichung in Relation zur Kompensationsweite zu klein, wird ein Mindestniveau von 0.1 sichergestellt. Für den (außergewöhnlichen) Fall, daß $\lambda_{0,i}$ selbst schon kleiner als 0.1 ist, wird keine Kompensation mehr zugelassen und die Untergrenze der Obergrenze des Toleranzintervalls gleichgesetzt.

Beispiel 4-3: Es sollen die Toleranzintervalle für das Modell (4.3) des Beispiels 4-1 ermittelt werden, wenn zum einen eine normale und zum anderen eine große maximale Kompensationsweite vom Entscheidungsträger festgelegt worden ist. Die sich aus diesen Vorgaben ergebenden Toleranzober- und -untergrenzen sind in (4.25) wiedergegeben:

---

[66] Wie bereits erwähnt, bestimmt der Entscheidungsträger mit der Entscheidung für eine kleine, mittlere oder große Kompensationsweite implizit, wie weit das System im Rahmen der automatischen Fortsetzung der Suche nach der besten Lösung einzelne ausgesuchte fuzzy Ungleichungen gegebenenfalls auslasten darf. FLOP rechnet mit einer mittleren Kompensationsweite, solange der Entscheidungsträger nicht explizit einen anderen Wert angibt.

(4.25)

	Obergrenze = Max-Min-Lösung	Untergrenze bei mittlerer Kompensation (w = 0.4)	Untergrenze bei großer Kompensation (w = 0.5)
Z1	0.531	0.131	0.1
Z2	0.531	0.131	0.1
R1	0.531	0.131	0.1
R2	1.0	1.0	1.0
R3	0.776	0.376	0.276

Es wird deutlich, daß im (Standard-)Fall mittlerer Kompensationsweite das Max-Min-Niveau für das Beispiel bei jeder Ungleichung groß genug ist, um das Toleranzintervall auf die volle Länge von w = 0.4 ausdehnen zu können, ohne das in FLOP geforderte Mindestmaß an Erfüllung von 0.1 zu gefährden.[67] Dies ändert sich für den Fall, daß der Entscheidungsträger eine große Kompensation zuläßt und dann das Intervall nicht die volle Länge besitzt, sondern für die beiden Ziele und die erste fuzzy Restriktion Niveau-Untergrenzen von 0.1 festgelegt werden.

Im Zuge der iterativen Suche nach dem optimalen Kompromiß braucht das Toleranzintervall nicht in jeder Iteration neu berechnet zu werden; ändern sich lediglich die Anspruchsniveaus, bleiben die Erfüllungsgrade des Referenzpunktes des Max-Min-Ansatzes und damit auch das gesamte Toleranzintervall identisch. Eine Neuberechnung ist nur dann erforderlich, wenn entweder die maximale Kompensationsweite vom Entscheidungsträger verändert wird oder wenn andererseits die grundsätzliche Struktur des zu lösenden Modells sich wandelt, indem neue Restriktionen eingeführt werden oder sich gewisse Koeffizienten von Zielfunktionen oder Nebenbedingungen ändern.

Sind für jede Systemungleichung die Toleranzintervalle erstellt, wird im Fall der Lösungssuche durch den Computer aus ihnen und der momentanen Lösung die Fortschreitweite berechnet. Um sicherzustellen, daß die neu durchgeführte Kompensation keines der erstellten Toleranzintervalle durchbricht, richtet sich die Fortschreitweite nach der Ungleichung, die im momentanen Lösungspunkt bereits am stärksten belastet worden ist. Diese ist dadurch gekennzeichnet, daß die Differenz δ zwischen dem Niveau der momentanen Lösung und der Untergrenze des Intervalls der Kompensation minimal ist. Die Fortschreitweite FW für den neu zu berechnenden Lösungspunkt wird dann mit folgender Formel berechnet:

(4.26)
$$FW := \min\left\{ \left(\min_{1 \leq i \leq z+m} \delta_i \right) \cdot \frac{0.2}{w} \; ; \quad 0.2 \right\}$$

---

[67] Dies gilt natürlich nicht für die scharfe Restriktion R_2, bei der keinerlei Kompensation zugelassen ist.

Dies bedeutet, daß die Fortschreitweite aus der gewichteten minimalen Differenz δ_i besteht, aber maximal eine Veränderung von 0.2 Niveaupunkten für einen einzelnen Iterationsschritt zugelassen wird. Es wird deutlich, daß die Fortschreitweite umso kleiner ist, je stärker die momentane Lösung einzelne Ungleichungen auslastet, d.h. je weiter sich die momentane Lösung von der Max-Min-Lösung entfernt hat, bei der alle Ungleichungen gleiches Gewicht besitzen.[68]

Beispiel 4-4: Es soll im Modell (4.3) eine Fortschreitweite berechnet werden. Ausgangspunkt P ist die Lösung, die sich ergibt, wenn der Entscheidungsträger ein Anspruchsniveau von 0.6 für das erste Ziel festgelegt hat; sie ist in (4.27) in der linken Spalte dargestellt. Für die Toleranzintervalle zur Berechnung der Fortschreitweite gelten die bereits errechneten Werte von (4.25); es wird von einer normalen Kompensationsweite ausgegangen. Soll nun die nächste Lösung vom Computer selbständig berechnet werden, ergibt sich folgende Fortschreitweite:

(4.27)

	Ausgangspunkt P	Toleranzintervall $[\,O\,;U\,]$ $(w = 0.4)$	Differenz $\delta = P - U$
Z 1	0.6	[0.531 ; 0.131]	0.469
Z 2	0.5	[0.531 ; 0.131]	0.369
R 1	0.5	[0.531 ; 0.131]	0.369
R 2	1.0	-	-
R 3	0.72	[0.776 ; 0.376]	0.344

min = 0.344

$$\Rightarrow\ FW := \min\left\{\, 0.344 \cdot \frac{0.2}{0.4}\,;\ \ 0.2 \right\} = \mathbf{0.172}$$

An Hand des folgenden Flußdiagramms in Abbildung 4-3 soll die Vorgehensweise zur Bestimmung der Fortschreitweite im Rahmen der automatischen Lösungssuche verdeutlicht werden:

---

[68] Es gilt zu beachten, daß die maximale Kompensationsweite w auch die Differenzen δ_i bestimmt und damit nicht nur auf den Nenner von (4.26) wirkt. Die Fortschreitweite wird somit nur in Abhängigkeit von der momentanen Auslastung bestimmt; eine Veränderung von w wird weitestgehend neutralisiert und hat keinen Einfluß auf die Fortschreitweite.

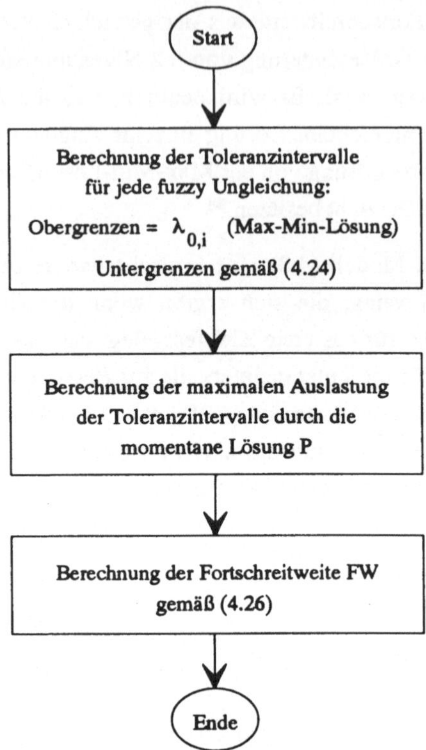

Abb. 4-3: Flußdiagramm zur Bestimmung der Fortschreitweite im Rahmen der automatischen Lösungssuche

Die so ermittelte Fortschreitweite legt fest, wie weit der neue Lösungspunkt vom alten abweichen soll. Dieses Maß muß allerdings noch umgerechnet werden, um den konkreten Wert zu errechnen, um den das Niveau einer - noch zu bestimmenden - Ungleichung angehoben werden soll. Um auch die Vergleichbarkeit zwischen in Frage kommenden neuen Punkten zu gewährleisten, sollte die Fortschreitweite auf die maximale absolute Niveauänderung bezogen werden.[69] Die Fortschreitweite muß demnach nicht notwendigerweise dem Niveau entsprechen, um den ein ausgewähltes Niveau angehoben wird. In FLOP bedeutet beispielsweise eine Fortschreitrichtung von 0.1 für die neue Lösung, daß für alle Ungleichungen die maximale absolute Niveau-Differenz zwischen alter und neuer Lösung 0.1 beträgt. Mit welcher Variation eines Niveaus dies erreicht wird, muß noch für jede der in Frage kommenden Fortschreitrichtungen errechnet werden.

---

[69] Dies kann natürlich auch die Ungleichung sein, bei der das Niveau angehoben wird, wenn die Steigerung des Anspruchsniveaus auf alle anderen Ungleichungen Auswirkungen kleineren Ausmaßes hat.

4.2.4.3. Bestimmung lokaler Referenzpunkte im Rahmen der automatischen Lösungssuche

Die Bestimmung der Fortschreitrichtung bei der automatisierten Lösungssuche erfolgt auf der Grundlage eines Vergleiches möglicher Lösungspunkte. Diese werden ermittelt, indem - ausgehend von der letzten erzielten Lösung - jeweils für eine Ungleichung das Niveau angehoben wird. Auf diese Weise entsteht für jedes Ziel und jede Restriktion ein von der letzten errechneten Lösung abhängiger *lokaler Referenzpunkt*. Im Anschluß an den Vergleich dieser Punkte wählt FLOP denjenigen aus, der bezüglich aller Systemungleichungen den vorteilhaftesten Gesamteffekt besitzt; dieser wird dem Entscheidungsträger dann als neuer Lösungsvorschlag präsentiert.

Das Problem liegt dabei in der Vergleichbarkeit der einzelnen lokalen Referenzpunkte. Um gleiche Verhältnisse sicherzustellen, wird bei jeder Ungleichung das Niveau so erhöht, daß die absolute maximale Veränderung aller Niveaus der vorher errechneten Kompensationsweite entspricht. Diese Forderung nach gleichen maximalen Niveauveränderungen macht zusätzliche Berechnungen erforderlich. Es muß für jede Ungleichung getestet werden, bei welcher Änderung des Anspruchsniveaus sich eine maximale Auswirkung einstellt, die so groß wie die Fortschreitweite ist beziehungsweise ihr hinreichend genau entspricht.

Der Notwendigkeit zusätzlicher Berechnungen könnte mit dem Argument widersprochen werden, daß es ausreicht, Referenzpunkte mit verschieden großen Abweichungen vom Ausgangspunkt durch eine Normierung miteinander vergleichbar zu machen. Dies würde allerdings zu unzulässigen Verzerrungen führen, da die Verhältnisse von Niveauzuwachs und Niveaureduzierung nicht konstant sind, sondern sich für unterschiedliche Niveaubereiche grundlegend verändern können. So kann es vorkommen, daß die Erhöhung eines Anspruches um eine kleine Niveaudifferenz auch Niveau*zuwächse* bei fast allen anderen Ungleichungen mit sich bringt, wohingegen eine große Anspruchsniveauerhöhung dazu führt, daß alle übrigen Ungleichungen große Niveau*einbußen* hinnehmen müssen. Für den Vergleich der Effekte verschiedener Referenzpunkte ist es daher essentiell, gleiche Voraussetzungen zu schaffen. Durch eine bloße Normierung sind solche Auswirkungsdiskrepanzen eines einzelnen Referenzpunktes in unterschiedlichen Niveaubereichen nicht zu beheben. Der Äquivalenz von Fortschreitweite und absoluter maximaler Auswirkung wird in FLOP im Rahmen der automatischen Lösungssuche auch deshalb große Bedeutung beigemessen, da es sonst passieren kann, daß ein ausgewählter neuer Lösungspunkt einige Ungleichungen über Gebühr auslastet und dabei die Grenzen der intendierten Kompensation überschreitet.

Die Berechnung der Referenzpunkte, deren maximale absolute Abweichung von der Ausgangslösung hinreichend genau der Fortschreitweite entspricht, erfolgt in FLOP auf folgende Weise: In einer ersten Runde wird getestet, welche Niveaus erreicht werden können, wenn außer derjenigen Ungleichung, deren Niveau erhöht werden soll, bei allen anderen Zielen und fuzzy Restriktionen zugelassen wird, daß sich das Erfüllungsniveau maximal um die Fortschreitweite reduziert. Dazu wird ein Modell aufgestellt, in dem bei diesen Ungleichungen ein im Vergleich zur alten Lösung dementsprechend kleineres Anspruchsniveau festgelegt wird und das Niveau der noch verbleibenden, zu erhöhenden Ungleichung unter diesen Bedingungen maximiert wird.[70] Die Erhöhung des Anspruchs der betrachteten Ungleichung wird damit auf indirekte Weise erreicht, indem die Ansprüche der anderen Ungleichungen gesenkt werden, was bei der verbleibenden Ungleichung zu einem höheren Niveau führt.[71]

Beispiel 4-5: Im Beispiel 4-4 sollen - ausgehend vom Lösungspunkt P - nach der Fortschreitweite nun lokale Referenzpunkte berechnet werden. Für das erste Ziel bedeutet dies, daß ein Punkt gesucht wird, bei dem sich das Niveau dieser Zielfunktion so erhöht, daß die maximale absolute Auswirkung dieser Anspruchsvergrößerung hinreichend genau dem festgelegten Niveauwert von 0.172 entspricht. Dazu werden im Modell für die zweite Zielfunktion und die beiden unscharfen Restriktionen Anspruchsniveaus gesetzt, die um 0.172 Niveaupunkte unter den Niveaus der momentanen Lösung liegen; danach wird das entstandene Modell transformiert und mit der Simplexmethode gelöst. Der Ausgangspunkt, die gesetzten Anspruchsniveaus, die Erfüllungsniveaus der daraufhin errechneten Lösung P_1 sowie deren Differenzen zum Ausgangspunkt sind in (4.28) dargestellt.

(4.28)		Ausgangspunkt P	Anspruchsniveaus P1	Lösungspunkt P1	Differenz (P - P1)
	Z 1	0.6	-	0.807	+ 0.207
	Z 2	0.5	0.5 - 0.172 = 0.328	0.328	- 0.172
	R 1	0.5	0.5 - 0.172 = 0.328	0.480	- 0.020
	R 2	1.0	1.0	1.0	-
	R 3	0.72	0.72 - 0.172 = 0.548	0.548	- 0.172

$$| \text{ max } | = 0.207$$

---

[70] Die gesetzten Anspruchsniveaus stellen demnach in diesem Zusammenhang Mindestwerte dar, die es in jedem Fall zu erfüllen gilt.

[71] Im Gegensatz zur "normalen" erweist sich bei der automatischen Lösungssuche eine indirekte Erhöhung eines Anspruches, der durch die Senkung aller anderen Ansprüche erreicht wird, als vorteilhaft. Da ausgehend von einem lösbaren Punkt nur Ansprüche und damit Modellanforderungen *reduziert* werden, kann es so nicht - wie bei der direkten Erhöhung eines speziellen Anspruchs - zu einer unlösbaren Aufgabenstellung kommen, was verfahrenstechnische Probleme mit sich brächte.

Es zeigt sich, daß eine Erhöhung des Niveaus beim ersten Ziel zu Lasten der Erfüllungsgrade aller anderen Zugehörigkeitsfunktionen geht. Insbesondere das zweite Ziel und die dritte Restriktion werden um die volle Fortschreitweite reduziert, was allerdings beim ersten Ziel zu einer betragsmäßig noch größeren Niveauerhöhung führt.

Nach einer solchen ersten Lösungsberechnung können grundsätzlich zwei mögliche Situationen unterschieden werden, die im folgenden getrennt zu analysieren sind: Das Niveau der betrachteten Ungleichung, das sich auf Grund der Konstellation in jedem Fall erhöht, kann sich um mehr als die vorher festgelegte Fortschreitweite erhöht haben oder aber die Änderung des Niveaus ist bei dieser Ungleichung kleiner oder gleich der vorgeschriebenen Weite.

Für die Fälle, bei denen sich das Niveau der untersuchten Ungleichung um weniger als die Fortschreitweite erhöht, kann der lokale Referenzpunkt direkt angegeben werden. Hier führt eine Erhöhung des einzelnen Niveaus zu einer überproportionalen Niveauverminderung bei (mindestens) einer anderen Ungleichung; die maximale absolute Auswirkung tritt demzufolge dort als negative Abweichung ein. Dies gilt ebenfalls für den Grenzfall, bei dem maximale positive und negative Auswirkung identisch sind. In beiden Fällen verhindern die gesetzten Anspruchsniveaus, daß diese Ungleichung(en) in ihrer Erfüllung noch stärker als in der vorgesehene Weite reduziert werden. Die Vergleichbarkeit mit den Auswirkungen von Niveauerhöhungen bei den anderen Ungleichungen ist gewährleistet, der errechnete Punkt entspricht somit dem gesuchten lokalen Referenzpunkt. Eine solche Situation wäre im Beispiel 4-5 dann eingetreten, wenn beim Punkt P_1 das erste Ziel beispielsweise nur ein Niveau von 0.707 angenommen hätte; in diesem Fall wäre der lokale Referenzpunkt bezüglich des ersten Zieles bereits berechnet gewesen, wie aus dem zugehörigen Punkt P_1^* in (4.29) ersichtlich wird:

(4.29)

	P	P1*	(P - P1*)
Z 1	0.6	0.707	+ 0.107
Z 2	0.5	0.328	- 0.172
R 1	0.5	0.480	- 0.020
R 2	0.5	1.0	-
R 3	1.0	0.548	- 0.172

$$| \text{ max } | = 0.172$$

Eine andere Situation ergibt sich für den Fall, daß die erste Iteration zu einer Lösung führt, bei der sich das Niveau der betrachteten Ungleichung um mehr als die Fortschreitweite erhöht hat. Die Erhöhung ist überproportional zur zusätzlichen Auslastung anderer Ungleichungen, demzufolge führen die gesetzten Anspruchsniveaus dazu, daß die einzelne Ungleichung stärker erhöht werden kann als im Sinne der Vergleichbarkeit erwünscht. Dies trifft auch für die erste Iteration des Beispiels 4-5 zu. Wie aus (4.28) abgelesen werden kann, steigt das Niveau des ersten Zieles um 0.207 Niveaupunkte, wohingegen die anderen Ungleichungen nur um maximal 0.172 Niveaupunkte von der Ausgangslösung abweichen. Um nun die maximale absolute Niveauveränderung, die in diesem Fall bei der betrachteten Ungleichung selbst eintritt, hinreichend genau auf die Fortschreitweite zu beschränken, müssen die Anspruchsniveaus der übrigen Ungleichungen wieder angehoben werden. Damit wird - wiederum auf indirektem Weg - erreicht, daß sich das Niveau der Referenz-Ungleichung in geringerem Maße als im ersten Schritt vergrößert.

Dabei stellt sich die Frage, um welches Niveau diese Anhebung erfolgen sollte. Von der "passenden" Größe der zu setzenden Anpruchsniveaus ist lediglich bekannt, daß auf der einen Seite Anspruchsniveaus, die der alten Lösung entsprechen, zu keinerlei Niveauzuwachs in der zu erhöhenden Ungleichung führen (da dann genau der alte Punkt wieder erreicht wird). Auf der anderen Seite ist aus der ersten Iteration bekannt, daß Anspruchsniveaus, die gegenüber der Ausgangslösung um die volle Fortschreitweite reduziert sind, einen Niveauzuwachs bei der betrachteten Ungleichung nach sich ziehen, der über dem gewünschten Maß liegt. Das gesuchte Anspruchsniveau ist demnach zwischen diesen beiden Werten zu suchen. Allerdings steht in einer solchen Situation fest, daß die maximale absolute Auswirkung eine positive Abweichung sein muß, da eine Reduzierung der Niveaus in dieser Höhe zu noch größeren Zuwächsen geführt hat. Es geht damit nur noch darum, gegenüber der letzten Lösung reduzierte Anspruchsniveaus zu finden, deren positive Auswirkungen der Fortschreitweite entsprechen.[72]

Um das "passende" Anspruchsniveau iterativ eingrenzen zu können, müssen aus den bereits errechneten Lösungen Rückschlüsse gezogen und diese auf die nächste Iteration projiziert werden. In FLOP wird dafür das Verhältnis zwischen den gesetzten Anspruchsniveaus und der maximalen Auswirkung benutzt.[73] Im Beispiel 4-5 bedeutet dies, daß die Anspruchsniveaus so weit angehoben werden, daß das erste Ziel - unter der Prämisse eines konstanten Verhältnisses zwischen beiden - nur um die Fortschreitweite erhöht wird. Um dies in der zweiten Iteration zu testen, wird zuerst beim Punkt P_1, bei dem das Niveau des ersten Zieles zu weit erhöht worden ist, das Ver-

---

[72]   Im folgenden wird deshalb bei der Untersuchung dieses Falles nur von maximaler Auswirkung statt von maximaler absoluter Auswirkung gesprochen.

[73]   Auch aus diesem Grund ist die Methode der indirekten Erhöhung eines Anspruchsniveaus durch die Senkung aller anderen notwendig, da nur dann sichergestellt ist, daß in allen Iterationen auch Lösungen der Submodelle und aus ihnen Verhältnisse ermittelt werden können.

hältnis von Anspruchsniveaureduzierung zu maximaler Auswirkung und im Anschluß daran aus dem gewonnenen Wert das neue Maß der Anspruchsniveaus errechnet:

$$(4.30) \qquad v = 0.172/0.207 \approx 0.831$$
$$\Rightarrow v \cdot FW = 0.831 \cdot 0.172 \approx 0.143$$

Wäre das Verhältnis für unterschiedliche Niveaubereiche konstant, müßte sich für die neue Lösung bei einer Anspruchsniveaureduzierung von 0.143 Niveaupunkten gegenüber der Ausgangslösung nach dem Prinzip der indirekten Erhöhung eines Niveaus durch Senkung aller anderen eine maximale Niveauabweichung von genau 0.172 Niveaupunkten ergeben. Dies ist allerdings nicht der Fall. Der sich aus dem getesteten Submodell ergebende Lösungspunkt P_2 der zweiten Iteration ist in (4.31) wiedergegeben:

(4.31)

	Ausgangspunkt P	P1	Anspruchsniveaus P2	Lösungspunkt P2	Differenz (P - P2)
Z 1	0.6	0.807	-	0.787	+ 0.187
Z 2	0.5	0.328	0.5 - 0.143 = 0.357	0.357	- 0.143
R 1	0.5	0.480	0.5 - 0.143 = 0.357	0.471	- 0.029
R 2	1.0	1.0	1.0	1.0	-
R 3	0.72	0.548	0.72 - 0.143 = 0.471	0.577	- 0.143

$$| \, max \, | = 0.187$$

Es zeigt sich, daß durch die Senkung der Niveaus des zweiten Zieles und der dritten Restriktion um 0.143 Niveaupunkte das Niveau des ersten Zieles noch immer um mehr als die vorher festgelegte Weite von 0.172 Niveaupunkten erhöht werden kann, nämlich um 0.187. Es sind demnach noch weitere Berechnungen zur Erstellung des lokalen Referenzpunktes bezüglich des ersten Zieles notwendig. Das Resultat der zweiten Iteration zeigt, daß sich das Verhältnis zwischen der Reduzierung der Anspruchsniveaus und der sich daraus ergebenden maximalen Auswirkung in unterschiedlichen Niveaubereichen verändert hat. In weiteren Iterationsschritten wird nun versucht, über die Bestimmung neuer Verhältnisse Anspruchsniveaus zu finden, die zu den gewünschten Auswirkungen führen.

Die Suche nach den geeigneten Anspruchsniveaus über das passende Verhältnis entspricht der Vorgehensweise des *Newton-Raphson-Iterationsverfahrens*.[74] Diese wird in FLOP solange beibehalten, wie zur Bestimmung eines neuen Verhältnisses nur Lösungen vorliegen, deren maximale Auswirkungen sämtlich *über* der erwünschten Fortschreitweite liegen. Zur Berechnung des jeweiligen neuen Lösungspunktes wird dann das Verhältnis herangezogen, bei dem sich im bisherigen Verlauf der Suche die

---

[74] Vgl. hierzu z.B. Bronstein, I.N.; Semendjajew, K.A.: (Taschenbuch), S. 744 f.

beste Annäherung der maximalen Niveauveränderung an den zu erreichenden Wert ergab. Im Beispiel 4-5 bedeutet dies, daß solange neue Modelle gemäß (4.30) erstellt werden, bis die sich daraus ergebenden Lösungen eine maximale Abweichung gegenüber der Ausgangslösung aufweisen, die der Fortschreitweite von 0.172 Niveaupunkten hinreichend genau entspricht.

Für die Eingrenzung des gesuchten Anspruchsniveaus ist eine andere Vorgehensweise zu wählen, wenn im Laufe der Iterationen auch der Fall eintritt, bei dem die maximalen Auswirkungen *kleiner* als die Fortschreitweite sind.[75] Da dann sowohl eine Untergrenze als auch eine Obergrenze für das gesuchte Verhältnis vorliegt, kann die Eingrenzung nach Art eines *regula-falsi-Iterationsverfahrens* fortgeführt werden.[76] Dies bedeutet, daß das gesuchte Verhältnis nach dem Prinzip einer Intervallschachtelung eingegrenzt wird, indem in der neuen Iteration aus der Kenntnis eines zu großen und eines zu kleinen Wertes ein mittleres Verhältnis getestet wird; sofern die so ermittelte Lösung den gestellten Bedingungen noch nicht genügt, wird das zugehörige Verhältnis als neue Intervallgrenze für die nächste Iteration verwendet. Die Gewichtung zwischen den beiden Randwerten erfolgt in FLOP wie auch beim regula-falsi-Verfahren auf Grund der Abweichung vom Sollwert. Je näher die maximale Abweichung einer Lösung der Fortschreitweite kommt, umso größeres Gewicht hat das dazugehörige Verhältnis von Anspruchsniveaureduzierung zu maximaler Abweichung bei der Bildung eines neuen Verhältnisses für die darauffolgende Iteration.

Beispiel 4-6: Aus den ersten beiden Iterationen der Suche nach einem lokalen Referenzpunkt, dessen maximale Auswirkung 0.172 Niveaupunkte betragen soll, seien die beiden Lösungspunkte P_1 und P_2 ermittelt worden, die in (4.32) wiedergegebene maximale Abweichungen und Verhältnisse von maximaler Auswirkung zur Anspruchsniveaureduzierung aufweisen. Das daraus resultierende neue Verhältnis wird in FLOP dann wie folgt berechnet:[77]

---

[75] Dies tritt ein, wenn sich das Verhältnis, nachdem es vom zu Beginn unterstellten Proportionalitätsfaktors von 1.0 auf einen kleineren Wert herabgesetzt worden ist, im Laufe der Iterationen trotz weiter steigender Anspruchsniveaus wieder vergrößert, sich also nicht monoton verändert.

[76] Vgl. hierzu z.B. Bronstein, I.N.; Semendjajew, K.A.: (Taschenbuch), S. 745.

[77] Die Daten in (4.32) entsprechen nicht denen des Beispiels 4-5, sondern sollen lediglich die Vorgehensweise des regula-falsi-Verfahrens erläutern.

(4.32)

	Verhältnis	maximale Abweichung	Differenz der Abweichung (Soll - Ist)
P1	0.91	0.19	0.172 - 0.19 = - 0.018
P2	0.98	0.16	0.172 - 0.16 = + 0.012

$$\Rightarrow \quad \text{neues Verhältnis} := \frac{0.012}{0.018 + 0.012} \cdot 0.91 + \frac{0.018}{0.018 + 0.012} \cdot 0.98 = 0.952$$

In FLOP wird ab dem Moment, bei dem sowohl eine Lösung mit zu kleinen als auch ein Punkt mit zu großen maximalen Abweichungen vorliegt, nach dem regula-falsi-Prinzip vorgegangen; solange nur zu große Auswirkungen vorliegen, wird das Newton-Raphson-Verfahren angewendet.

Auch die Situation, daß sich die maximale Niveauveränderung für verschiedene Lösungen nicht mehr bei derselben Ungleichung einstellt, behindert die Eingrenzung des gesuchten Verhältnisses nicht. Durch die indirekte Erhöhung des Niveaus der untersuchten Ungleichung, bei der lediglich Anspruchsniveaus festgesetzt werden, die unter der Ausgangslösung liegen, ist in FLOP die Lösbarkeit der Submodelle in jeder Iteration gewährleistet. Es spielt zudem für die Eingrenzung keine Rolle, bei welcher Ungleichung die maximale Auswirkung eintritt. Da direkt nur die zu *reduzierenden* Ungleichungen festgesetzt werden, kann es auch für das Intervall dieser Niveaus zu keinen Unstetigkeitsstellen und Sprüngen in deren Ausprägungen bei unterschiedlichen Niveaus kommen, wenn sich die Ungleichung ändert, bei der die maximale positive Auswirkung eintritt. Im Punkt des Übergangs besitzen alle beteiligten Ungleichungen genau dieselbe Niveaudifferenz zur Ausgangslösung. Die einzige Änderung kann sich lediglich im weiteren Verlauf dadurch ergeben, daß sich das Verhältnis fortan in anderen Maßen verändert.

Beispiel 4-7: Zur Verdeutlichung sei unterstellt, daß bei der Berechnung des lokalen Referenzpunktes bezüglich des ersten Zieles aus Beispiel 4-5 in der zweiten Iteration andere Abweichungen eingetreten seien. Ausgangspunkt ist wieder die Lösung der ersten Iteration, von der aus eine Reduzierung der Anspruchsniveaus um 0.143 Niveaupunkten für die zweite Iteration festgelegt wird. Dies bewirke aber, daß die maximale Abweichung nun bei der ersten Restriktion eintrete:

(4.33)

	Reduzierung der AN´s	Auswirkung in Z1	Auswirkung in R1	maximale Auswirkung	Verhältnis V	neue Reduzierung der AN´s
P1	0.172	+ 0.207	+ 0.180	+ 0.207 (Z1)	0.172/0.207=0.83	0.83*0.172=0.143
P2	0.143	+ 0.170	+ 0.179	+ 0.179 (R1)	0.143/0.179=0.80	0.80*0.172=0.138

Es wird deutlich, daß es für die Eingrenzung des gesuchten Verhältnisses und damit der gesuchten Anspruchsniveaus auf Grund der indirekten Niveauerhöhung letztlich unerheblich ist, bei welcher Restriktion die maximale Auswirkung eintritt. Allerdings ist eine Eingrenzung nach dem regula-falsi-Prinzip in einer solchen Situation effizienter als die Newton-Raphson-Methode, da erstere den möglichen "Knick" in der Verlaufsfunktion der Verhältnisse zu unterschiedlichen Niveaubereichen besser verarbeiten kann.

Die Eingrenzung des "passenden" Verhältnisses und damit der "passenden" Anspruchsniveaus durch die permanente Anpassung der Rate zwischen beobachteter und gewünschter maximaler Abweichung wird solange weitergeführt, bis sich die beiden Werte hinreichend genau entsprechen. "Hinreichend genau" wird in diesem Zusammenhang in FLOP in Abhängigkeit von der Fortschreitweite FW definiert. Die Suche wird als erfolgreich beendet, wenn für die maximale absolute Auswirkung A gilt:[78]

$$(4.34) \qquad |A - FW| \leq \max \{\, w \cdot 0.05 \,; \quad 0.002 \,\}$$

Im Beispiel 4-5 bei der Fortschreitweite von 0.172 Niveaupunkten führt dies dazu, daß ein lokaler Referenzpunkt hinreichend genau eingegrenzt ist, wenn für den Abstand zwischen erzielter maximaler absoluter Abweichung und Fortschreitweite gilt:

$$(4.35) \qquad |A - FW| \leq \max \{\, 0.172 \cdot 0.05 \,; \quad 0.002 \,\} = 0.0086$$

Mit der beschriebenen Vorgehensweise können für alle Ziele und Nebenbedingungen lokale Referenzpunkte bestimmt werden. Dabei ergeben sich die beiden Möglichkeiten, daß ein Punkt entweder in einem Schritt berechnet werden kann, oder er aber durch weitere Iterationen eingegrenzt werden muß, wobei die Konvergenz gewährleistet ist. Mit den lokalen Referenzpunkten liegen Informationen darüber vor, welche Auswirkungen eine Erhöhung der jeweils betrachteten Ungleichung auf die anderen Systemungleichungen besitzt, wobei die maximale Abweichung der neuen von der alten Lösung der vorher, im ersten Schritt der automatischen Lösungssuche, berechneten Fortschreitweite entspricht. Im Beispiel 4-5 führen die Berechnungen zu den in (4.36) wiedergegebenen lokalen Referenzpunkten (LRP). Die fett gedruckten Werte bezeichnen dabei jeweils die Systemungleichungen, bei denen sich für den lokalen Referenzpunkt die maximale absolute Abweichung von 0.172 Niveaupunkten einstellt.

---

[78] Der absolute Term von 0.002 Niveaupunkten als Abbruchkriterium entspringt Testversuchen und soll verhindern, daß bei sehr kleinen Fortschreitweiten die Suche nach den lokalen Referenzpunkten unnötig in die Länge gezogen wird. Es wäre hier aber auch ein anderer Wert möglich.

(4.36)

	Ausgangs-punkt	LRP Z1	LRP Z2	LRP R1	LRP R3
Z1	0.6	**0.775**	0.515	0.500	0.500
Z2	0.5	0.374	**0.674**	0.400	0.400
R1	0.5	0.466	0.416	**0.672**	**0.672**
R2	1.0	1.0	1.0	1.0	1.0
R3	0.72	0.594	0.730	0.863	0.863

Zusammenfassend läßt sich die Bestimmung der lokalen Referenzpunkte wie folgt dargestellen:

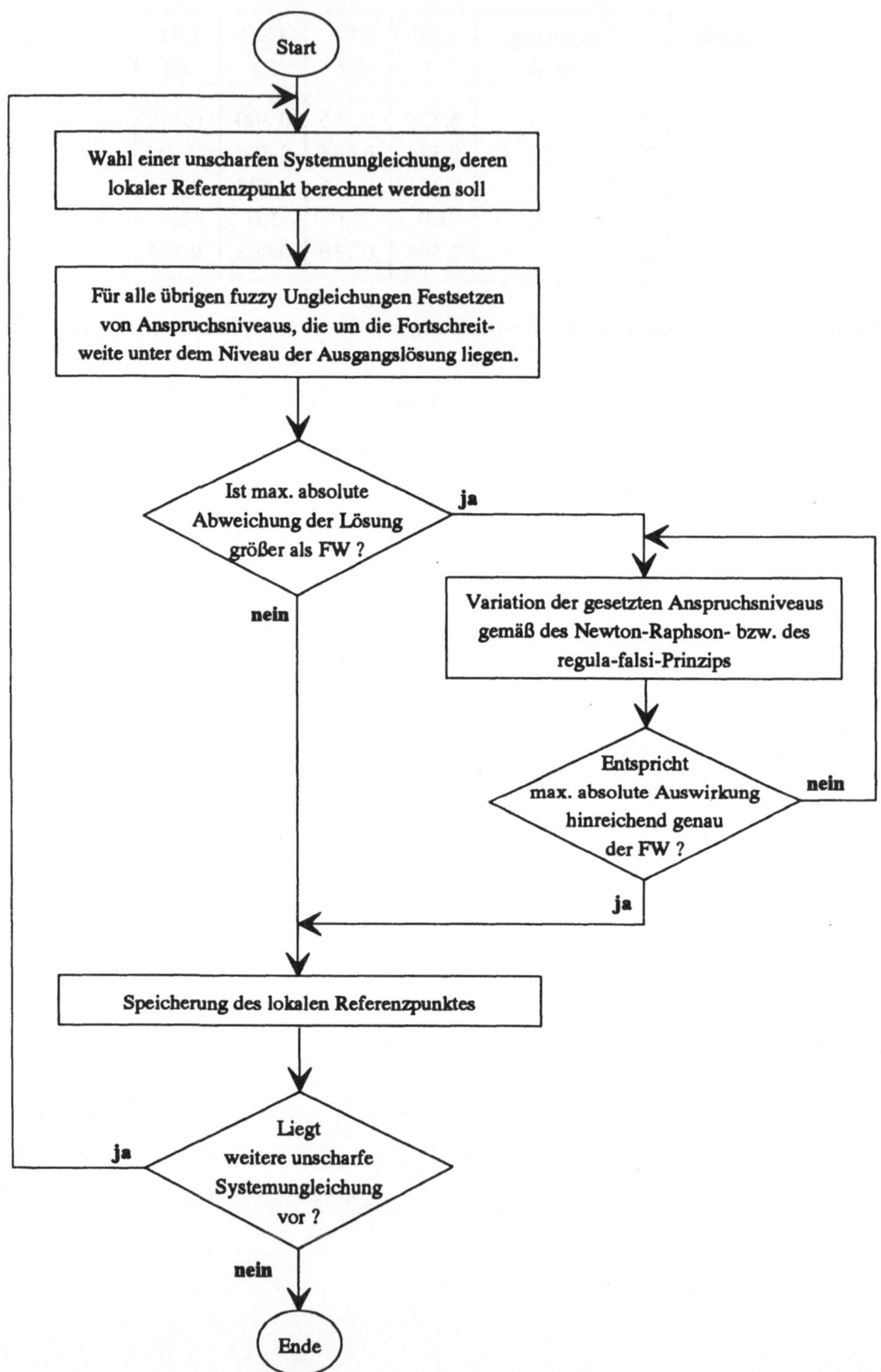

Abb. 4-4: Flußdiagramm zur Bestimmung der lokalen Referenzpunkte im Rahmen der automatischen Lösungssuche

4.2.4.4. Bestimmung der Fortschreitrichtung im Rahmen der automatischen Lösungssuche

Durch die Auswahl der Ungleichung, bei der eine Anhebung des Anspruchsniveaus zum vorteilhaftesten Gesamteffekt führt, wird die *Fortschreitrichtung* für die neue Lösung bestimmt. Dabei gilt es Kriterien dafür festzulegen, wie die verschiedenen Auswirkungen vom System miteinander verglichen und beurteilt werden können. Durch die Angabe feststehender Beurteilungsschemata wird in gewisser Weise die fehlende Präferenzartikulation des Entscheidungsträgers simuliert und so eine Entscheidung über den nächsten effizienten Lösungsvorschlag des Problems auf der Suche nach der optimalen Kompromißlösung getroffen. In FLOP wird eine neutrale Basishaltung eingenommen. Dies bedeutet, daß alle Systemungleichungen - mit leichten Einschränkungen - gleich behandelt werden. Für die Auswahl der Fortschreitrichtung ergibt sich daraus, daß zur Bestimmung des vorteilhaftesten Gesamtvergleiches die einzelnen Auswirkungen summiert und in Bezug zur Fortschreitweite normiert werden; anschließend wird dann der lokale Referenzpunkt mit dem maximalen Vergleichswert ausgewählt.

Beispiel 4-8: Für das Problem des Beispiels 4-4 soll nach der Berechnung der Fortschreitweite und der Berechnung der lokalen Referenzpunkte nun die Fortschreitrichtung und damit der neue Lösungspunkt ausgewählt werden. Dazu werden im ersten Schritt die Abweichungen der einzelnen lokalen Referenzpunkte von der Ausgangslösung normiert und addiert. Für den lokalen Referenzpunkt bezüglich des ersten Zieles ergibt sich beispielsweise eine normierte Abweichungssumme AW_{Z1} von:[79]

$$
(4.37) \quad
\begin{array}{l}
(0.775 - 0.60) \\
+ (0.374 - 0.50) \\
+ (0.466 - 0.50) \\
+ (1.000 - 1.00) \\
\underline{+ (0.594 - 0.72)} \\
-0.111 \quad \Rightarrow \quad AW_{Z_1} = -0.111/0.172 \approx -0.645
\end{array}
$$

Die leichten Abweichungen von dieser Grundschematik erfolgen aus unterschiedlichen Gründen. Zum einen erhält die Ungleichung, die im momentanen Lösungspunkt in bezug auf ihr Toleranzintervall möglicher Kompensation bereits am stärksten ausgelastet ist, ein größeres Gewicht als die anderen.[80] Dies soll verhindern, daß

---

[79] Die Werte des Referenz- und des Ausgangspunktes können aus (4.36) abgelesen werden.

[80] Diese Ungleichung hat auch schon aus gleichem Grund die Fortschreitweite determiniert.

es im Rahmen der automatischen Lösungssuche zu Punkten kommt, bei denen lediglich eine Ungleichung bis an die Grenze der Akzeptanz ausgelastet wird. Aus diesem Grunde wird zu der normierten Summe der Abweichungen ein Term T_1 addiert. Falls der lokale Referenzpunkt bei dieser am stärksten ausgelasteten Ungleichung zu zusätzlichen Niveauverlusten führt, ist dieser Term negativ und kann als ein "Malus-Term" aufgefaßt werden, im Falle einer Entlastung ist er positiv, was dem Wesen eines "Bonus-Terms" entspricht:

(4.38)
$$T_1^- := \frac{|\text{zusätzlicher Niveauverlust}|}{\text{Fortschreitweite}} \cdot 0.2$$

$$T_1^+ := \frac{\text{zusätzlicher Niveaugewinn}}{\text{Fortschreitweite}} \cdot 0.1$$

Für das Beispiel 4-8 wird eine zusätzliche Be- oder Entlastung der dritten Restriktion betrachtet, da diese in der Ausgangslösung bezüglich ihres Kompensationsintervalls am stärksten ausgelastet ist. Da der Referenzpunkt des ersten Zieles die dritte Restriktion weiter belastet, wird der ohnehin schon negative Wert AW_{Z1} aus (4.37) weiter reduziert. Es ergibt sich ein Vergleichswert V_{Z1} von:

(4.39) $T_1^- = \frac{0.126}{0.172} \cdot 0.2 \approx 0.147$

$V_{Z_1} = -0.645 - 0.147 = -0.792$

Die zweite Abweichung vom Grundschema der Gleichgewichtung wird dahingehend vorgenommen, daß einer Erhöhung eines Zielniveaus eine etwas höhere Bedeutung beigemessen wird als einer Erhöhung eines Restriktionsniveaus. Dies äußert sich in FLOP darin, daß zum Vergleichswert der Referenzpunkte von Zielfunktionen ein Term T_2 addiert wird, der die Auswahl eines Referenzpunktes, bei dem das Niveau einer Zielfunktion erhöht wird, etwas attraktiver macht. Der Faktor errechnet sich als Drittel des Mittelwertes der absoluten Abweichungssummen AW aller Referenzpunkte. Im Beispiel 4-8 führt ein solcher Faktor dazu, daß der Vergleichswert V_{Z1} des ersten Zieles wieder angehoben wird:[81]

(4.40) $|AW_{Z_1}| = 0.645$
$|AW_{Z_2}| = 0.090$
$|AW_{R_1}| = 0.667$
$|AW_{R_3}| = \underline{0.667}$

$2.069 : 4 = 0.517 \quad \Rightarrow \quad T_2 := 0.517/3 \approx 0.172$

$V_{Z_1} = AW_{Z_1} + T_1^- + T_2$
$= -0.645 - 0.147 + 0.172 = -0.62$

---

[81] Die absoluten Abweichungssummen AW werden entsprechend der Vorgehensweise in (4.37) aus den Differenzen von Lokalem Referenzpunkt und Ausgangslösung ermittelt.

Die letzte Veränderung in den errechneten Abweichungssummen bezieht sich auf die Situation, bei der der Entscheidungsträger mehrmals aufeinanderfolgend seine Anspruchsniveaus unverändert läßt und stattdessen die Lösungen jeweils vom System berechnet werden. Obwohl eine solche wiederholte automatische Lösungsgenerierung nicht unbedingt intendiert ist, werden in FLOP für diesen Fall besondere Maßnahmen ergriffen. Diese sollen ein "Kreiseln" der Lösungen verhindern und die Konvergenz der Suche in einer bestimmten Richtung sicherstellen.[82] Die Erhöhung der Ungleichung, die bei der vorhergehenden automatischen Lösungssuche als Fortschreitrichtung ausgewählt wurde, erhält in der nachfolgenden Iteration einen Bonus-Faktor, indem zu ihrem Vergleichswert der Term T_2 aus (4.40) hinzuaddiert wird. Allerdings gilt es festzuhalten, daß dies nicht die Konvergenz einer Folge automatischer Lösungsgenerierungen bewirkt, sondern sie lediglich unterstützt. Diese ergibt sich im wesentlichen aus der Tatsache, daß die Erhöhung des Niveaus einer Ungleichung in verschiedenen Niveaubereichen den vorteilhaftesten Gesamteffekt ergibt. Darüberhinaus nimmt die Fortschreitweite immer mehr ab, je weiter einzelne Systemungleichungen ausgelastet werden. Der Bonus-Faktor für die Beibehaltung einer einmal eingeschlagenen Kompensationsrichtung führt nur zu einer Beschleunigung der Konvergenz.

Wird im Beispiel 4-8 angenommen, daß bereits die Ausgangslösung durch eine automatische Lösungssuche gewonnen worden ist und im vorherigen Fall die erste Zielfunktion als Fortschreitrichtung ausgewählt worden war, wird zum Vergleichswert in der neuen Iteration der Term T_2 hinzuaddiert, so daß sich folgender endgültiger Vergleichswert V_{Z1} ergibt:[83]

$$(4.41) \quad V_{Z_1} = AW_{Z_1} + T_1^- + T_2 + T_2$$
$$= -0.645 - 0.147 + 0.172 + 0.172 = -0.448$$

Die Bestimmung der Fortschreitrichtung aus der Analyse der lokalen Referenzpunkte kann zusammenfassend wie folgt beschrieben werden:

---

[82] Unter "Kreiseln" von Lösungen wird die (außergewöhnliche) Situation verstanden, bei der im Rahmen der Lösungssuche zwei aufeinanderfolgende Lösungspunkte absolut gegensätzliche Auswirkungen aufweisen, wodurch nach zwei Iterationen der ursprüngliche Lösungspunkt zumindest annähernd wieder erreicht wird; dies führt dazu, daß dann der Prozeß von neuem in identischer Form einsetzt und nicht selbständig endet.

[83] Im weiteren Verlauf der automatischen Lösungssuche wird jedoch wieder davon ausgegangen, daß die Ausgangslösung durch Ansprüche des Entscheidungsträgers ermittelt worden ist.

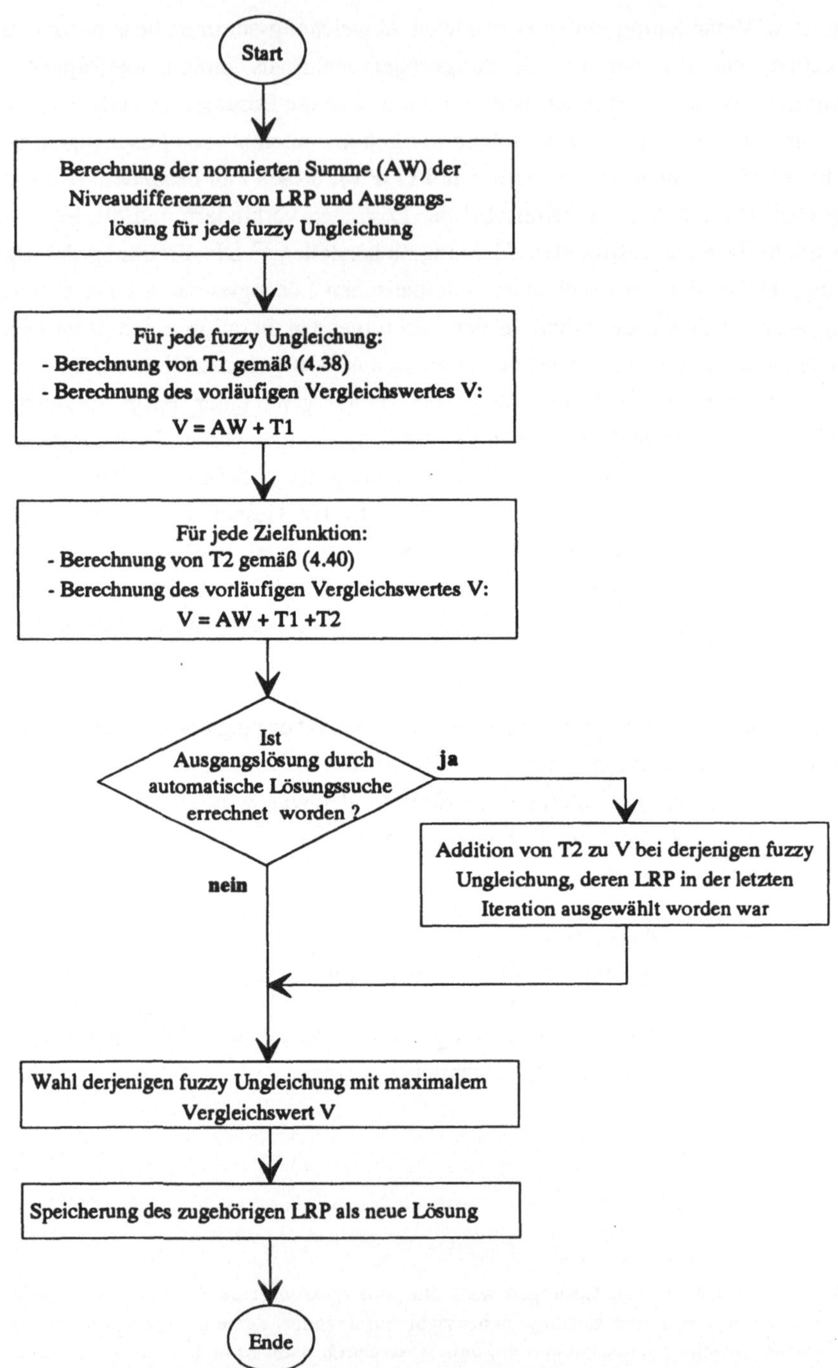

Abb. 4-5: Flußdiagramm zur Bestimmung der Fortschreitrichtung im Rahmen der automatischen Lösungssuche

Wird die beschriebene Summation der normierten einzelnen Auswirkungen sowie das Hinzufügen der zusätzlichen Faktoren für alle vier lokalen Referenzpunkte des Beispiels 4-8 durchgeführt, ergibt sich folgendes Bild:

$$(4.42) \quad V_{Z_1} = -0.645 - \frac{0.126}{0.172} \cdot 0.2 + 0.172 \approx -0.620$$

$$V_{Z_2} = +0.090 + \frac{0.010}{0.172} \cdot 0.1 + 0.172 \approx +0.268$$

$$V_{R_1} = +0.667 + \frac{0.142}{0.172} \cdot 0.1 \qquad \approx +0.750$$

$$V_{R_3} = +0.667 + \frac{0.142}{0.172} \cdot 0.1 \qquad \approx +0.750$$

Die neu berechnete Lösung ergibt sich aus der Auswahl des maximalen Vergleichwertes. Da die lokalen Referenzpunkte bezüglich der ersten und dritten Restriktion identisch sind, führen sie auch zum selben maximalen Vergleichswert. Dieser, in (4.36) wiedergegebene Punkt stellt demnach die neue, automatisch errechnete Lösung im Beispiel 4-8 dar.

Obiges Bewertungsschema zur Auswahl eines Referenzpunktes und damit zur Bestimmung der Fortschreitrichtung kann zwar allgemein und einheitlich angewendet, aber nicht mit objektiven Wertmaßstäben auf seine Güte geprüft werden. Es ist systemimmanent und nicht zu verhindern, daß die Bewertungskriterien in gewisser Weise ebenfalls subjektiv sind, da ja in irgend einer Form die subjektiven Präferenzen des Entscheidungsträgers ersetzt werden müssen. Die Lösungen werden zwar nach feststehenden Prinzipien beurteilt, aber es können natürlich auch andere Meinungen über die geeignete Vorgehensweise existieren. So läßt sich beispielsweise argumentieren, daß die Zielfunktionen per definitionem grundsätzlich einen wesentlich höheren Stellenwert besitzen als die Nebenbedingungen und daß sich dies auch in viel stärkerem Maße im Bewertungsschema niederschlagen müßte, oder daß das Intervall für eine mögliche Kompensation stets aus der vollen Spanne, vom Nullniveau bis zur vollen Erfüllung, bestehen sollte.

In FLOP wird mit dem Grundprinzip der Neutralität in gewisser Weise ein Mittelweg verfolgt, so daß divergierende Vorstellungen vom benutzten Bewertungsschema nicht zu sehr von diesem abweichen können. Dieses Neutralitätsprinzip wird nur in kleinerem Ausmaß verlassen, da die Terme, die zu den summierten Abweichungen addiert werden und den Vergleichswert verändern, keinen sehr großen Einfluß auf die Gesamtgröße des Vergleichwertes haben.

Die Relevanz unterschiedlicher Bewertungsmaßstäbe bei der Auswahl einer Fortschreitrichtung relativiert sich weiter, wenn der ursprüngliche Sinn und Zweck der automatischen Lösungssuche ins Kalkül miteinbezogen wird. Das Gesamtkonzept besteht darin, für die *lokale* Umgebung der momentanen Lösung einen Vorschlag für den nächsten Punkt zu entwerfen. Nur wenn der Entscheidungsträger im momentanen

Punkt keine Vorstellungen über die weitere Suche nach der besten Lösung besitzt, werden in dieser speziellen Situation an seiner statt vom System Gewichte zwischen den einzelnen Ungleichungen festgelegt. Sollten diese Gewichte nicht dem Bild des Entscheidungsträgers entsprechen, kann dies lediglich dazu führen, daß der neu errechnete Lösungsvorschlag keine Zustimmung findet. Trotzdem hat auch in diesem Fall die automatische Lösungssuche ihren Zweck insofern erfüllt, daß hier durch das Ausschlußprinzip dem Systembenutzer indirekt klar wird, welche weiteren Kompensationen *nicht* in Frage kommen. Für den Fall, daß die neue Lösung der alten vorgezogen wird, sind das bei der Berechnung zugrundegelegte Bewertungsschema und die Vorstellungen des Entscheidungsträgers zumindest ähnlich geartet.

Es ist ein Grundprinzip des Systems, daß der Entscheidende nach einer automatischen Lösungsgenerierung wieder neue Anspruchsniveaus eingibt und damit die eigene, selbstgesteuerte Suche nach dem für ihn optimalen Kompromiß wiederaufnimmt. Es spielt aus diesem Grunde nur eine untergeordnete Rolle, ob das im System verwendete Bewertungsschema einzelner Lösungsalternativen exakt mit den Vorstellungen des Entscheidungsträgers übereinstimmt. Wichtig scheint in diesem Zusammenhang lediglich, daß die Auswahlkriterien für sich genommen plausibel sind. Dies führt dann zu einer neuen Lösung, die unter nachvollziehbaren Kriterien aus der alten gewonnen worden ist, ohne daß für die Bewertung in Anspruch genommen wird, die einzig mögliche Weise zu sein, die fehlenden Präferenzen des Entscheidungsträgers zu simulieren.

4.2.5. Lösungsvergleiche

4.2.5.1. Vergleiche während der Lösungssuche

Im Rahmen der selbstgesteuerten Suche nach der besten Kompromißlösung werden dem Entscheidungsträger in FLOP neben der Präsentation der drei globalen Referenzpunkte auch Möglichkeiten zum Vergleich der momentan erzielten Lösung zur Verfügung gestellt. Sie sollen helfen, die Lösungen besser im Gesamtkontext einordnen und beurteilen zu können. Zum einen werden die Differenzen der momentanen zur vorhergehenden Lösung untersucht und zum anderen die erreichten Niveauwerte wieder in die ursprüngliche Dimension der jeweiligen Ungleichung zurücktransformiert.

Die Darstellung der erreichten Lösung in Abhängigkeit von der vorhergehenden erfüllt den Zweck, die eingeschlagene Kompensationsrichtung für den Entscheidungsträger transparenter zu machen. Mit zunehmender Komplexität der Problemstellungen wächst die Schwierigkeit, im Zuge der Veränderung einzelner

Anspruchsniveaus die Auswirkungen dieser Variationen auf *alle* Systemungleichungen simultan erfassen zu können. Da aber gerade diese Abweichungen für die Einschätzung der gesetzten Anspruchsniveaus und der Lösung wesentlich sind, sollten dem Entscheidungsträger nicht nur die momentan erzielten Niveauwerte, sondern auch die Differenzen zum vorhergehenden Punkt präsentiert werden; nur so kann der Entscheidungsträger erkennen, welche Systemungleichungen auf Grund der neu gesetzten Anspruchsniveaus im Vergleich zur letzten Lösung an Niveau verloren und dadurch den Niveaugewinn bezüglich der Ansprüche kompensiert haben. Der Darstellung dieser Differenzen wird in FLOP deshalb eine große Bedeutung beigemessen und ihre Präsentation in mehrfacher Weise realisiert.[84]

Die andere Art des angebotenen Vergleichs bezieht sich auf die grundlegende Vorgehensweise in FLOP, die Suche nach der besten Lösung an Hand der Optimierung von Zugehörigkeitswerten durchzuführen. Durch die Erstellung von Zugehörigkeitsfunktionen für alle ursprünglichen Ziele und Nebenbedingungen des Problems wird die Suche nach dem optimalen Kompromiß zu einem Streben nach optimalen Zugehörigkeitswerten. Diese Transformation bringt den großen Vorteil der Vergleichbarkeit mit sich, da jetzt Werte verschiedener Ungleichungen mit ursprünglich unterschiedlichen Einheiten direkt an Hand des Niveaus der Zugehörigkeit gegeneinander abgewogen und beurteilt werden können. Bei gegebenen Ansprüchen werden nur noch die einzelnen Niveaus der Erfüllung und damit indirekt der Gesamtnutzen optimiert.

Dieser Vorteil der Transformation zum Zwecke der Vereinheitlichung und Vergleichbarkeit kann allerdings in gewisser Hinsicht auf den Entscheidungsträger auch nachteilig wirken. Durch die alleinige Orientierung an Erfüllungsgraden und Gesamtniveaus kann der Blick für die praktischen Konsequenzen einer errechneten Lösung leiden. Dies macht sich insbesondere dann bemerkbar, wenn sich im Laufe der Systemsitzung die Vorstellungen des Entscheidungsträgers geändert haben sollten. In diesem Fall müßte die entsprechende Zugehörigkeitsfunktion einen anderen Verlauf annehmen, um dem veränderten mentalen Modell des Systembenutzers zu entsprechen. Dies wird schlecht bemerkt, wenn die Lösungssuche nur mit Hilfe der Zugehörigkeitsfunktionen durchgeführt wird ohne zu kontrollieren, ob die zugehörigen Werte der ursprünglichen Einheiten diesem Niveau auch noch entsprechen.

Um einerseits die Möglichkeit des Vergleiches nicht zu verlieren, andererseits aber jederzeit eine Kontrolle darüber zu besitzen, welche Werte die Ziele und Nebenbedingungen real annehmen, können in FLOP in jeder Iteration die in die ursprüngliche Einheit zurücktransformierten Werte zu den erreichten Niveaus abgelesen werden.

---

[84] Die Differenzen werden in FLOP zum einen graphisch dargestellt, indem sie innerhalb der momentanen Lösung andersfarbig abgesetzt werden, zum anderen können die Differenzen auch tabellarisch analysiert werden. Eine nähere Beschreibung folgt in Abschnitt 4.3.

Obwohl die Lösungssuche in der Dimension der Zugehörigkeitsgrade erfolgt, behält der Entscheidungsträger so den Überblick, welche konkreten Ausprägungen den erreichten Niveaus entsprechen und erkennt, ob sich seine Vorstellungen geändert haben und daher die entsprechende Zugehörigkeitsfunktion angepaßt werden muß. Es gilt zu beachten, daß ein akzeptabler Kompromiß nur dann wirklich die für den Entscheidenden beste Lösung darstellt, wenn die der Lösung zugrunde gelegten Zugehörigkeitsfunktionen auch tatsächlich den Vorstellungen entsprechen.

Die vorgestellten Möglichkeiten zum Vergleich einer errechneten Lösung P_2 mit dem vorhergehenden Iterationspunkt P_1, beziehungsweise mit den Werten der ursprünglichen Einheiten, werden in FLOP innerhalb einer Tabelle präsentiert. In dieser sind dann die erreichten Erfüllungsniveaus der Zugehörigkeitsfunktionen, die Niveaudifferenzen zur letzten Lösung, die den Niveaus entsprechenden Werte der ursprünglichen Dimensionen sowie die Differenzen der momentanen zur vorherigen Lösung in dieser originalen Einheit abgetragen. In Tabelle (4.43) sind für die Problemstellung (4.3) die beiden im Laufe des vierten Kapitels errechneten Lösungspunkte und deren Vergleichsdaten exemplarisch wiedergegeben:

(4.43)	Ungleichung	P_2 $x1=6.217$ $x2=2.767$	P_2 Niveau	P_1 Niveau	Δ Niveau (P2-P1)	Δ Wert (P2-P1)
	Z1 $\geq$ [8;15.5]	11.75	0.500	0.6	- 0.100	- 0.75
	Z2 $\geq$ [24;40]	30.40	0.400	0.5	- 0.100	- 1.60
	R1 $\leq$ [8;10]	8.98	0.672	0.5	+ 0.172	- 0.52
	R2 $\geq$ 4	6.22	1.0	1.0	-	- 0.28
	R3 $\leq$ [28;35]	29.72	0.862	0.72	+ 0.142	- 1.78

4.2.5.2.   Vergleiche nach der Lösungssuche

Hat der Entscheidungsträger im Laufe der Systembenutzung eine akzeptable Lösung erreicht, bietet FLOP im Anschluß an die Optimierungsrechnungen die zusätzliche Option an, den vollzogenen Problemlöseprozeß ex post zu analysieren, indem verschiedene Lösungen miteinander verglichen werden können. Im Gegensatz zu den iterativen Rechnungen wird der Vergleich aber aus einer anderen Perspektive durchgeführt. Auf der Suche nach einem akzeptablen Lösungspunkt orientiert sich der Entscheidende stets an bestimmten Lösungs*punkten*. Dies bedeutet, daß die erreichten Niveaus immer in einer bestimmten Konstellation zueinander betrachtet werden. Darunter kann der Überblick über die mögliche Bandbreite an Zugehörigkeit, die eine bestimmte Ungleichung während eines Problemlöseprozesses in den verschiedenen Punkten angenommen hat, leiden.

Aus diesem Grunde wird in FLOP eine Analyse angeboten, die von den ursprünglichen Zielen und Restriktionen des Problemmodells ausgeht. Es werden nicht mehr einzelne Lösungspunkte miteinander verglichen; stattdessen wählt der Entscheidungsträger eine zu untersuchende Zielfunktion oder Nebenbedingung aus. FLOP errechnet dann, bei welchen der im Lauf der Sitzung durchlaufenden Lösungspunkten diese Ungleichung maximale und minimale Zugehörigkeitswerte besaß. Diese beiden Lösungspunkte werden dem Systembenutzer im Anschluß zusammen mit der ausgewählten, subjektiv besten Lösung in einer gemeinsamen Tabelle präsentiert.

Durch den Vergleich der beiden extremen Lösungspunkte mit der besten Lösung wird dem Entscheidenden für die analysierte Ungleichung nicht nur vor Augen geführt, in welcher Niveauspanne sich die gerade analysierte Ungleichung im Laufe der Rechnungen bewegt hat; durch die Wiedergabe der vollständigen Punkte, d.h. auch aller Niveaus der übrigen Ungleichungen dieser Lösung, kann der Entscheidende auch seine artikulierten Präferenzen und Beurteilungen der erzielten Lösungen aus einem anderen Blickwinkel überprüfen. Durch die Betrachtung eines Zieles beziehungsweise einer Restriktion anstatt eines Lösungspunktes lassen sich die Austauschraten zwischen den Ungleichungen kontrollieren. Es wird dem Entscheidungsträger explizit für eine Ungleichung vor Augen geführt, welche Einbußen beziehungsweise welche Zunahme an Zugehörigkeit er bei der analysierten Ungleichung in bestimmten Konstellationen hinnehmen muß. Dadurch kann kontrolliert werden, ob die mittels der Anspruchsniveaus implizit geäußerten tradeoffs zu anderen Systemungleichungen auch tatsächlich den subjektiven Vorstellungen des Entscheidenden entsprechen.

Für den Fall, daß der Entscheidungsträger aus der Betrachtung der drei angebotenen Lösungspunkte erkennt, daß die ausgedrückten Wertschätzungen und Präferenzen der Ungleichungen seinen Vortsellungen nicht oder nicht mehr entsprechen, ist es in FLOP möglich, im Anschluß an den ex-post-Vergleich wieder in die iterative Suche einzusteigen und diese solange wie gewünscht fortzusetzen. Es kann dabei einerseits eine bessere Lösung mit einem unveränderten Modell gesucht, aber andererseits auch das Modell selbst geändert werden, um eine neue Lösung in der veränderten Konstellation zu suchen.

4.2.6. Beendigung einer Systemsitzung

Aus dem Grundziel des Systems FLOP, den gesamten Entscheidungsfindungsprozeß begleitend zu unterstützen, ergeben sich auch Konsequenzen für die Beendigung der durchzuführenden Berechnungen. Da es beabsichtigt ist, daß der Entscheidungsträger den Ablauf des Systems selbst steuert, muß demnach auch die Beendigung einer Systemsitzung dem Benutzer überlassen bleiben. Aus Sicht der Anwendung sollte das Ziel, mathematisch elegante Abbruchkriterien für die durchzuführenden Optimierungsrechnungen zu entwickeln, in den Hintergrund treten, solange nicht auszuschließen ist, daß der Entscheidende zum Zeitpunkt des Abbruchs keine zufriedenstellende Lösung seines Problems gefunden hat.

Das hier auftretende Problem trifft nicht nur für die Lineare Fuzzy Optimierung unter mehrfacher Zielsetzung zu, es beschreibt vielmehr ein grundlegendes Dilemma aller quantitativer Verfahren der normativen Entscheidungstheorie. Sobald menschliche Werturteile und Einschätzungen nicht nur in der Phase der Modellkonfigurierung berücksichtigt werden, sondern auch *während* des Verfahrensablaufs mit in die Rechnungen einbezogen werden, kann a priori über den Ausgang und die Ergebnisse keine konkrete Aussage getroffen werden. Je größer die Möglichkeiten des Benutzers sind, in den Verfahrensablauf eingreifen zu können, umso weniger kann über das Ende der Rechnungen ausgesagt werden; in jedem Fall aber muß auf mathematisch beweisbare Konvergenz verzichtet werden.[85]

Bei genauerer Betrachtung löst sich dieses scheinbare Dilemma allerdings auf, da die Akzeptanz eines Entscheidungsmodells im praktischen Einsatz umso mehr steigt, je stärker auf den individuellen Problemlöseprozeß des Entscheidenden eingegangen wird.[86] Das entscheidendes Kriterium für die Anwendbarkeit eines Verfahrens muß demnach sein, ob der Entscheidungsträger eine für ihn zufriedenstellende Lösung finden kann.

Auch wenn es in FLOP keinen mathematisch berechenbaren Zeitpunkt für das Systemende geben kann und soll, so ist es trotzdem möglich, in gewissen Situationen den Entscheidungsträger darauf hinzuweisen, daß Symptome vorliegen, die ein Ende der Suche nach dem optimalen Kompromiß plausibel erscheinen lassen. Diese Symptome beziehen sich auf die Differenz aufeinanderfolgender Lösungspunkte. Wenn sich die Lösungen nur noch unwesentlich voneinander unterscheiden, sollte zumindest überlegt werden, ob zufriedenstellende stabile Anspruchsniveaus erreicht worden

---

[85]   Vgl. Zimmermann, H.-J.: (Analyse), S. 140 und die Ausführungen in Abschnitt 3.2.2.
[86]   Vgl. Abschnitt 2.2.

sind, deren Variation zu keiner erkennbaren Verbesserung des Gesamtnutzens mehr führt.

Ein solcher Denkanstoß kann auch für den Fall hilfreich sein, bei dem noch keine zufriedenstellende Lösung gefunden worden ist, aber Variationen der Anspruchsniveaus zu keiner grundsätzlichen Veränderung der Lösung führen. Für den Systembenutzer kann dann mit einer entsprechenden Meldung vor Augen geführt werden, daß er sich in einer Art Sackgasse befindet, aus der er sich nur durch eine grundsätzlich andere Art der Kompensation zwischen den einzelnen Systemungleichungen wieder entfernen kann.[87] Wesentlich für den gesamten Entscheidungsprozeß bleibt in beiden Fällen, daß die Entscheidung über Beendigung der Lösungssuche oder grundsätzlicher Veränderung der Kompensationsrichtung in der Hand des Systembenutzers bleibt und das System nur Fingerzeige gibt, über die momentan erreichte Lösung in bestimmter Hinsicht nachzudenken.[88]

Formal wird die Schwelle, bei der sich zwei Lösungspunkte "nur unwesentlich" voneinander unterscheiden, in FLOP mittels der Niveaudifferenzen beider Punkte berechnet. Dazu wird aus allen Ungleichungen, deren Niveau sich gegenüber der vorherigen Lösung verändert hat, die absolute Differenz zu dieser gebildet und aufsummiert. Aus der Summe der Differenzen wird dann ein Mittelwert gebildet. In FLOP weichen zwei aufeinanderfolgende Lösungen nur dann unwesentlich voneinander ab, wenn für den Mittelwert der absoluten Niveauabweichungen MN gilt:[89]

$$(4.44) \qquad\qquad MN < 0.002$$

Bei der Ermittlung des Grenzwertes werden scharfe Ungleichungen nicht mit in die Betrachtung einbezogen, da sich deren Niveau bei zwei zulässigen Lösungen nicht verändern kann. Dies verhindert, daß bei einem System mit vielen scharfen und nur wenigen unscharfen Restriktionen der Mittelwert der Abweichungen unter den Grenzwert fällt, obwohl die fuzzy Ungleichungen in ihrem Niveau noch erheblich voneinander abweichen. Die Entscheidung, ob zwei Lösungen nur minimal voneinander abweichen, wird allein auf der Grundlage der fuzzy Ungleichungen, deren Niveau sich verändert hat, getroffen.

Beispiel 4-9: Für das Beispiel 4-1 seien im Laufe der Suche nach dem optimalen Kompromiß die Lösungspunkte P_1, P_2 und P_3 ermittelt worden. Die Niveaus dieser

---

[87] Zum Start der Suche in einer grundsätzlich anderen Richtung kann sich der Benutzer z.B. an den drei globalen Referenzpunkten orientieren.

[88] Es könnte z.B. ja auch der Fall eintreten, daß der Entscheidungsträger gezielt und bewußt Anspruchsniveaus nur minimal verändert, ohne daß er damit die Absicht verfolgt, genau in diesem Lösungsbereich die Suche zu beenden.

[89] Dieser Wert hat sich bei Testversuchen als geeignet erwiesen; der Abbruch könnte natürlich auch bei einem anderen Grenzwert erfolgen.

Punkte sind zusammen mit der sich jeweils ergebenden Kennzahl MN für nur unwesentlich voneinander abweichende Lösungen in (4.45) wiedergegeben:

(4.45)

	P1	P2	MN	P3	MN
Z1	0.448	0.360	(0.448 - 0.360)	0.358	(0.360 - 0.358)
Z2	0.700	0.606	+ (0.700 - 0.606)	0.607	+ (0.607 - 0.606)
R1	1.0	1.0	-	1.0	-
R2	0.786	0.915	+ (0.915 - 0.786)	0.916	+ (0.916 - 0.915)
R3	0.448	0.606	+ (0.606 - 0.448)	0.607	+ (0.607 - 0.606)

$$0.469 \qquad\qquad\qquad 0.005$$
$$0.469 : 4 = 0.117 \qquad\qquad 0.005 : 4 = 0.00125$$
$$0.117 > 0.002 \qquad\qquad 0.00125 < 0.002$$

Wie bereits im vorherigen Abschnitt erläutert, bedeutet eine Beendigung der Optimierungsrechnungen in FLOP nicht gleichzeitig auch das Ende einer Systemsitzung. Erst
wenn die ex-post-Vergleiche der im Laufe der Suche erzielten Lösungspunkte beendet sind, wird die Sitzung endgültig abgeschlossen. Anderenfalls existiert für den
Benutzer in FLOP die Möglichkeit, nach der Analyse verschiedener Lösungen wieder
in die Suche nach besseren Lösungen einzusteigen.

4.3. Ablauf einer Systemsitzung

4.3.1. Implementation

Das System FLOP ist für den Gebrauch auf einem Personal Computer (PC) unter dem Betriebssystem DOS konzipiert und kann auf jedem gängigen IBM-kompatiblen Rechner - mit einer Festplatte - ab der Klasse 2/86 aufwärts eingesetzt werden. Um die Möglichkeiten der graphischen Darstellung voll auszunutzen, ist ein Farbmonitor wünschenswert. Das System wurde in den Programmiersprachen CLIPPER 5.01 der Nantucket Corp. und FORTRAN 5.0 von der Microsoft Corp. erstellt.

Der Grund hierfür liegt darin, daß sich für die Optimierungsrechnungen FORTRAN als am geeignetesten - weil am schnellsten - erwies, die Dialog- und Präsentationskomponente dieser Programmiersprache aber für diesen Zweck als nicht ausreichend erschien. Deshalb wurden die diesbezüglichen Teile in CLIPPER realisiert. Wegen der Größe der einzelnen Programmodule ist ein Zusammenschluß zu einem einheitlichen System und eine Steuerung desselben nur mit Hilfe einer Batch-Datei möglich, in der die einzelnen Programme sukzessive aufgerufen werden; bei einem Sprung innerhalb des Gesamtsystems wird die Batch-Datei entsprechend überschrieben. Innerhalb von CLIPPER wird auf das Nantucket-Programm FLIPPER und auf CALCDB von SuccessWare zurückgegriffen; mit FLIPPER können Grafiken erzeugt werden, mit CALCDB läßt sich innerhalb von CLIPPER ein LOTUS123-Arbeitsblatt simulieren, wodurch Modelleingabe im Full-Screen-Modus möglich wird.

Zur Berechnung einer neuen Lösung nach der Transformation des unscharfen Modells in ein lineares deterministisches Äquivalent wird die Simplexmethode verwendet; in FLOP ist eine eigenständig programmierte Version der kombinierten Simplexmethode implementiert.[1] Auch die anderen Programmteile - mit Ausnahme der oben aufgeführten Software - entspringen eigenen Entwicklungen. Lediglich bei der Erstellung von Menüs und Meldungen in CLIPPER und bei der Invertierung der Koeffizientenmatrix innerhalb der Simplexmethode in FORTRAN wurde auf Standardroutinen zurückgegriffen.

---

[1]   Zur Vorgehensweise der kombinierten Simplexmethode vgl. Bloech, J.: (Optimierung), S. 141 ff.

4.3.2. Fluß einer Systemsitzung

Der Fluß einer Systemsitzung in FLOP ist nicht fest vorgegeben. Auf Grund des Konzeptes, den Problemlöseprozeß des Entscheidungsträgers so weit wie möglich auf das System zu übertragen, existiert keine feste, a priori bestimmbare Reihenfolge einzelner Systemmodule. Vielmehr entscheidet der Benutzer in Abhängigkeit vom jeweiligen Problem und von der augenblicklichen Situation, welcher Teil des Systems als nächstes aufgerufen und bearbeitet werden soll.

Gleichwohl können innerhalb der - den Phasen des Entscheidungsprozesses entsprechenden - Module verschiedene Arbeitsgänge unterschieden werden, die intern nach einem festen Schema ablaufen, sobald diese bestimmte Phase der Problemlösung vom Benutzer aufgerufen worden ist. Außerdem muß auch im Gesamtablauf - wie bei der Problemlösung - eine gewisse Grundstruktur eingehalten werden, da z.B. keine Lösungen berechnet werden können, wenn noch kein Modell erstellt worden ist. Auf der Basis dieser Überlegungen ist in Abbildung 4-6 versucht worden, den Fluß des Entscheidungsunterstützungssystems FLOP im Gesamtzusammenhang darzustellen. Aus Gründen der Übersichtlichkeit werden dabei nicht alle Möglichkeiten der Steuerung wiedergegeben. Außerdem sollte beachtet werden, daß der Ablauf des Systems vom Entscheidungsträger durch Menüs gelenkt wird. Dies erschwert die Darstellung in einem klassischen Flußdiagramm, da dort parallele Auswahlmöglichkeiten nur durch einzelne direkte Abfragen sukzessiv wiedergegeben werden können.

Die Interaktion zwischen dem System und dem Benutzer ist nicht nur auf die Stellen beschränkt, die im Flußdiagramm durch eine direkte Abfrage gekennzeichnet sind. Dem Wesen einer Entscheidungsuntersützung entsprechend, geht das System nur dort eigenständig vor, wo umfangreiche, automatisierbare Rechnungen durchzuführen sind, ohne dadurch den Ablauf des Entscheidungsprozesses zu verändern. Diese Bereiche sind in Abbildung 4-6 dunkel abgesetzt. Alle übrigen Systemmodule sind direkt an Eingaben oder Steuerungen des Entscheidungsträgers gekoppelt, damit die Systemsitzung so genau wie möglich dem mentalen Entscheidungsprozeß nachgebildet werden kann. Die Steuerung ist so konzipiert, daß ein Eingreifen des Entscheidungsträgers eine notwendige Voraussetzung für den Fortgang des Systems darstellt. In diesem Sinn erfüllt FLOP die im zweiten Kapitel erhobenen Anforderungen an eine sinnvolle computergestützte Entscheidungshilfe.

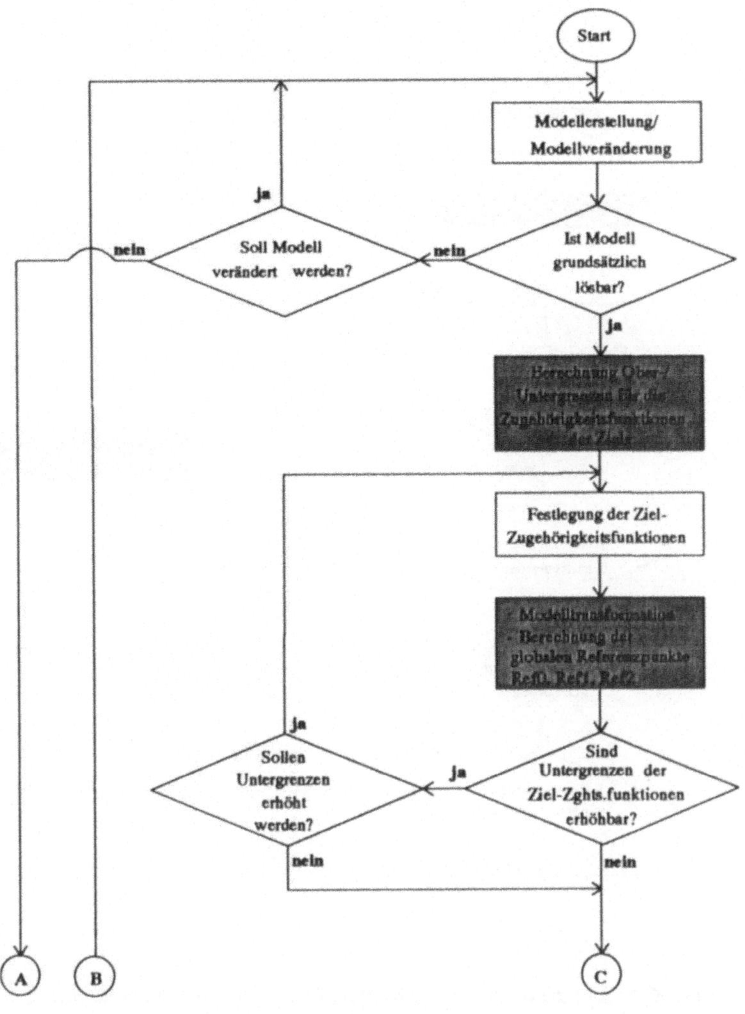
Start
Modellerstellung/
Modellveränderung
Ist Modell
grundsätzlich
lösbar?
Soll Modell
verändert werden?
ja
nein
nein
ja
Berechnung Ober-/
Untergrenzen für die
Zugehörigkeitsfunktionen
der Ziele
Festlegung der Ziel-
Zugehörigkeitsfunktionen
- Modelltransformation
- Berechnung der
globalen Referenzpunkte
Ref0, Ref1, Ref2
Sollen
Untergrenzen
erhöht
werden?
Sind
Untergrenzen der
Ziel-Zghts.funktionen
erhöhbar?
ja
ja
nein
nein
A
B
C

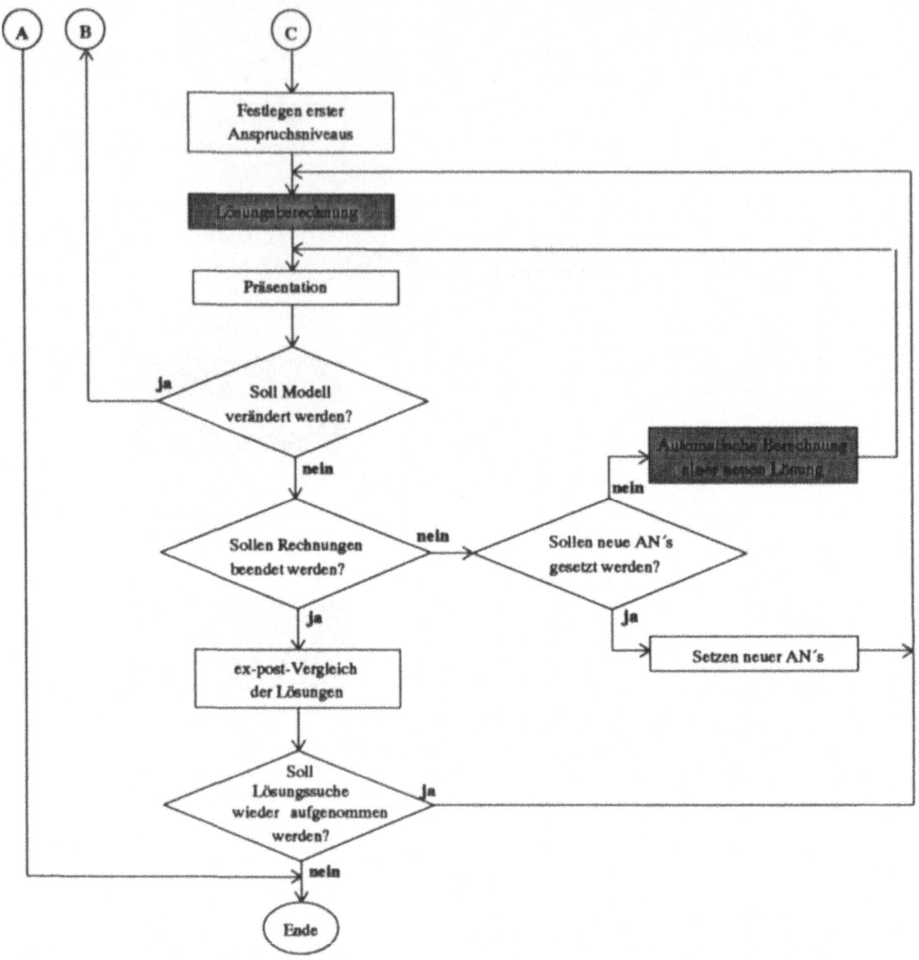

Abb. 4-6: Der Fluß des Systems FLOP im Gesamtzusammenhang

4.3.3.   Struktur einer Systemsitzung

Eine Systemsitzung in FLOP beginnt mit der Editierung des zu bearbeitenden Problems in Modellform. Dazu kann entweder ein neues Modell erstellt oder ein bereits früher erstelltes und abgespeichertes Modell erneut aufgerufen werden. FLOP bietet in einem Menü alle bereits existierenden Modelle zur Auswahl an.

Die Editierung eines Problems beinhaltet, daß der Entscheidungsträger sein mentales Modell des realen Problems in eine formale Struktur überträgt. Dies ist umso besser möglich, je mehr Freiraum ihm bei der Gestaltung eingeräumt werden kann und je weniger festen Eingabemustern er folgen muß. Aus diesem Grunde ist die Modelleditierung in Form eines full-screen-Arbeitsblattes aufgebaut. Dies hat den Vorteil, daß der Systembenutzer nicht auf spezielle Fragen des Systems antworten muß, sondern die Reihenfolge einzelner Eingaben zur Modellerstellung selbst festlegen kann. Im Gegensatz zu einer sequentiellen Erfragung einzelner Daten behält der Entscheidungsträger so bei der Modellerstellung den Überblick über bereits vollzogene Eingaben und kann diese jederzeit überprüfen. Außerdem werden die eingegebenen Daten nicht endgültig festgelegt, sondern können während der Editierung vom Benutzer wieder korrigiert werden. Auch das Ende der Modelleditierung bestimmt der Benutzer selbst. In Abbildung 4-7 ist der Aufbau des Bildschirms in FLOP bei der Modelleditierung beispielhaft wiedergegeben.[2]

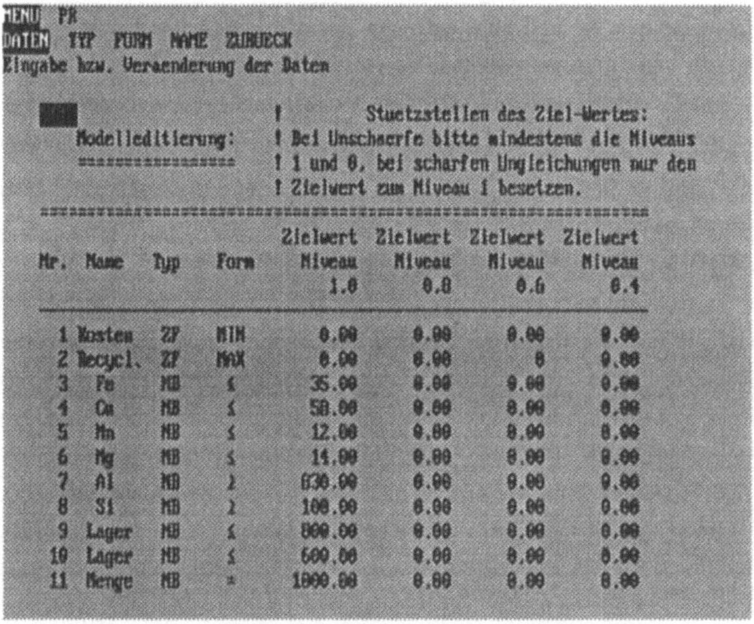
MENU PR
DATEN TYP FORM NAME ZURUECK
Eingabe bzw. Veraenderung der Daten

Modelleditierung: ! Stuetzstellen des Ziel-Wertes:
! Bei Unschaerfe bitte mindestens die Niveaus
! 1 und 0, bei scharfen Ungleichungen nur den
! Zielwert zum Niveau 1 besetzen.

Nr.	Name	Typ	Form	Zielwert Niveau 1.0	Zielwert Niveau 0.8	Zielwert Niveau 0.6	Zielwert Niveau 0.4
1	Kosten	ZF	MIN	0.00	0.00	0.00	0.00
2	Recycl.	ZF	MAX	0.00	0.00	0	0.00
3	Fe	NB	≤	35.00	0.00	0.00	0.00
4	Cu	NB	≤	50.00	0.00	0.00	0.00
5	Mn	NB	≤	12.00	0.00	0.00	0.00
6	Mg	NB	≤	14.00	0.00	0.00	0.00
7	Al	NB	≥	630.00	0.00	0.00	0.00
8	Si	NB	≥	100.00	0.00	0.00	0.00
9	Lager	NB	≤	800.00	0.00	0.00	0.00
10	Lager	NB	≤	600.00	0.00	0.00	0.00
11	Menge	NB	=	1000.00	0.00	0.00	0.00

Abb. 4-7: Modelleditierung in FLOP

Unsachgemäße Eingaben werden vom System erkannt und verhindert. So akzeptiert FLOP als Eingabedaten lediglich Zahlen. Auch die Festlegung des Typs und der Form einer Systemungleichung ist so angelegt, daß nur zwischen "ZF" und "NB" für Ziel und Nebenbedingung beziehungsweise zwischen "≤", "≥" oder "=" gewählt werden kann; andere Eingaben sind nicht möglich. Im direkten Anschluß an die Mo-

2 Das Arbeitsblatt ist so aufgebaut, daß Name, Typ und Form der Ungleichungen sowie die horizontale Statuszeile zur Orientierung jederzeit auf dem aktuellen Bildschirm verbleiben, während die Stützstellen und Koeffizientenmatrix "gescrollt" werden, d.h. ausgewählte Bereiche zur Editierung auf den Bildschirm "gerollt" und wieder "weggerollt" werden. In Abbildung 4-7 ist z.B. der Bereich der fuzzy Stützstellen im Sichtfenster, obwohl es - gerade bei den Zielfunktionen - wahrscheinlich ist, daß der Benutzer hier zu Beginn der Sitzung noch keine detaillierten Eingaben leisten kann.

delleditierung wird in FLOP die logische Konsistenz der eingegebenen fuzzy Restriktionen getestet.[3] Sollten die Daten nicht in der erforderlichen Form vorliegen, wird zur Editierung zurückverzweigt und dem Benutzer mitgeteilt, an welcher Stelle des Arbeitsblattes die unlogische Eingabe erfolgt ist. So wird erreicht, daß die Phase der Modelleditierung stets mit einem Modell abgeschlossen wird, bei dem alle unscharfen Restriktionen in sich widerspruchsfrei vorliegen und es daher zu keinen Komplikationen während der Optimierungsrechnungen kommen kann.

Der Programmteil der Editierung findet nicht nur bei der Erstellung eines Modells Einsatz, sondern auch immer dann, wenn sich im Laufe der Systemsitzung die Vorstellungen des Entscheidungsträger über das zu lösende Problem ändern. Um dies auch auf das formale Modell zu übertragen, kann jederzeit wieder in die Phase der Editierung zurückgesprungen werden. So ist insbesondere gewährleistet, daß der im menschlichen Problemlöseprozeß oft beobachtete Kreislauf zwischen "problem solving" und "problem finding"[4] sich auch im Ablauf des Systems niederschlagen kann.

An die Phase der Modelleditierung schließt sich die Modellkonfiguration an. Sie dient zur Vorbereitung der Lösungssuche und beinhaltet in erster Linie Berechnungen und Transformationen, die das System selbständig durchführt. Zu Beginn wird das Modell auf seine grundsätzliche Zulässigkeit getestet. Dabei wird untersucht, ob sich Zielfunktionen und/oder Restriktionen nicht soweit widersprechen, daß in keinem Fall eine Lösung des Problems gefunden werden kann.[5] Liegt eine unlösbare Problemstellung vor, verliert auch der Prozeß der Lösungssuche seinen Sinn. Dies wird dem Entscheidungsträger in FLOP beim Eintreten einer solchen Situation mitgeteilt; er kann im folgenden entscheiden, ob sich das Modell verändern läßt oder nicht. Wenn erwünscht, wird zur Phase der Modelleditierung verzweigt; falls das bestehende Modell jedoch den realen Sachverhalt korrekt wiedergibt und nicht veränderbar ist, wird die Systemsitzung mit der Erkenntnis beendet, daß eine unlösbare Problemstellung vorliegt.

Für den Fall, daß durch den Test die grundsätzliche Lösbarkeit des erstellten Modells festgestellt worden ist, kann mit der Suche nach der optimalen Lösung begonnen werden. Dazu werden im Vorfeld vom System theoretische Ober- und Untergrenzen für die Ausprägungen der einzelnen Zielfunktionen errechnet.[6] Mit diesen Werten als Orientierungshilfe legt der Entscheidungsträger dann im Anschluß das Akzeptanzin-

---

3   Vgl. Abschnitt 4.2.1.1.

4   Vgl. z.B. Mantey, P.; Sutton, J.: (Computer), S. 339.

5   Eine grundsätzlich unlösbare Aufgabenstellung eines unscharfen Problems liegt nach (3.10) dann vor, wenn keine Lösung existiert, bei der die Zugehörigkeitswerte aller Restriktionen sämtlich größer als Null sind, vgl. auch Rommelfanger, H.: (Entscheiden), S. 175.

6   Zur Art der Berechnungen vgl. Abschnitt 4.2.1.2.

tervall für die Ziele des Modells fest.[7] Erfolgt keine explizite Eingabe, verwendet FLOP die errechneten Werte als Intervallgrenzen.

Mit den so gewonnen Daten lassen sich dann für alle Ziele und Nebenbedingungen Zugehörigkeitsfunktionen erstellen. Sollte dabei bei einer Funktion ein konvexer Verlauf auftreten, wird dieser automatisch für die Optimierungsrechnungen in konkave Form gebracht.[8] Anschließend wird das fuzzy Modell in eine deterministische Form transformiert, die mit der Simplexmethode gelöst werden kann. Bevor allerdings mit der Lösungssuche begonnen wird, errechnet das System als weitere Orientierungshilfe selbständig drei Lösungspunkte, die dem Entscheidungsträger im weiteren Verlauf als globale Referenzpunkte zur Verfügung stehen.[9]

Ergibt sich aus der Berechnung des Referenzpunktes der maximalen Erfüllung der Nebenbedingungen, daß die Akzeptanzuntergrenzen einiger Zielfunktionen angehoben werden könnten, wird dies dem Systembenutzer mitgeteilt.[10] Ändert dieser daraufhin seine Vorstellungen, bietet FLOP ihm ein entsprechendes Eingabe-Menü an, um die Untergrenzen der Zielfunktionen anzupassen. Dies hat dann zur Folge, daß sich die Zugehörigkeitsfunktionen der entsprechenden Ziele ändern. Es ergibt sich die Notwendigkeit, die Transformationen des Modells sowie die Berechnung der globalen Referenzpunkte erneut durchzuführen. Zu diesem Zweck wird in FLOP nach der Eingabe der veränderten Akzeptanzgrenzen an die entsprechende Stelle zurückverzweigt.

Für den Fall hingegen, daß entweder keine Erhöhung der Untergrenzen möglich erscheint oder der Entscheidungsträger seine Vorstellungen beibehält, wird nicht verzweigt, sondern im Programmablauf fortgefahren; die Phase der Modellkonfiguration ist dann abgeschlossen. Sie ist fest an die Phase der Modelleditierung gekoppelt, da ohne eine Konfiguration die optimierende Lösungssuche nicht gestartet werden kann. Ändert der Entscheidungsträger seine Vorstellungen und infolgedessen auch die Strukturen des formalen Modells, durchläuft FLOP im Anschluß an die Editierung auch automatisch wieder die Phase der Modellkonfiguration.

---

[7] Dabei wird vom System wie schon bei der Modelleditierung die logische Konsistenz etwaig eingegebener Stützstellen überprüft.

[8] Zur Vorgehensweise vgl. Abschnitt 4.2.1.1. Um die Eingaben des Entscheidenden nicht aus verfahrenstechnischen Gründen zu manipulieren, werden die Umformungen allerdings nicht in das Ausgangsmodell übertragen und nur für den Zeitraum vorgenommen, für den im Zuge der Optimierungsrechnungen konkave Zugehörigkeitsfunktionen unabdingbar sind. Beim Auftreten konvexer Verläufe wird dies dem Entscheidungsträger in einer Meldung mitgeteilt.

[9] Zur Bedeutung und Art der Berechnung der drei globalen Referenzpunkte vgl. Abschnitt 4.2.2.

[10] Vgl. Abschnitt 4.2.2.4.

Mit der Phase der Lösungssuche beginnen die eigentlichen Optimierungsrechnungen innerhalb des Systems FLOP. Zu Beginn legt der Entscheidungsträger zur Intitialisierung erste Anspruchsniveaus fest.[11] Mit diesen berechnet FLOP einen ersten Lösungspunkt.[12] Im Anschluß an diese erste Optimierung wird dem Entscheidungsträger die erzielte Lösung zusammen mit den drei globalen Referenzpunkten auf einem Bildschirm präsentiert. Der Aufbau dieser Präsentation ist graphisch; der Lösungspunkt wird als Balkendiagramm dargestellt, in dem das Niveau an Zugehörigkeit, das die einzelnen Systemungleichungen beim betreffenden Punkt erreichen, abgetragen wird. In Abbildung 4-8 ist ein beispielhafter Bildschirm bei der Präsentation einer Lösung wiedergegeben.[13]

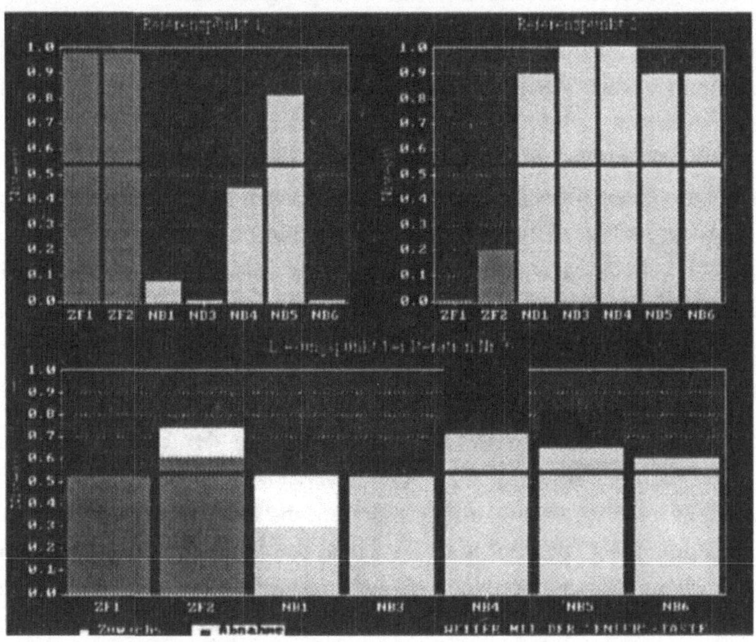

Abb. 4-8: Präsentation eines Lösungspunktes in FLOP

Die momentan erzielte Lösung wird dem Entscheidungsträger auf dem Bildschirm in Beziehung zu den globalen Referenzpunkten und der vorherigen Lösung dargestellt. Wie aus der Abbildung ersichtlich wird, erscheint der Referenzpunkt 0 des Max-Min-

---

[11]　Geschieht dies nicht, entsteht eine Situation, in der keinerlei Präferenzen zwischen den einzelnen Systemungleichungen bestehen. Das System errechnet dann einen ersten Lösungspunkt, der dem klassischen Max-Min-Ansatz entspricht.

[12]　Zur Optimierung des Modells auf der Grundlage von Anspruchsniveaus vgl. Abschnitt 4.2.3.

[13]　Die Abbildung gibt die Gestalt des Bildschirms nur unzureichend wieder. Neben der besseren Lesbarkeit der Schrift ist insbesondere der farbliche Kontrast zwischen Balken und Hintergrund und den Balken untereinander stärker und damit eindeutiger, als es die Schwarz-Weiß-Kopie auf dem Papier ausdrücken kann.

Ansatzes dabei als horizontaler Balken in allen Diagrammen, während die Referenzpunkte 1 und 2 immer in der oberen Bildschirmhälfte abgebildet werden.[14] Der Balken für diesen Referenzpunkt soll zum Ausdruck bringen, daß es möglich ist, alle Systemungleichungen gleichzeitig mindestens auf diesem Niveau zu erfüllen; er hilft dem Entscheidungsträger so bei der Einordnung der momentan erzielten Lösung.

In Abbildung 4-8 fällt auf, daß die zweite Nebenbedingung des behandelten Modells in den Balkendiagrammen nicht mit abgebildet ist. Dies hat den Grund, daß die betreffende Ungleichung nicht für eine Kompensation in Frage kommt und daher für die folgende Lösungssuche nicht relevant ist. Eine solche Irrelevanz ist dann gegeben, wenn für eine fuzzy Ungleichung bewiesen ist, daß sie *immer* voll eingehalten wird und demnach zu jeder Zeit volles Niveau 1.0 besitzt. Es kann für solche Ungleichungen dann keine zulässige Lösung existieren, bei der auch nur geringste Niveaueinbußen in Kauf genommen werden müßten. Da diese Ungleichungen dann auch für eine Kompensation im Laufe der Lösungssuche nicht in Frage kommen können, werden sie in FLOP zum Zweck der besseren Übersichtlichkeit und Orientierung nicht mit abgebildet.

Es existieren zwei unterschiedliche Situationen, in denen eine Ungleichung zu jeder Zeit volle Zugehörigkeit besitzt. Zum einen trifft dies auf scharfe, deterministische Restriktionen zu. Da für die Suche nur effiziente und zulässige Lösungen in Frage kommen, werden scharfe Nebenbedingungen immer voll eingehalten und besitzen stets das volle Niveau 1.0. Zum anderen kann es sein, daß der Unschärfebereich einer fuzzy Restriktion so weit gefaßt ist, daß die betreffende Ungleichung stets voll eingehalten wird; bevor sie stärker ausgelastet werden könnte, führt dies bei anderen fuzzy Ungleichungen bereits zur Unzulässigkeit.

Die Erkennung solcher Restriktionen mit ausreichend "scharfem" Spielraum erfolgt mit Hilfe der globalen Referenzpunkte. Sollte eine fuzzy Restriktion sowohl in den beiden extremen Referenzpunkten 1 und 2 als auch im Referenzpunkt 0 des Max-Min-Ansatzes volles Niveau besitzen, wird dies als Indiz gewertet. In einem solchen Fall testet FLOP im Anschluß, ob es bei maximalem Niveau aller anderen Ungleichungen passieren kann, daß die betreffende fuzzy Ungleichung *nicht* zu vollem Niveau eingehalten werden kann. Ist dies nicht der Fall, kann eine solche Restriktion für eine Kompensation nicht in Frage kommen und ist für den weiteren Verlauf der Lösungssuche irrelevant.

Die Präsentation des momentanen Lösungspunktes ist eng an die vorherige Lösung gekoppelt. Da es das Ziel des Systems ist, den Entscheidungsträger beim *Prozeß* der Entscheidungsfindung zu unterstützen, muß die Präsentation einer Lösung auch auf

---

[14] In dieser Form der Darstellung liegt auch der Grund, warum der Referenzpunkt des Max-Min-Ansatzes die Bezeichnung "Referenzpunkt 0" erhalten hat.

diesen Prozeß ausgerichtet sein. Durch die Lösungssuche mit dem Setzen, Lösen und Ändern von Anspruchsniveaus liegt das Hauptproblem bei der Beurteilung einer erzielten Lösung für den Entscheidungsträger darin, die Auswirkungen seiner veränderten Ansprüche auf die erzielten Lösungen simultan abzuschätzen. Um ihm diese Beurteilung zu erleichtern, werden in FLOP die Differenzen der neuen zur vorherigen Lösung für jede Ungleichung innerhalb des Balkens andersfarbig abgesetzt. Auf diese Weise kann der Entscheidungsträger auf einen Blick erkennen, welche Auswirkungen seine Anspruchsniveauveränderung auf die Lösung besitzt.

Der Aufbau des Bildschirms der zur Präsentation der Lösung ist für alle Problemstellungen identisch. Dies bedeutet, daß in der oberen Bildschirmhälfte stets die beiden Referenzpunkte und in der unteren Hälfte immer die momentane Lösung mit den Differenzen zum vorherigen Lösungspunkt dargestellt werden. Um immer eine simultane Übersicht über alle Systemungleichungen zu gewährleisten, ist in FLOP für sämtliche Problemstellungen die Präsentation einer Lösung auf einen Bildschirm beschränkt. Um dies auch für Modelle zu realisieren, bei denen die Anzahl der Ungleichungen weit größer ist als beispielsweise beim Modell der Abbildung 4-8, wird in FLOP die Balkenbreite flexibel an die jeweilige Situation angepaßt. Je mehr Ungleichungen abgebildet werden müssen, um so schmaler werden die Balken für die einzelnen Ungleichungen.[15] Durch diese Vorgehensweise ist gewährleistet, daß die Struktur der Lösungspräsentation, unabhängig von der Größe des Modells, identisch bleibt.[16]

Im Anschluß an die Berechnung und Präsentation einer Lösung besitzt der Entscheidungsträger folgende Aktionsmöglichkeiten:

- Lösungsanalysen und -vergleiche
- Modellveränderung
- Fortsetzen der Lösungssuche durch Änderung von Anspruchsniveaus
- automatische Lösungssuche durch das System
- Beendigung der Lösungssuche

Zur Auswahl einer Option wird ihm nach jeder Iteration ein Menü angeboten, wie es in Abbildung 4-9 wiedergegeben ist.

---

[15] Umgekehrt werden die Balken dementsprechend breiter, je weniger unscharfe Ungleichungen im Modell vorliegen.

[16] Um eine Unterscheidung der Ungleichungen sicherzustellen, ist FLOP für maximale 110 Ungleichungen konzipiert.

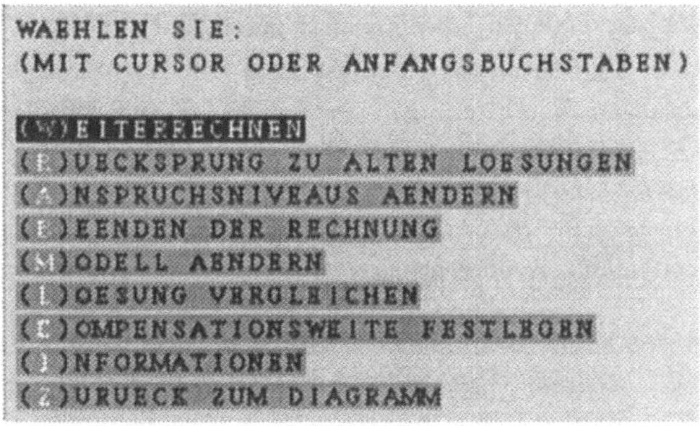

Abb. 4-9: FLOP-Menü im Rahmen der Lösungspräsentation

Durch den Abruf zusätzlicher Informationen ist es dem Entscheidungsträger möglich, die direkte Lösungssuche zu unterbrechen und die errechnete Lösung zu analysieren und zu vergleichen.[17] Wenn sich die Einsichten des Entscheidungsträgers über die grundsätzlichen Modellstrukturen verändert haben sollten und er infolgedessen Modelldaten variieren möchte, kann in FLOP nach jeder Lösungsgenerierung zur Phase der Modelleditierung zurückverzweigt werden.

Neben diesen beiden Alternativen bietet sich dem Benutzer natürlich auch die Möglichkeit, die Lösungssuche mit dem bestehenden Modell fortzusetzen. Dabei bleibt das Modell auch dann in seiner bisherigen Form "bestehen", wenn sich die Ansprüche ändern. Neu gesetzte Anspruchsniveaus spiegeln dabei lediglich eine andere Präferenzstruktur bei sonst unverändertem Modell wider. Die so neu gewonnene Lösung bezieht sich immer noch auf dieselben Problemdaten, nur daß jetzt auf Grund der veränderten Ansprüche vom System ein anderer Punkt als Lösung errechnet wird. Der Vorgang beschreibt demnach einen Iterationsschritt *innerhalb* der Phase der Lösungssuche. Sollte der Entscheidungsträger sowohl das Modell als auch die bestehenden Ansprüche unverändert lassen, die Suche nach besseren Lösungen aber trotzdem nicht beenden wollen, so wird in FLOP intern der Programmteil der automatischen Lösungssuche aufgerufen und vom System eine neue Lösung ermittelt.[18] Außerdem besteht die Möglichkeit, zu einer bereits ermittelten Lösung einer vorhergehenden Iteration zurückzukehren und von dort aus die Lösungssuche fortzusetzen.

Die iterative Suche nach der besten Lösung wird in FLOP solange durchgeführt, bis der Entscheidungsträger die Rechnungen beenden möchte. Wählt er diese Option, kann im Anschluß an die Rechnungen bei Bedarf ein ex-post-Vergleich aller im

---

[17] Hierunter fällt z.B. der in Abschnitt 4.2.5.1. beschriebene Vergleich der Lösungsniveaus mit den Werten der ursprünglichen Dimension oder der Abruf von weiteren zusätzlichen Informationen.

[18] Zur genauen Vorgehensweise der automatischen Lösungssuche vgl. Abschnitt 4.2.4.

Laufe der Suchphase erzielten Lösungspunkte durchgeführt werden.[19] Für den Fall, daß der Entscheidungsträger nach dieser Analsyse den Wunsch hegt, erneut in den Prozeß der Lösungssuche einzusteigen, wird in FLOP eine entsprechende Option bereitgestellt. Erst wenn die Analyse abgeschlossen ist und der Systembenutzer keine weiteren Rechnungen mehr erwünscht, wird die Systemsitzung beendet; zuvor wird auf Wunsch das Modell - für etwaige spätere Systembenutzungen - und die erzielte optimale Kompromißlösung abgespeichert.

Die Benutzung von FLOP bedarf keiner spezifischen Vorkenntnisse über das System; die erforderlichen Angaben sowie die durchgeführten Rechnungen werden in jeder Phase erläutert. Zusätzlich stehen dem Benutzer in jeder Phase von FLOP Hilfen in Form von Informationsbildschirmen zur Verfügung. Diese können jederzeit menügesteuert aufgerufen werden; sie erläutern einerseits den speziellen Ablauf des gerade bearbeiteten Systemmoduls und geben andererseits Informationen über das Gesamtkonzept der Entscheidungsunterstützung. Da der Systembenutzer selbst entscheidet, wann und welche Hilfsinformationen aktiviert werden, wird gewährleistet, daß die Unterstützung dem jeweiligen individuellen Kenntnisstand des Entscheidungsträgers entspricht.

---

[19]   Zu den ex-post-Vergleichen vgl. Abschnitt 4.2.5.2. Die zu vergleichenden Lösungen beziehen sich dabei auf die "letzte" Suchphase, d.h. auf die Berechnungen nach der letzten Modellveränderung.

5. Komplexes betriebliches Problemlösen - ein Anwendungsbeispiel

In diesem Kapitel soll an Hand einer ausgewählten betriebswirtschaftlichen Problemstellung exemplarisch gezeigt werden, wie das System FLOP den Entscheidungsträger bei der Lösung seines Problems unterstützt. Dazu wird zunächst die verwendete Aufgabenstellung vorgestellt und erläutert und im Anschluß daran der Ablauf einer vollständigen Systemsitzung in FLOP bis zur Lösung des gestellten Problems dokumentiert. Die dabei erforderlichen Präferenzartikulationen und Steuerungen des Entscheidungsträgers werden fiktiv simuliert. Zum Abschluß des Kapitels wird die durch die Systemsitzung geleistete Entscheidungshilfe diskutiert.

5.1. Problemstellung

Eines der klassischen betriebswirtschaftlichen Anwendungsgebiete der Linearen Optimierung ist das sogenannte *Mischungsproblem*.[1] Es tritt in den Situationen auf, bei denen zur Herstellung eines Produkts mehrere Einsatzfaktoren - mit jeweils unterschiedlichen Beschaffungspreisen - miteinander vermischt werden müssen. Führen verschiedene Kombinationen der zu mischenden Stoffe zu einem zulässigen Produkt, besteht das Problem in der Auswahl eines bestimmten Verhältnisses der Einsatzfaktoren.[2] Im klassischen Fall des Mischungsproblems wird eine kostenminimale Produktion angestrebt; die einzuhaltenden Nebenbedingungen stellen dabei sicher, daß die Qualität des Produkts untere Richtwerte nicht unterschreitet oder beziehen sich auf limitierende Umstände wie die Verfügbarkeit der Einsatzstoffe oder die Produktionskapazität.[3]

Schon bei einer kleineren Anzahl von Rohstoffen beschreibt die Bestimmung des optimalen Mischungsverhältnisses eine nichttriviale Problemstellung, die sich nur mit Hilfe systematischer Methoden lösen läßt.[4] Für einen Einsatz der Linearen Optimierung zur Lösung von Mischungsproblemen spricht zudem, daß sich die Problemstruktur im wesentlichen aus naturgesetzlichen Zusammenhängen ergibt und dadurch der Informationsaufwand zur Erstellung des quantitativen Modells als relativ

---

[1]   Vgl. Ellinger, T.: (Operations), S. 38; Littger, K.: (Optimierung), S. 6 f.
[2]   Vgl. Bloech, J.: (Optimierung), S. 13.
[3]   Vgl. Littger, K.: (Optimierung), S. 87.
[4]   Vgl. Bloech, J.: (Optimierung), S. 13.

gering anzusehen ist.[5] Aus diesen Gründen gehören die Mischungsprobleme zu den Gebieten, in denen die Lineare Optimierung als Methode des Operations Research in der Praxis eingesetzt wird.[6]

Mischungsprobleme treten in der betriebswirtschaftlichen Praxis häufig und in unterschiedlichen Branchen auf.[7] Neben dem Einsatz in technischen Bereichen wie bei der Erzeugung von Benzin oder Heizöl in Raffinerien[8] oder der Erzeugung von Metallegierungen finden sie auch in der Nahrungsmittelindustrie bei der Herstellung von Wurst, Diätnahrung oder von Tierfuttermitteln Anwendung.[9] Mischungsprobleme gehörten auch historisch - neben der Optimierung von Transportwegen - zu den ersten Fragestellungen, die mit den Methoden des Operations Research behandelt wurden.[10] Insgesamt erscheinen Mischungsprobleme deshalb für eine exemplarische Darstellung eines Optimierungsverfahrens gut geeignet.

Wie bei vielen anderen realen Problemen, ergibt sich auch bei der Suche nach der optimalen Mischung häufig die Schwierigkeit, daß die Daten nicht vollständig deterministisch vorliegen, sondern mit einer gewissen Unschärfe behaftet sind.[11] Die Fuzzyness kann bei Mischungsproblemen an verschiedenen Stellen auftreten. So ist es möglich, daß die Einkaufspreise der Einsatzfaktoren nicht genau festliegen und nur in Bandbreiten erfaßt und quantifiziert werden können. Soll in einem solchen Fall diese Unschärfe im formalen Modell berücksichtigt werden, resultiert daraus eine unscharfe Zielfunktion zu minimierender Produktionskosten.

Eine weitere potentielle Quelle der Unschärfe liegt in den Restriktionen, die gewährleisten, daß das produzierte Gut die gestellten Qualitätsanforderungen erfüllt. Die Schwelle, von der an im Endprodukt so viel beziehungsweise so wenig von einem bestimmten Inhaltsstoff enthalten ist, daß es den gestellten Ansprüchen nicht mehr genügt, ist nicht immer eindeutig und auch unter Umständen Resultat einer linguistisch-qualitativen Einschätzung.[12] Schließlich kann Datenunschärfe auch bei Kapa-

---

5   Vgl. Ellinger, T.: (Operations), S. 38.
6   Vgl. Ellinger, T.: (Operations), S. 38. Zu den Problemen der Anwendung der Verfahren des Operations Research in der Praxis vgl. Abschnitt 3.1.
7   Vgl. Beale, E.M.L.: (Introduction), S. 72; Littger, K.: (Optimierung), S. 7.
8   Vgl. z.B. Aboudi, R. et al.: (Programming), S. 13 - 25; Ramsey, J.Jr.; Truesdale, P.B.: (Optimization), S. 40 - 44.
9   Vgl. z.B. Williams, H.P.; Redwood, A.C.: (Programming), S. 517 - 527; Jones, W.G.; Rope, C.M.: (Programming), S. 293 - 302.
10   Vgl. Littger, K.: (Optimierung), S. 6. So setzten beispielsweise Charnes, Cooper & Mellon schon 1952 die Methoden der Linearen Optimierung zur Lösung eines Mischungsproblems bei der Benzinerzeugung ein, vgl. Charnes, A.; Cooper, W.W.; Mellon, B.: (Blending), S. 135 - 159.
11   Vgl. Zimmermann, H.-J.: (Fuzzy Set Theory), S. 284.
12   Es könnte z.B. die Anforderung bestehen, daß das Endprodukt "möglichst mehr als 10 %" eines bestimmten Einsatzfaktors enthält.

zitäts-Restriktionen auftreten. So kann z.B. der Fall eintreten, daß die für die Produktion zur Verfügung stehende Menge eines Einsatzstoffes zwar begrenzt ist, sich aber unter Umständen durch zusätzlichen Einkauf vergrößern läßt. Das Gleiche kann für die Produktionskapazität gelten, die eventuell - beispielsweise unter Einsatz von Nachtarbeit - kurzfristig erhöht werden kann.

Das Wesen eines Mischungsproblems entsteht durch die Tatsache, daß die gewünschten Eigenschaften des herzustellenden Produkts nicht so genau spezifiziert sind, als daß sie von nur einer speziellen Kombination der Einsatzstoffe erfüllt werden können. Stattdessen führen unterschiedliche Mengenanteile der Einsatzstoffe zu Endprodukten, die zwar nicht völlig identisch, aber in ihrer Struktur so ähnlich sind, daß sie alle geforderten Eigenschaften aufweisen und damit zu der Klasse der zulässigen Lösungen gehören. Gleichwohl weisen die jeweiligen Produkte auf Grund ihrer unterschiedlichen Zusammensetzung unterschiedliche Qualität auf. Werden die Qualitätsanforderungen verändert, hat dies direkte Auswirkungen auf die Grenzwerte der Nebenbedingungen, die den Anteil des jeweiligen Einsatzfaktors determinieren.

Für die einzelnen Inhaltsstoffe lassen sich so für deren Anteil an der herzustellenden Mischung Intervalle erstellen; liegt der Anteil der betreffenden Rohstoffe innerhalb dieses Intervalls, ist sichergestellt, daß das Endprodukt die gewünschten Eigenschaften aufweist; dies kann mit der Zulässigkeit der Mischung gleichgesetzt werden. Dagegen führen Mischungsverhältnisse, bei denen mindestens ein Inhaltsstoff einen Anteil außerhalb der festgelegten Bandbreite aufweist, zu qualitativ unzulässigen Endprodukten.

Durch eine Variation des Stoffes *innerhalb* dieser Bandbreite läßt sich die Qualität der Mischung beeinflussen, da unterschiedliche Kombinationen der Einsatzstoffe auch zu qualitativ unterschiedlichen Endprodukten führen können. Wird das Intervall zulässiger Anteile als unscharfer Bereich betrachtet, läßt sich mit der Variation von Zugehörigkeitswerten der Restriktionen die Qualität des Endprodukts steuern. Dabei ist sichergestellt, daß der Bereich der zulässigen Lösungen nicht verlassen wird, indem die qualitativen Grundanforderungen stets erfüllt bleiben.

Aus dieser Argumentation wird deutlich, daß die verschiedenen potentiellen Ursachen für Datenunschärfe in Mischungsproblemen einen Einsatz der Linearen Fuzzy Optimierung als sinnvoll und gewinnbringend erscheinen lassen. Tatsächlich gehören Mischungsprobleme auch zu den Problembereichen der Praxis, in denen Fuzzy Sets eingesetzt werden.[13] Aus diesem Grund ist das Mischungsproblem gut geeignet, um

---

[13] Vgl. Zimmermann, H.-J.: (Fuzzy Set Theory), S. 285. Zimmermann erwähnt neben den Mischungsproblemen noch die Logistik, die Ablaufsteuerung und die Klassifizierung als Gebiete, in denen betriebliche Anwendungen der Fuzzy Optimierung bekannt geworden

an ihm die Vorgehensweise des Entscheidungsunterstützungssystems FLOP beispielhaft zu erläutern.

Betrachtet wird die Produktion von Metallegierungen. Es bestehe der Auftrag zur
Herstellung von 1000 kg einer Aluminium-Legierung. Diese kann sich aus verschiedenen Chemikalien zusammensetzen. Im Idealfall bestände die Legierung nur aus
Aluminium und einem gewissen Anteil Silicium; es ist aber für die Qualität des Endprodukts von keinerlei Bedeutung, wenn es neben den beiden Stoffen noch Anteile
der Metalle Eisen, Kupfer, Mangan und Magnesium enthält. Das Einsatzverhältnis
der Stoffe ist nicht fest vorgegeben; es existieren mehrere Kombinationsmöglichkeiten zur Erzeugung einer Metallegierung mit den geforderten Eigenschaften. Um die
Qualität der Legierung sicherzustellen, gelten lediglich Mindestanforderungen. Bezogen auf die Produktion von 1000 kg Legierung, lauten diese wie folgt:

(5.1)

Chemikalie	Legierungsanteil bei 1000 kg
Eisen (Fe)	möglichst kleiner als 35 kg
Kupfer (Cu)	möglichst kleiner als 58 kg
Mangan (Mn)	möglichst kleiner als 12 kg
Magnesium (Mg)	möglichst kleiner als 14 kg
Aluminium (Al)	möglichst größer als 830 kg
Silicium (Si)	möglichst größer als 100 kg

Zur Verschmelzung stehen verschiedene Einsatzstoffe bereit. Neben der Verwendung
von industrie-reinem (97%) Aluminium und Silicium ist es außerdem möglich, Altmetalle wiederzuverwenden; es besteht dabei die Wahl zwischen zwei verschiedenen
Altmetallen A_1 und A_2. Allerdings sind diese nicht in unbegrenzter Menge verfügbar.
In Tabelle (5.2) sind die theoretisch möglichen Kapazitäten der beiden Altmetalle mit
ihren Einkaufspreisen sowie die Beschaffungspreise des Aluminiums und Siliciums
wiedergegeben:[14]

---

sind. Rabetge beschreibt Anwendungsmöglichkeiten der Fuzzy Sets in der Netzplantechnik, vgl. Rabetge, C.: (Fuzzy Sets).

[14] Im vorliegenden Beispiel werden, um die Komplexität aus Gründen der Übersichtlichkeit nicht zu stark anwachsen zu lassen, konstante Beschaffungspreise der Rohstoffmate-
rialien unterstellt. Aus dem gleichen Grund soll auch darauf verzichtet werden, daß es
unter überproportionalen Mehrkosten möglich ist, zusätzliche Mengen an Altmetallen zu
beschaffen. Es wäre natürlich dennoch möglich, diese Datenunschärfen ebenfalls im
Modell zu berücksichtigen.

(5.2)

Einsatzstoff	maximal verfügbare Menge (kg)	Beschaffungspreis (DM / kg)
Altmetall 1 (A1)	800	0.08
Altmetall 2 (A2)	600	0.14
Aluminium (Al)	-	0.20
Silicium (Si)	-	0.35

Für die Erfüllung der bestehenden Qualitätsanforderungen ist es von Bedeutung, wie sich die einzelnen Einsatzstoffe des Verschmelzungsprozesses chemisch zusammmsetzen. Dies wird aus der Tabelle (5.3) ersichtlich:

(5.3)

Chemi-kalie / Ein-satzstoff	Eisen (Fe)	Kupfer (Cu)	Mangan (Mn)	Magn. (Mg)	Alu. (Al)	Silic. (Si)	Σ
A1	0.10	0.02	0.03	-	0.73	0.12	1.0
A2	0.03	0.09	0.02	0.05	0.81	-	1.0
Al	0.01	0.01	-	-	0.97	0.01	1.0
Si	0.03	-	-	-	-	0.97	1.0

Die Unternehmung verfolge zwei unterschiedliche Zielsetzungen. Zum einen bestehe der Wunsch, die unter Einhaltung der Nebenbedingungen kostenminimale Legierung zu ermitteln. Zum anderen verfolge der Betrieb die Strategie, verstärkt Recycling zu betreiben. Demzufolge ist das Ziel formuliert worden, bei der Produktion der Aluminium-Legierung den Anteil der Altmetalle zu maximieren. Die beiden Zielsetzungen werden durch folgende Nebenbedingungen eingeschränkt:[15]

- Einhaltung der chemischen Qualitätsanforderungen
- Einhaltung der Kapazitätsgrenzen für die Altmetalle
- Produktion von 1000 kg Legierung

Mit den zur Verfügung stehenden Daten läßt sich ein Modell der Linearen Fuzzy Optimierung aufstellen. Es enthält als Entscheidungsvariablen die vier möglichen Einsatzstoffe Altmetall 1 und 2 (A_1 und A_2) sowie Aluminium (Al) und Silicium (Si), deren - unter den bestehenden Zielsetzungen und Restriktionen - optimale Zusam-

---

[15] Dies sind nicht die einzigen möglichen Nebenbedingungen. So ist z.B. denkbar, daß sich aus der Lagerung von Rohstoffen und Fertigprodukten, eventuell bestehenden Kapazitätsgrenzen der Produktion oder aus Koppelungen zwischen der Verwendung von Einsatzfaktoren weitere Restriktionen ergeben könnten. Aus Gründen der Übersichtlichkeit des Modells und der Aussagekraft der Ergebnisse bleiben solche Restriktionen hier unberücksichtigt.

mensetzung gesucht ist.[16] Zur expliziten Formulierung der fuzzy Qualitätsnebenbedingung für jeden der möglichen Inhaltsstoffe der Legierung ist ein Eingriff des Entscheidungsträgers nötig. Da dieser bereits Teil des Problemlösesprozesses ist, wird darauf erst im folgenden Abschnitt eingegangen. Bleibt der Bereich der Unschärfe noch nicht näher spezifiziert, besitzt das zu lösende Problem folgende allgemeine Modellstruktur:[17]

$$
\begin{aligned}
\textbf{(5.4)} \quad \text{Min } Z_1 \text{ (Kosten)}: &\quad 0.08A_1 + 0.14A_2 + 0.20Al + 0.35Si \\
\text{Max } Z_2 \text{ (Recyc.)}: &\quad A_1 + A_2 \\[1em]
\text{u.d.Nb.}: \quad R_1(\text{Fe}): &\quad 0.10A_1 + 0.03A_2 + 0.01Al + 0.03Si \quad \tilde{\leq} \quad \tilde{35} \\
R_2(\text{Cu}): &\quad 0.02A_1 + 0.09A_2 + 0.01Al \quad \tilde{\leq} \quad \tilde{58} \\
R_3(\text{Mn}): &\quad 0.03A_1 + 0.02A_2 \quad \tilde{\leq} \quad \tilde{12} \\
R_4(\text{Mg}): &\quad + 0.05A_2 \quad \tilde{\leq} \quad \tilde{13} \\
R_5(\text{Al}): &\quad 0.73A_1 + 0.81A_2 + 0.97Al \quad \tilde{\geq} \quad \widetilde{830} \\
R_6(\text{Si}): &\quad 0.12A_1 + 0.01Al + 0.97Si \quad \tilde{\geq} \quad \widetilde{100} \\
R_7(\text{Kapazität } A_1): &\quad A_1 \quad \leq \quad 800 \\
R_8(\text{Kapazität } A_2): &\quad A_2 \quad \leq \quad 600 \\
R_9(\text{Prod.menge}): &\quad A_1 + A_2 + Al + Si \quad = \quad 1000 \\[1em]
&\quad A_1, A_2, Al, Si \quad \geq \quad 0
\end{aligned}
$$

---

[16] Die Entscheidungsvariablen werden in der Einheit Kilogramm ausgedrückt. Ein Lösungswert von $A_1 = 422.0$ bedeutet beispielsweise, daß in dieser Lösung zur Produktion von 1000 kg Legierung 422 kg vom Altmetall 1 eingesetzt werden.

[17] Das Tilde-Zeichen "~" in (5.4) über einer Zahl soll deutlich machen, daß es sich hierbei um einen noch zu spezifizierenden fuzzy Term handelt.

5.2. Problemlösung mit FLOP

5.2.1. Erste Phase der Lösungssuche

Im folgenden soll das Mischungsproblem (5.4) mit Hilfe des Systems FLOP gelöst werden.[1] Die Systemsitzung beginnt mit der Phase der Modelleditierung, in der vom Entscheidungsträger als Initialisierung der Rechnungen ein erstes, vorläufiges Modell erstellt wird. Dazu ist es im vorliegenden Fall nötig, daß der Systembenutzer die linguistisch-unscharfen Grenzwerte der Qualitätsrestriktionen seinen Vorstellungen entsprechend quantifiziert. Die Beschaffenheit der herzustellenden Aluminium-Legierung ist qualitativ umso höher, je größer der Anteil des Aluminiums und des Siliciums und je kleiner der Anteil der übrigen Metalle in der Legierung ist. Demzufolge müssen Grenzwerte festgelegt werden, ab denen die unscharfe Umschreibungen "möglichst kleiner als" beziehungsweise "möglichst größer als" nicht mehr erfüllt sind und damit die Qualität der Legierung nicht mehr den gestellten Ansprüchen genügt.

Diese erforderlichen Eingaben leistet der Entscheidungsträger dadurch, daß er im Rahmen der Modelleditierung Intervalle für die unscharfen Restriktionen festlegt. Dazu belegt er im Arbeitsblatt mindestens die Randstützstellen der Niveaus 0 und 1.0; sollte er noch spezifischere Vorstellungen über die partielle Erfüllung der Ungleichung innerhalb dieses Bereiches besitzen, können zudem für weitere Niveaus Stützstellen angegeben werden. Im vorliegenden Fall sei aber davon ausgegangen, daß der Entscheidungsträger zu Beginn der Entscheidungsfindung keine genaueren Informationen hierüber besitzt. Aus diesem Grund werden die fuzzy Begriffe des Modells (5.4) lediglich durch die Stützstellen des vollen und des Null-Niveaus wie folgt aufgelöst:

$$
\begin{aligned}
(5.5) \qquad R_1\,(\text{Fe}) &\lesssim [\,35\,;\,45\,] \\
R_2\,(\text{Cu}) &\lesssim [\,58\,;\,75\,] \\
R_3\,(\text{Mn}) &\lesssim [\,12\,;\,15\,] \\
R_4\,(\text{Mg}) &\lesssim [\,13\,;\,16\,] \\
R_5\,(\text{Al}) &\gtrsim [\,830\,;\,780\,] \\
R_6\,(\text{Si}) &\gtrsim [\,100\,;\,75\,]
\end{aligned}
$$

---

[1] Der charakteristische Wesenszug von FLOP ist, daß der Systembenutzer den Ablauf steuert und das Problem im Dialog mit FLOP löst. Um eine solche Systemsitzung wiedergeben zu können, wird daher im folgenden ein fiktiver, beispielhafter Problemlöseprozeß unterstellt. Es ist systemimmanent, daß eine Vielzahl anderer Abläufe denkbar wäre.

Für die erste Bedingung, daß der Eisenanteil in den herzustellenden 1000 kg Legierung möglichst kleiner als 35 kg sein sollte, bedeutet dies beispielsweise, daß ein Anteil weniger als 35 kg die Nebenbedingung voll erfüllt, ein Anteil von mehr als 45 kg hingegen die fuzzy Restriktion überhaupt nicht mehr erfüllt und damit unzulässig ist; entsprechende Aussagen können auch für die weiteren unscharfen Nebenbedingungen getroffen werden.

Nachdem die Restriktionen und Zielfunktionen gemäß (5.4) im Arbeitsblatt erstellt worden sind, ist die Phase der Editierung abgeschlossen.[2] Nachdem FLOP die grundsätzliche Lösbarkeit des Modells festgestellt hat, wird im Anschluß daran das formale Modell konfiguriert. Um auch für die beiden Ziele der Kostenminimierung und der Maximierung der Altmetalle Zugehörigkeitsfunktionen erstellen zu können, werden Werte benötigt, die für beide Ziele Ober- und Untergrenzen der Zufriedenheit wiedergeben. Die Bestimmung erfolgt über einen Eingabebildschirm, in dem der Entscheidungsträger diese Werte festlegt und, falls erwünscht, weiteren Zielwerten ein bestimmtes Zufriedenheitsniveau zuordnen kann. Als Orientierungshilfe wird ihm dabei von FLOP im gleichen Bildschirm angezeigt, welche Werte das System als theoretisch mögliche Ober - und Untergrenzen für die jeweilige Zielfunktion berechnet hat. In Abbildung 5-1 ist ein solcher Bildschirm für die erste Zielfunktion des Ausgangsmodells (5.4) wiedergegeben.

```
                         ZIEL 1
   +0.00 X1 +0.14 X2 +0.20 X3 +0.35 X4
    -> MIN !
```

NIUEAU:	WERT IM MODELL	ERRECHNET:	EMPFEHLUNG:	ERSETZEN VON:
1.0	0.00	150.37	150.37	NIUEAU 1.0
0.8	0.00		0.00	NIUEAU 0.8
0.6	0.00		0.00	NIUEAU 0.6
0.4	0.00		0.00	NIUEAU 0.4
0.2	0.00		0.00	NIUEAU 0.2
0.0	0.00	175.01	175.01	NIUEAU 0.0

```
                                        KEIN ERSETZEN / ENDE
```

Abb. 5-1: FLOP-Bildschirm zur Erstellung von Ziel-Zugehörigkeitsfunktionen

In diesem Fall wird angenommen, daß der Entscheidende noch keine spezifischen Kenntnisse über die Problemstruktur besitzt und demnach auch nicht in der Lage ist, die Bandbreite möglicher Zielwertausprägungen bei den Kosten und dem Anteil an Altmetall einzuschätzen oder bestimmten Werten Niveaus zuzuordnen. Aus diesem

---

[2]   Die grundsätzliche Ausgestaltung des Editierungs-Arbeitsblattes ist Abbildung 4-7 zu entnehmen.

Grund übernimmt er die vom System errechneten Daten. Dies führt dazu, daß im Modell für die beiden Zielfunktionen folgende Bedingungen gelten:

$$(5.6) \qquad Z_1 \text{ (Kosten)} \quad \lessgtr \quad [\,150.37\,;\,175.01\,]$$

$$Z_2 \text{ (Recyc.)} \quad \gtrless \quad [\,600.00\,;\,346.31\,]$$

Mit den so gewonnenen Daten erstellt FLOP für alle Systemungleichungen Zugehörigkeitsfunktionen und transformiert die Daten in ein lineares Modell, das mit der Simplexmethode gelöst werden kann. Nachdem zusätzlich die drei globalen Referenzpunkte berechnet worden sind, beginnt die Phase der konkreten Lösungssuche. Dazu wird der Entscheidungsträger vom System aufgefordert, erste Anspruchsniveaus festzusetzen. In Ermangelung konkreter Vorstellungen über die Gestalt möglicher Lösungen sieht sich der Benutzer in dieser Phase dazu nicht in der Lage. Dies hat zur Konsequenz, daß das System als ersten Lösungspunkt die Max-Min-Lösung berechnet, bei der keine Präferenzen zwischen Zielen und/oder Nebenbedingungen existieren. Dieser erste Lösungspunkt wird dem Entscheidungsträger - zusammen mit den drei globalen Referenzpunkten - in einem Bildschirm präsentiert; Abbildung 5-2 gibt diese Darstellung wieder.

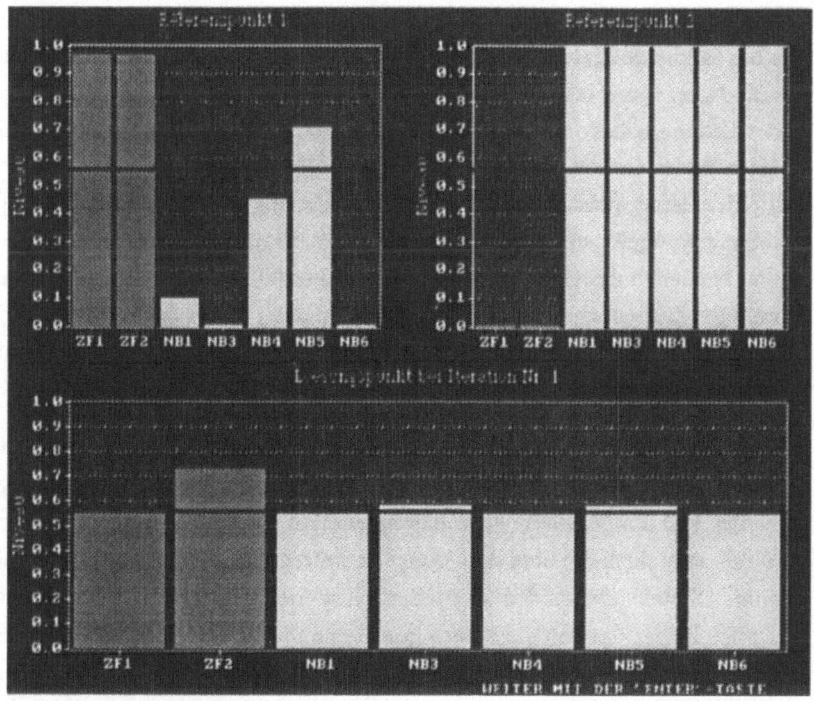

Abb. 5-2: FLOP-Bildschirm zur Präsentation der 1. Lösung des Modells (5.4)

Mit den globalen Referenzpunkten und der errechneten Lösung liegen dem Entscheidungsträger erste grundlegende Informationen über die Strukturen des zu lösenden Mischungsproblems (5.4) vor. Im einzelnen läßt sich folgendes erkennen:

- Die Nebenbedingungen 2, 7, 8 und 9 erscheinen nicht auf dem Bildschirm. Das bedeutet, daß vom System errechnet worden ist, daß sie für eine Kompensation nicht in Frage kommen. Für die scharfen Restriktionen 7, 8 und 9, die die Produktionsmenge und mögliche Maximalkapazität der Altmetalle festlegen, ist dies offensichtlich, da jede zulässigen Lösung die deterministischen Ungleichungen voll einhalten muß. Für die fuzzy Restriktion 2 bedeutet dies, daß ihre Beschränkung so weit gefaßt ist, daß die Bedingung zu jeder Zeit der Optimierung volles Niveau besitzt; es kann nicht dazu kommen, daß der Anteil an Kupfer größer wird als 35 kg, da vorher bereits andere unscharfe Restriktionen den Bereich der Zulässigkeit verlassen würden.[3]

- Im Referenzpunkt 1 der maximalen Zielwerte sind Nebenbedingung 3 und Nebenbedingung 6 bindend. Im Lösungspunkt ist der Anteil des Mangans so hoch und der des Siliciums so niedrig, daß die Grenze der Zulässigkeit bei den diesen beiden Restriktionen erreicht ist und somit verhindert wird, daß noch größere Niveaus in beiden Zielfunktionen erreicht werden können. Es zeigt sich, daß beide Ziele eine ähnliche Stoßrichtung besitzen und kaum konkurrieren, da bei ihnen fast der Punkt voller Zufriedenheit erzielt wird und sie damit der Lösung nahekommen, die unter seperater Optimierung nur des jeweiligen einen Zieles erreicht werden kann.[4] Weiterhin erscheint es bemerkenswert, daß die den Mindestanteil des Aluminiums widerspiegelnde Nebenbedingung 5 in diesem Referenzpunkt ein Niveau um 0.7 besitzt; dies bedeutet, daß die Qualität bezüglich des Hauptbestandteils der Aluminium-Legierung auch unter fast völliger Zufriedenheit beider Zielsetzungen noch relativ hoch sein kann; allerdings muß dafür ein minimaler Anteil an Silicium und ein fast unzulässig hoher Anteil an Mangan in Kauf genommen werden.

- Aus dem Referenzpunkt 2 der maximalen Erfüllung der Restriktionen läßt sich ablesen, daß sämtliche Nebenbedingungen des vorliegenden Mischungsproblems voll eingehalten werden können und beide Zielfunktionen dennoch Werte erreichen, die über der Akzeptanzuntergrenze liegen und damit zulässig sind. Obwohl die beiden Zufriedenheitswerte nahe an der Akzeptanzuntergrenze liegen, werden die Restriktionen nur soweit eingeschränkt, daß sie dennoch volles Niveau annehmen und damit noch unter den Werten liegen, die

---

3   Vgl. die diesbezüglichen Ausführungen in 4.3.
4   Dies ergibt sich dadurch, daß die Ziel-Obergrenzen vom System übernommen worden sind und deren Berechnung genau auf diese Weise erfolgt ist, vgl. Abschnitt 4.2.1.3.

"möglichst" eingehalten werden sollten. Der Referenzpunkt regt damit Überlegungen an, ob die Akzeptanzuntergrenzen für die Zielfunktionen den Vorstellungen des Systembenutzers entsprechen, oder ob sie nicht schärfer gesteckt werden könnten. Des weiteren wird aus dem Vergleich des ersten und zweiten Referenzpunktes deutlich, daß die Spanne möglicher Zugehörigkeit insbesondere bei den Restriktionen 1,3 und 6 bezüglich des Eisen-, des Mangan- und des Siliciumanteils sehr groß ist, wohingegen der Anteil an Magnesium und Aluminium nicht so großen Schwankungen unterliegt.

- Da der erste Lösungspunkt in diesem Fall mit dem Referenzpunkt 0 des Max-Min-Ansatzes identisch ist, läßt sich dieser an Hand der Lösung analysieren. Es wird deutlich, daß der den Referenzpunkt repräsentierende horizontale Balken in den Diagrammen nicht bedeutet, daß alle fuzzy Ungleichungen *auf* diesem Niveau liegen; es gilt vielmehr, der Maximierung des kleinsten Niveaus entsprechend, daß alle *mindestens* dieses Niveau annehmen. Dem Entscheidungsträger wird durch die erste Lösung vor Augen geführt, daß - bis auf die zweite Restriktion und mit Abstrichen die zweite Zielfunktion - alle unscharfen Restriktionen etwa zur Hälfte erfüllt werden, wenn keinerlei Präferenzen zwischen den einzelnen Ungleichungen bestehen.

Bevor der Entscheidungsträger die Modellsitzung fortführt, möchte er gerne zusätzliche Informationen darüber erhalten, welche konkreten Kilogramm-Werte den präsentierten Niveaus entsprechen. Dazu wählt er den entsprechenden Befehl im Menü, daß ihm von FLOP nach jeder Lösungsberechnung und -präsentation angegeben wird.[5] Die Lösungsvergleiche haben zum jetzigen Zeitpunkt der Suche nach dem optimalen Kompromiß nur den Zweck der Umrechnung der erreichten Niveaus in die ursprünglichen Einheiten der Ungleichungen, da zum ersten Lösungspunkt keine vorherigen Vergleichswerte existieren. Abbildung 5-3 zeigt, wie die Umrechnungen in FLOP in tabellarischer Form aufgeführt werden.[6]

---

[5] Dieses Menü ist in Abbildung 4-8 wiedergegeben.

[6] In der Tabelle existieren 10 Nebenbedingungen. Dies hat den Grund, daß innerhalb der Modelltransformation die bestehende Gleichheitsrestriktion in eine "$\leq$"- und eine "$\geq$"-Restriktion aufgeteilt worden ist.

```
DIE LÖSUNG MIT DIFFERENZ ZUR LETZTEN LÖSUNG: (ZURÜCK MIT JEDER TASTE)
```

	NIVEAU	DIFFERENZ	WERT	DIFFERENZ
ZF1:	0.559	0.559	161.23	161.230
ZF2:	0.732	0.732	536.98	536.975
NB1:	0.559	0.559	39.41	39.408
NB2:	1.000	1.000	34.86	34.855
NB3:	0.585	0.585	13.24	13.245
NB4:	0.559	0.559	14.32	14.322
NB5:	0.584	0.584	809.18	809.179
NB6:	0.559	0.559	88.98	88.981
NB7:	1.000	1.000	250.53	250.530
NB8:	1.000	1.000	286.44	286.445
NB9:	1.000	1.000	999.99	999.990
NB10:	1.000	1.000	999.99	999.990

Abb. 5-3: FLOP-Bildschirm des Lösungsvergleichs der 1. Lösung des Modells (5.4)

Aus der Analyse des Lösung, der Referenzpunkte und der Werte in den ursprünglichen Einheiten habe der Entscheidungsträger bei der Lösung des Problems neue Einsichten gewonnen, die ihn zu folgenden Veränderungen im Ausgangsmodell veranlassen:

-   Aus der Erkenntnis, daß die Kupfer-Restriktion zu jeder Zeit voll eingehalten wird, faßt er den fuzzy Bereich schärfer und definiert "möglichst kleiner als 58" jetzt so, daß der Punkt maximalen Anteils von 75 kg auf 65 kg reduziert wird; außerdem erfülle ein Anteil von 64 kg die unscharfe Bedingung zu einem Niveau von 0.6.

-   Er ist außerdem in der Lage, für die Eisen- und die Aluminium-Restriktion Stützstellen anzugeben. So bezeichnet ein Anteil von 42 kg Eisen seinen Vorstellungen zufolge den Punkt, bei dem eine gewisse Grundeinhaltung der fuzzy Bedingung "möglichst kleiner als 35 kg" gewährleistet ist; ihm wird ein Erfüllungsniveau von 0.4 zugeordnet. Beim Aluminium-Anteil erscheint ihm ein Anteil von 815 kg als sehr erstrebenswert, was durch ein Niveau von 0.8 ausgedrückt werden soll.

-   Aus dem Lösungsvergleich erkennt er, daß ein Anteil von 14.32 kg Magnesium zwar einem Niveau von 0.56, dieses aber nicht seinen Vorstellungen entspricht. Er paßt demzufolge den Bereich der Unschärfe an, indem der Punkt zum Niveau Null von 16 auf 15 kg herabgesetzt wird und damit nur noch im Intervall zwischen 13 und 15 kg partielle Erfüllung der Bedingung "möglichst kleiner als 13 kg" gegeben ist.

-   Schließlich wird ihm aus der Analyse des Referenzpunktes 2 deutlich, daß die Untergrenzen der Akzeptanz bei beiden Zielen schärfer gefaßt werden müssen, um seinen Vorstellungen zu entsprechen.[7] Der Wert des Nullniveaus wird bei der Kostenminimierung von 175.01 auf 171.00 DM herab- und bei der Altmetallmaximierung von 346.31 auf 360.00 kg heraufgesetzt.

Damit ergeben sich für die Ungleichungen des Modells (5.4) folgende, gegenüber (5.5) beziehungsweise (5.6) modifizierte Akzeptanz-Intervalle:

$$
\begin{array}{lll}
(5.7) & Z_1 \ (\text{Kosten}) & \lesssim & [\,(150.37 \mathrel{\hat{=}} 1.0)\,,\ (171.00 \mathrel{\hat{=}} 0)\,] \\
& Z_2 \ (\text{Recyc.}) & \gtrsim & [\,(600.00 \mathrel{\hat{=}} 1.0)\,,\ (360.00 \mathrel{\hat{=}} 0)\,] \\
& R_1 \ (\text{Fe}) & \lesssim & [\,(35.0 \mathrel{\hat{=}} 1.0)\,,\ (42.0 \mathrel{\hat{=}} 0.4)\,,\ (45.0 \mathrel{\hat{=}} 0)\,] \\
& R_2 \ (\text{Cu}) & \lesssim & [\,(58.0 \mathrel{\hat{=}} 1.0)\,,\ (64.0 \mathrel{\hat{=}} 0.6)\,,\ (65.0 \mathrel{\hat{=}} 0)\,] \\
& R_3 \ (\text{Mn}) & \lesssim & [\,(12.0 \mathrel{\hat{=}} 1.0)\,,\ (15.0 \mathrel{\hat{=}} 0)\,] \\
& R_4 \ (\text{Mg}) & \lesssim & [\,(13.0 \mathrel{\hat{=}} 1.0)\,,\ (15.0 \mathrel{\hat{=}} 0)\,] \\
& R_5 \ (\text{Al}) & \gtrsim & [\,(830.0 \mathrel{\hat{=}} 1.0)\,,\ (815.0 \mathrel{\hat{=}} 0.8)\,,\ (780.0 \mathrel{\hat{=}} 0)\,] \\
& R_6 \ (\text{Si}) & \gtrsim & [\,(100.0 \mathrel{\hat{=}} 1.0)\,,\ (75.0 \mathrel{\hat{=}} 0)\,] \\
& R_7 \ (\text{Kapaz.A1}) & \leq & 800 \\
& R_8 \ (\text{Kapaz.A2}) & \leq & 600 \\
& R_9 \ (\text{Menge}) & = & 1000
\end{array}
$$

Damit sich die veränderten Vorstellungen auch im Optimierungsmodell niederschlagen, wird in FLOP über die entsprechende Zeile des Menüs zur Phase der Modelleditierung zurückverzweigt und das Arbeitsblatt entsprechend variiert. Das so entstehende neue Modell macht es erforderlich, daß im Anschluß daran die Phase der Modellkonfiguration erneut durchlaufen werden muß sowie sich neue globale Referenzpunkte ergeben, bevor mit der Lösungssuche im neuen Modell begonnen werden kann.

Im vorliegenden Fall wird unterstellt, daß der Entscheidungsträger seine Vorstellungen über die Modellstruktur auf einmal und mit Hilfe nur einer Lösung ändert. Dies erscheint unrealistisch und wird hier nur zum Zwecke der Übersichtlichkeit des Systemablaufs angenommen. In realen Entscheidungsprozessen werden dagegen stetige, dynamische Modellanpassungen die Regel sein. Der Kreislauf zwischen Modellberechnung und Modellveränderung wird umso häufiger durchlaufen werden, je diffuser die Kenntnisse des Entscheidenden über die Problemstrukturen zu Beginn der Entscheidungsfindung ausgestaltet sind. Da eine Veränderung der Modelldaten aber dazu führt, daß die Phase der Modellkonfiguration neu durchlaufen werden muß, wird im vorliegenden Beispiel auf eine wiederholte Modellanpassung verzichtet. Die fol-

---

[7]   Die Situation im Referenzpunkt 2 führt dazu, daß der Benutzer vom System nach dessen Berechnung mit einer Meldung darauf hingewiesen wird, daß es eventuell sinnvoll sein kann, die Untergrenzen der Zielfunktionen schärfer zu fassen.

gende Lösungssuche bezieht sich demzufolge immer auf das modifizierte Modell (5.7).

5.2.2. Zweite Phase der Lösungssuche

Iteration 1: Nach der Anpassung des Ausgangsmodells und der internen Berechnung der drei globalen Referenzpunkte beginnt die Phase der Lösungsberechnungen des neuen Modells. Um sich zu orientieren, legt der Entscheidungsträger in der ersten Iteration erneut bewußt noch keine Anspruchsniveaus fest; die sich daraus ergebende Lösung ist zusammen mit den Referenzpunkten Abbildung 5-4 zu entnehmen.

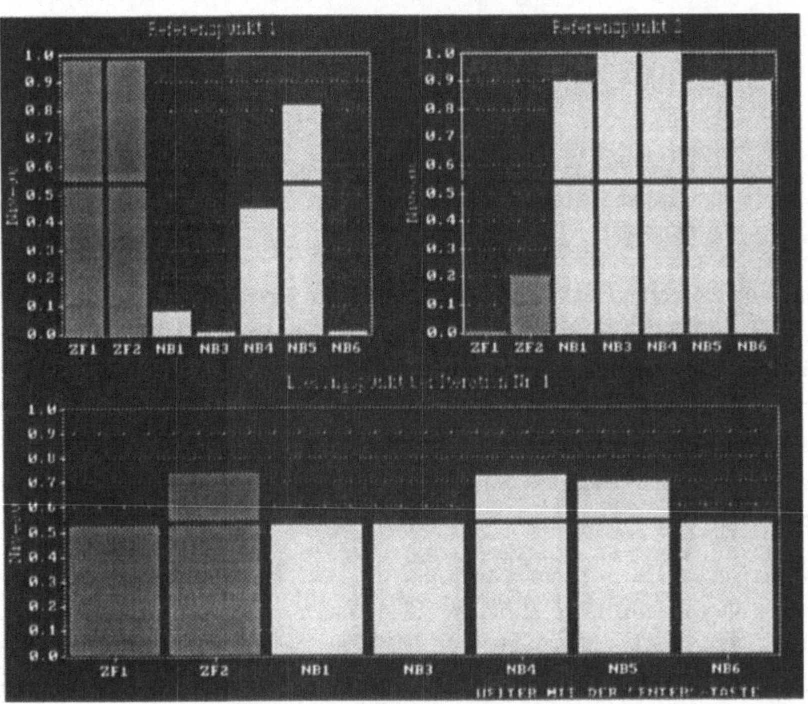

Abb. 5-4: FLOP-Bildschirm zur Präsentation der 1. Lösung des Modells (5.7)

Ein Vergleich der Lösungspunkte des Ausgangs- und des modifizierten Modells - unter identischer Präferenzsituation - läßt erkennen, daß sich die Struktur des zu lösenden Problems durch die Veränderungen nicht grundsätzlich gewandelt hat. So bleibt die Analyse des Referenzpunktes 1 auch im neuen Modell unverändert gültig, und auch die Lösungen des Max-Min-Ansatzes zeigen nur geringfügige Abweichungen voneinander. Die Kupfer-Restriktion 2 wird weiterhin bei allen zulässigen Lösungen des Modells voll eingehalten und kommt damit für eine Kompensation - ebenso wie die drei scharfen Restriktionen des Modells - nicht in Frage. Beim zweiten Referenzpunkt der maximalen Restriktionsniveaus hat die Verschärfung der Zielwertakzeptanz dazu geführt, daß nicht mehr alle Nebenbedingungen des Systems voll eingehalten werden können; die Kosten würden dann über die Akzeptanzuntergrenze hinaus ansteigen, was im Modell nicht zugelassen ist. Es zeigt sich weiterhin, daß die Verschärfung beim Ziel Kostenminimierung größere Auswirkungen auf die Belastung der Restriktionen nach sich gezogen hat als die Verschärfung beim Ziel der Maximierung des Altmetallanteils.

Der Entscheidungsträger möchte nun ausgehend von diesem ersten Punkt nach für ihn besseren Lösungen suchen. Grundsätzlich strebt er einerseits ein möglichst hohes Niveau bei den beiden verfolgten Zielen an, andererseits soll aber auch die Qualität der herzustellenden Legierung so hoch wie möglich sein. Letzteres drückt sich in den Erfüllungsniveaus der die Qualität der Legierung sicherstellenden fuzzy Restriktionen aus. Wie aus den Referenzpunkten 1 und 2 ersichtlich, führt eine Maximal-Einhaltung aller Qualitätskriterien zu minimalen Zielwerten und maximale Zufriedenheit bei den Zielen zu minimaler Qualität der Legierung. Gesucht ist demnach der optimale Kompromiß, der die individuellen Präferenzen des Entscheidungsträgers in bezug auf die Einhaltung spezieller Ungleichungsniveaus optimal widerspiegelt. Erstrebenswert erscheint dem Entscheidungsträger insbesondere ein Aluminium-Anteil von 815 kg im Endprodukt; dies ist erfüllt, wenn die Aluminium-Restriktion ein Erfüllungsniveau von 0.8 besitzt.

Iteration 2: Zu Beginn der Lösungssuche besitzt der Entscheidungsträger noch keine konkreten Vorstellungen darüber, für welche Ungleichungen und in welcher Höhe er Anspruchsniveaus setzen sollte. Als Test einer möglichen Kompensationsrichtung läßt er sich deshalb zunächst von FLOP einen nächsten Punkt vorschlagen.[8] Der automatisch durchgeführte Vergleich zwischen den verschiedenen in Frage kommenden potentiellen Lösungspunkten führt zum zweiten, aus Abbildung 5-5 abzulesenden Lösungspunkt. FLOP berechnet, daß der positivste Gesamteffekt bezüglich des internen Bewertungsschemas dann erzielt wird, wenn ausgehend von der ersten Lösung das Niveau von Nebenbedingung 4 um 0.2 Niveaupunkte angehoben wird.[9]

---

[8] FLOP berechnet immer dann eigenständig eine neue Lösung, wenn die Anspruchsniveaus gegenüber der vorherigen Lösung unverändert gelassen worden sind, aber im Menü trotzdem die Option "Weiterrechnen" gewählt wurde.

[9] Bei der Analyse einer von FLOP berechneten Lösung sollte stets im Auge behalten werden, daß die drei scharfen Restriktionen - Kapazitätsbeschränkungen der beiden Altmetalle sowie Sicherstellung der Produktionsmenge von 1000 kg Legierung - zu jedem Zeitpunkt voll erfüllt sind. In der Optimierung wird dies berücksichtigt, bei der Lösungspräsentation aber nicht mehr explizit erwähnt.

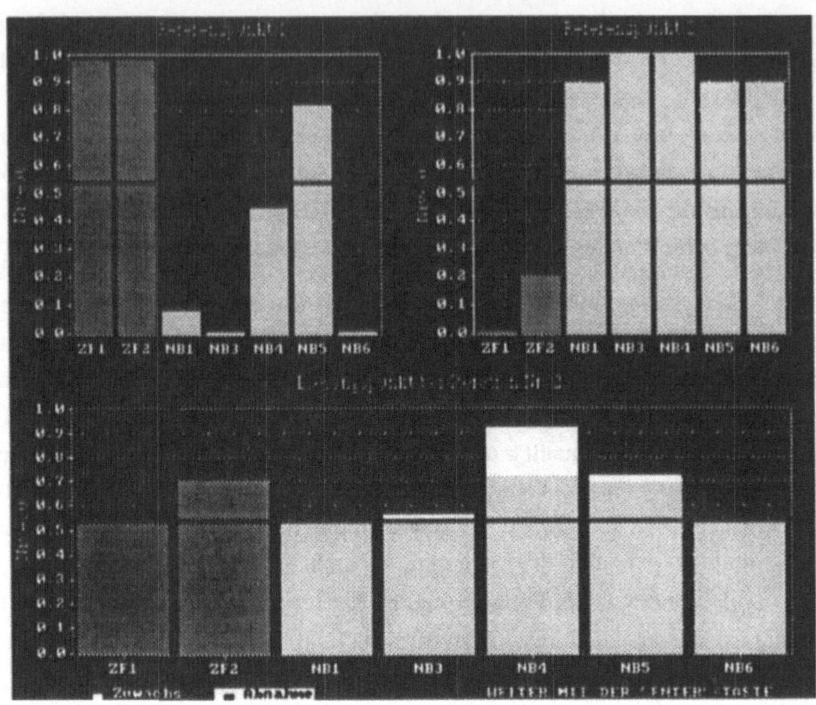

Abb. 5-5: FLOP-Bildschirm zur Präsentation der 2. Lösung des Modells (5.7)

Eine Niveauerhöhung in der 4. Restriktion bedeutet eine Reduktion des unerwünschten Magnesium-Anteils. Da Magnesium nur in Altmetall 2 enthalten ist, kann eine Verminderung des Magnesium-Anteils ausschließlich durch eine Reduzierung dieses Einsatzstoffes erreicht werden. Wird dann unter dieser Prämisse für die restlichen Ungleichungen die optimale Zusammensetzung ermittelt, führt dies dazu, daß der Anteil an Altmetall insgesamt zurückgeht und die zweite Zielfunktion dadurch einen niedrigeren Zielwert besitzt. Bemerkenswert ist in jedem Fall, daß die starke Erhöhung des Niveaus der Nebenbedingung 4 nur minimale Niveauverluste bei anderen Ungleichungen mit sich bringt;[10] zudem kann im Schlepptau der vierten Restriktion auch das Niveau der Restriktionen 3 und 5 weiter angehoben werden. Liegt kein spezifischer Grund dafür vor, daß durch die minimale Niveaureduzierung bei beiden Zielen und den Nebenbedingungen 1 und 6 eine unerwünschte Niveauschwelle überschritten worden ist, scheinen die positiven Effekte der zweiten Lösung gegenüber dem ersten Lösungspunkt des klassischen Max-Min-Ansatzes zu überwiegen.

Iteration 3: Der Entscheidungsträger zieht aus der zweiten Lösung die Schlußfolgerung, daß die Qualität der Legierung erhöht und dabei insbesondere der Anteil an

---

[10]   Die Niveauverluste sind so gering, daß sie in Abbildung 5-5 - mit Ausnahme der Niveauabnahme des zweiten Zieles - vom Balken des Referenzpunktes 0 überdeckt werden und nicht erkennbar sind.

Magnesium reduziert werden kann, ohne daß bei den beiden verfolgten Zielen und dem Silicium-Mindestanteil große Abstriche gemacht werden müßten. Für die nächste Iteration möchte er testen, ob eine Erhöhung der Anteile bei Aluminium und Silicium ähnlich geringe negative Auswirkungen auf die anderen unscharfen Ungleichungen ausübt. Dazu legt er für die Nebenbedingungen 5 und 6 jeweils ein Anspruchsniveau von 0.8 fest.

FLOP berechnet einen zulässigen Lösungspunkt, bei dem die beiden Restriktionen genau das gewünschte Niveau erreichen. Allerdings muß dabei diesmal ein höherer Niveauverlust bei den beiden Zielfunktionen hingenommen werden. Zusätzlich belastet wird außerdem die Eisen-Restriktion 1, wohingegen sich Mangan- und Magnesiumanteil reduzieren, was sich in einer Niveauerhöhung der diesbezüglichen Restriktionen 3 und 4 widerspiegelt. Insgesamt tendiert die Lösung der dritten Iteration in die Richtung des zweiten Referenzpunktes.[11]

Iteration 4: Um zu testen, ob eine Erhöhung der Aluminium- und Silicium-Anteile nicht auch ohne hohe Niveaueinbußen bei den Zielfunktionen erreicht werden kann, setzt der Entscheidungsträger neben den weiterhin bestehenden Anspruchsniveaus von 0.8 bei den Restriktionen 5 und 6 für die beiden Zielfunktionen ein Anspruchsniveau von 0.6 fest. Indirekt wird mit dieser Modellkonstellation auch getestet, ob unter Beibehaltung eines gewissen Niveaus für die Ziele eine Kompensation zwischen den Nebenbedingungen *untereinander* möglich ist, d.h. ob der Aluminium- und Silicium-Anteil auf Kosten der Erfüllung der Bedingungen für Eisen, Kupfer, Mangan und Magnesium angehoben werden kann.

Die gestellten Ansprüche erweisen sich als nicht erfüllbar, d.h. es ergibt sich eine unlösbare Problemstellung innerhalb der Optimierung mit der Simplexmethode. FLOP teilt dies dem Entscheidungsträger mit. Zur Berechnung einer Lösung der 4. Iteration werden die Ansprüche vom System auf den Rand des zulässigen Lösungspolyeders projiziert;[12] die sich daraus ergebende Lösung läßt sich aus Abbildung 5-6 ablesen.

---

[11] Da dieser Lösungspunkt neben der Erkenntnis, daß die Ansprüche erfüllt werden können, keine neuen Einsichten vermittelt und die folgende Iteration eine ähnliche Kompensationsrichtung verfolgt, wird auf eine Darstellung des entsprechenden Bildschirms verzichtet.

[12] Zur näheren Vorgehensweise vgl. Abschnitt 4.2.3.1.

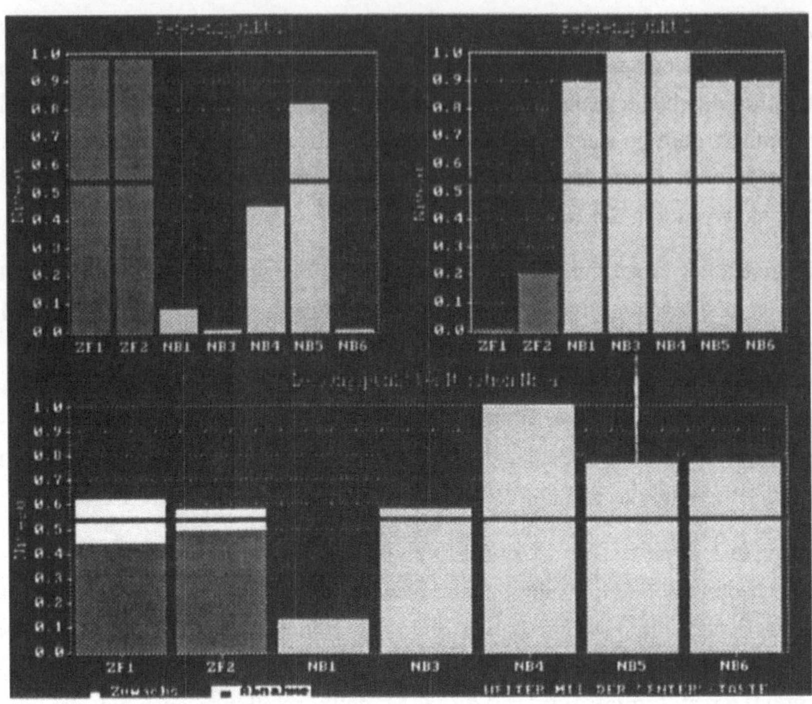

Abb. 5-6: FLOP-Bildschirm zur Präsentation der 4. Lösung des Modells (5.7)

Zwar konnten die gesetzten Ansprüche des Entscheidungsträgers nicht erfüllt werden, trotzdem läßt sich aus der Lösung erkennen, daß in gewissem Maße eine Kompensation zwischen den Restriktionen 5 und 6 einerseits und den Restriktionen 1 und 3 andererseits möglich ist. Ist der Entscheidungsträger bereit, bei der Legierung einen hohen Anteil an Eisen und Mangan in Kauf zu nehmen, können die Standards bezüglich des Aluminiums und Siliciums bei zudem relativ hohen Zielwerten weitestgehend erreicht werden. Um sich zu vergegenwärtigen, wieviel Kilogramm Eisen dem in der 4. Iteration erreichten 0.13 Niveaupunkten entspricht, vergleicht der Entscheidungsträger Niveauwerte mit den Werten der ursprünglichen Restriktionseinheiten. Die zugehörige FLOP-Tabelle ist in Abbildung 5-7 wiedergegeben.[13]

---

13 Gleichzeitig kann durch den Vergleich der erzielten Lösung in den unterschiedlichen Einheiten auch kontrolliert werden, ob die Modellstrukturen noch den Vorstellungen entsprechen oder ob eine erneute Modellanpassung bei den Stützstellen oder Koeffizienten der Restriktionen und Zielfunktionen nötig ist. Es sei für den hier behandelten Systemablauf unterstellt, daß der Entscheidungsträger diese Kontrollvergleiche stetig durchführt, dabei aber keine Unstimmigkeiten zwischen mentalem und formalen Modell feststellt.

```
DIE LÖSUNG MIT DIFFERENZ ZUR LETZTEN LÖSUNG: (ZURÜCK MIT JEDER TASTE)
```

	NIVEAU	DIFFERENZ	WERT	DIFFERENZ
ZF1:	0.621	0.180	158.19	-3.709
ZF2:	0.576	0.063	498.30	19.908
NB1:	0.136	-0.305	43.98	2.462
NB2:	1.000	0.000	26.37	-0.515
NB3:	0.584	-0.235	13.25	0.706
NB4:	1.000	0.000	8.50	-0.542
NB5:	0.770	-0.030	813.68	-1.318
NB6:	0.768	-0.032	94.21	-0.792
NB7:	1.000	0.000	328.24	30.752
NB8:	1.000	0.000	170.06	-10.844
NB9:	1.000	0.000	999.99	0.000
NB10:	1.000	0.000	999.99	0.000

Abb. 5-7: FLOP-Bildschirm des Lösungsvergleichs der 4. Lösung des Modells (5.7)

Iteration 5: Wie der Tabelle in Abbildung 5-7 zu entnehmen ist, liegt der Eisen-Anteil im 4. Lösungspunkt nahe 44 kg. Aus dieser Erkenntnis leitet der Entscheidende die Vorgehensweise für die nächsten Iterationen in der Suche nach der optimalen Kompromißlösung ab. Er möchte den eingeschlagenen Weg des Setzens von hohen Anspruchsniveaus verlassen und sich stattdessen der optimalen Lösung von der anderen Seite nähern, indem lediglich für die Ungleichungen, bei denen Kompensation *zugelassen* sein soll, Mindestniveaus festgesetzt werden. Im konkreten Fall soll untersucht werden, welche Lösung sich ergibt, wenn für die Eisen-Restriktion 1 ein Mindestniveau von 0.3 festgesetzt wird. Dies bedeutet, daß alle bisherigen Anspruchsniveaus wieder gelöscht werden und nur für die Nebenbedingung 1 ein Anspruchsniveau von 0.3 gesetzt wird. So kann getestet werden, wie weit die Niveaus der übrigen Ungleichungen angehoben werden können, wenn bei der Eisen-Restriktion gewisse Eingeständnisse bezüglich der Qualität gemacht werden. Insofern knüpft die 5. Iteration nahtlos an die vorherige Suche an, nur daß jetzt die Erhöhung von Niveaus durch das bedingte "Freigeben" der kritischen Bedingung zur Kompensation zugelassen wird. Die sich ergebende Lösung ist Gegenstand der Abbildung 5-8.

Wie aus der Abbildung 5-8 deutlich wird, unterscheidet sich die 5. Lösung von der vorherigen im stärkeren Maße nur bei der gesetzten Eisen-Restriktion 1 und der Silicium-Bedingung 6. Es stellt sich heraus, daß die alten Ansprüche in erster Linie auf Grund der Konkurrenz zwischen der ersten und sechsten Nebenbedingung nicht erfüllt werden konnten. In der Umgebung der 4. Lösung gilt demnach: Je stärker die Eisen-Restriktion 1 erfüllt werden soll, desto größere Einbußen müssen bei der Erfüllung der Qualitätsbedingung 6 bezüglich des Siliciums getroffen werden.[14]

---

14 Dies hat seinen Grund in der Tatsache, daß Altmetall 1 sowohl einen hohen Anteil an (unerwünschtem) Eisen als auch einen relativ hohen Anteil an (erwünschtem) Silicium aufweist. Da dieses Altmetall in der Ausgangslösung eingesetzt wird, führt eine Variation der Einsatzmenge daher zwangsläufig in den Nebenbedingungen 1 und 6 zu gegenläufigen Wirkungen.

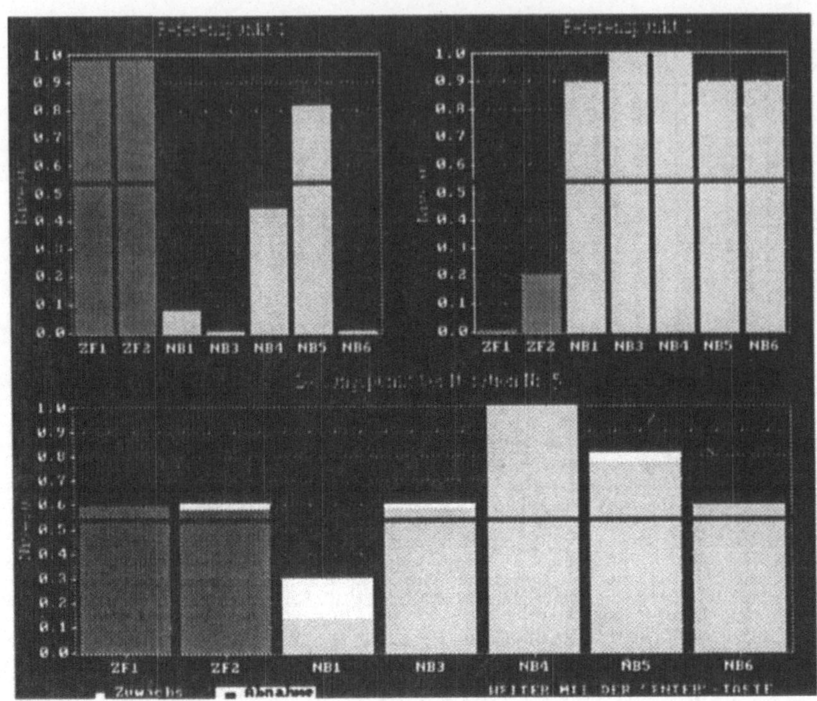

Abb. 5-8: FLOP-Bildschirm zur Präsentation der 5. Lösung des Modells (5.7)

Iteration 6: Der Entscheidungsträger ist mit der gefundenen Lösung noch nicht zufrieden und führt die Suche nach dem für ihn optimalen Kompromiß fort. Nachdem er gesehen hat, daß alle anderen unscharfen Ungleichungen auf einem relativ hohen Niveau erfüllt werden können, wenn Abstriche bei der Erfüllung der Eisen-Bedingung 1 gemacht werden, möchte er dies auch für die Silicium-Nebenbedingung 6 untersuchen. Im Laufe der bisherigen Systemsitzung hat sich für ihn herausgestellt, daß eine Erfüllung der Mindestanteile an Aluminium und Silicium eine höhere Bedeutung besitzen als die volle Einhaltung der Beschränkungen für die übrigen Metalle. Aus dem ersten globalen Referenzpunkt läßt sich ablesen, daß bei hohen Zielwerten die Silicium-Bedingung 6 kritisch ist, wohingegen der Aluminium-Anteil sogar über dem erwünschten Niveau von 0.8 liegt. Da zudem die Aluminium-Restriktion 5 in allen bisherigen Lösungen ausreichend hohes Niveau besaß, richtet sich die 6. Iteration auf die Restriktion 6.

Analog zur Vorgehensweise in der 5. Iteration möchte der Entscheidungsträger jetzt untersuchen, welche Lösung sich beim Setzen eines Mindestanspruchs von 0.6 Niveaupunkten bei der Silicium-Bedingung 6 ergibt. Dieses Niveau wurde zwar auch in der Iterationslösung 5 erreicht, dort war aber die Nebenbedingung 1 durch das Anspruchsniveau aus der Fuzzy Optimierung "herausgenommen" worden; die für die Optimierung bindenden Restriktionen 1, 3 und 6 besaßen stattdessen ein Niveau von

0.6. Wird davon jetzt nur noch Restriktion 6 festgehalten und die Nebenbedingung 1 wieder in den allgemeinen Optimierungsprozeß direkt miteinbezogen, stellt sich die Frage, wie weit sich dadurch das "bindende" Niveau reduziert. Die Antwort gibt die Abbildung 5-9, in der der 6. Lösungspunkt wiedergegeben ist.

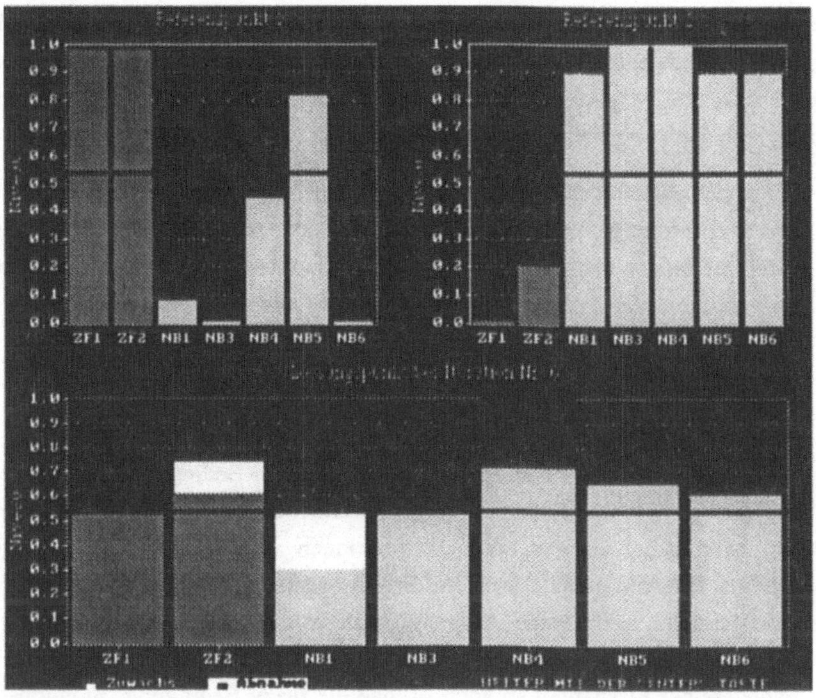

Abb. 5-9: FLOP-Bildschirm zur Präsentation der 6. Lösung des Modells (5.7)

Die von FLOP errechnete Lösung macht deutlich, daß in unterschiedlichen Niveaubereichen unterschiedliche Effekte zwischen den einzelnen fuzzy Ungleichungen wirken. War es bei der 4. Lösung noch die Konkurrenz zwischen den Nebenbedingungen 1 und 6, die ein Erreichen der Ansprüche verhinderte, so geht ein Zuwachs an Erfüllung der Nebenbedingung 1 in höheren Niveaubereichen jetzt in erster Linie auf Kosten der Erfüllung von Restriktion 4 und 5. Es ist demnach möglich, mit dem Festsetzen eines Anspruches bei Restriktion 6 eine Kompensation zwischen der Eisen-Restriktion 1 und der Magnesium-Restriktion 4 zu initiieren. Dies ist deswegen erwünscht, weil dadurch die vorrangigen Ansprüche hoher Zielwerte und hoher Anteile an Silicium und Aluminium unberührt bleiben und außerdem Restriktion 4 ein ausreichend hohes Niveau für eine Kompensation besitzt.

Im vorliegenden Fall ist eine solche erwünschte Kompensation allerdings nur eingeschränkt möglich, da ein Anheben des Niveaus der Eisen-Bedingung keine isolierten negativen Effekte auf den Magnesium-Anteil der Legierung hat; stattdessen werden unerwünscht simultan auch die Kosten erhöht und der Aluminium-Anteil verringert.

Allerdings führt eine Erhöhung des Eisenanteils gleichzeitig dazu, daß mehr Altmetall zur Produktion eingesetzt wird, was sich im höheren Niveau der Zielfunktion 2 widerspiegelt.

Iteration 7: Mit der Lösung der 6. Iteration hat der Entscheidungsträger die Testphase für das zweite Modell abgeschlossen. Neben den Aussagen der globalen Referenzpunkte ist ihm durch das Setzen von oberen und unteren Anspruchsniveaus klar geworden, welche Möglichkeiten und Grenzen für eine Kompensation bestehen und welche grobe Richtung eingeschlagen werden soll:

- Der grundsätzlichen Konkurrenz zwischen Kostenminimierung und Altmetallmaximierung einerseits und Einhaltung der Qualitätsstandards andererseits steht er relativ neutral gegenüber. Er ist durchaus bereit, auch Zielwerte zu akzeptieren, die nicht auf höchstem Niveau liegen, wenn dadurch eine hohe Qualität erzielt werden kann. Allerdings sollten die beiden Niveaus der Zielfunktionen oberhalb des Niveaus der Max-Min-Lösung liegen.

- Die Qualität der Legierung hängt in erster Linie vom Aluminium- und vom Silicium-Anteil ab; insbesondere die Aluminium-Bedingung 5 soll zu einem Niveau von 0.8 erfüllt sein. Dagegen erachtet der Entscheidungsträger die Einhaltung der übrigen Metall-Restriktionen als weniger wichtig und ist in dieser Hinsicht bereit, kleinere Erfüllungsgrade zu tolerieren. Nach einer Analyse der technischen Ausgangsdaten kommt der Entscheidende zu dem Schluß, daß es zu keinen gravierenden Qualitätsverlusten führt, wenn insbesondere der Eisenanteil so hoch ist, daß die fuzzy Bedingung "möglichst kleiner als 35 kg" nur in geringem Maße eingehalten wird.

Im folgenden geht es darum, die bestehenden Vorstellungen zu verfeinern und Grenzbereiche auszuloten. Der Entscheidungsträger mißt der Zielsetzung der Kostenminimierung eine etwas höhere Bedeutung bei als der Maximierung des Altmetalleinsatzes und drückt dies im formalen Modell dadurch aus, daß er für die erste Zielfunktion ein Anspruchsniveau von 0.8 festlegt. Als Folge der Erkenntnisse der ersten Testphase legt er weiterhin für die Aluminium- und Silicium-Nebenbedingungen Anspruchsniveaus von 0.8 beziehungsweise 0.6 fest und bestimmt bezüglich der Eisen-Restriktion 1, daß deren Erfüllung 0.3 Niveaupunkte nicht unterschreiten soll.

Das so konstruierte Modell stellt nicht zu erfüllende Anforderungen; es existiert keine zulässige Lösung, die den gestellten Ansprüchen genügt. Dementsprechend reduziert FLOP die gestellten Ansprüche solange, bis der effiziente Rand des Lösungspolyeders erreicht ist. Der Vergleich der Lösung mit den Ansprüchen zeigt dem Entscheidungsträger, daß die gesetzten Niveaus nicht allzu weit vom zulässigen Bereich entfernt liegen.

Iteration 8: Um zu testen, wie die Lücke zwischen gesetzten Anspruchsniveaus und Unzulässigkeit geschlossen werden kann, löst der Entscheidungsträger in der folgenden Iteration den Anspruch für die erste Zielfunktion wieder auf und läßt das System bei sonst unveränderten Ansprüchen erneut eine Lösung berechnen. Diese kann Abbildung 5-10 entnommen werden.

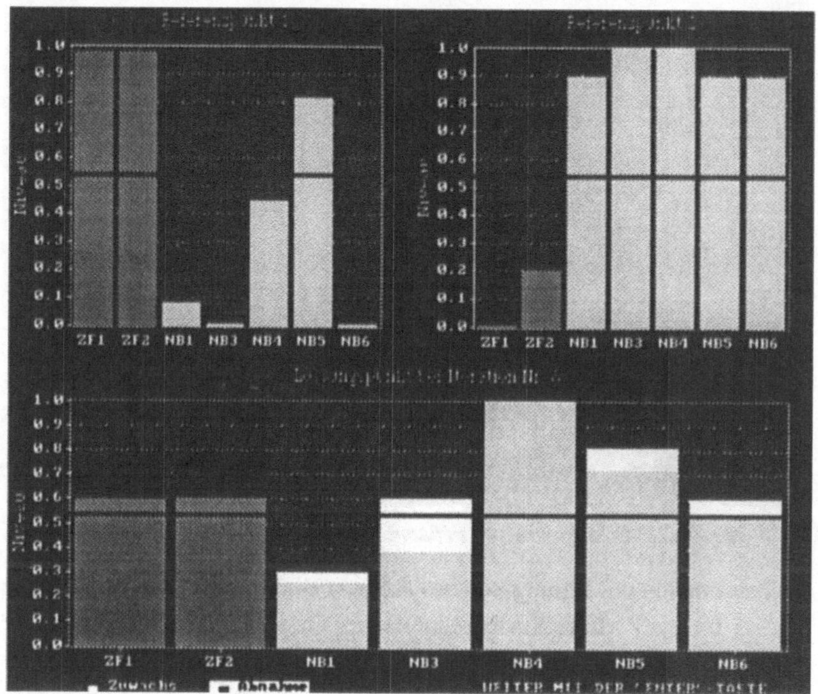

Abb. 5-10: FLOP-Bildschirm zur Präsentation der 8. Lösung des Modells (5.7)

Iteration 9: Die Lösung stellt den Entscheidungsträger nicht zufrieden. Zwar sind Aluminium- und Silicium-Anteil ausreichend hoch und der Anteil der anderen Metalle einschließlich des Eisens hinreichend gering, aber die beiden Zielwerte entsprechen noch nicht ganz den Vorstellungen. Aus diesem Grund läßt er den Mindestanspruch bei der Eisen-Restriktion 1 wieder fallen und legt stattdessen bei unveränderten Anspruchniveaus für die Nebenbedingungen 5 und 6 wieder einen Anspruch für das erste Ziel fest, diesmal allerdings auf einem Niveau von 0.7. FLOP errechnet daraufhin den in Abbildung 5-11 wiedergegebenen 9. Lösungspunkt.

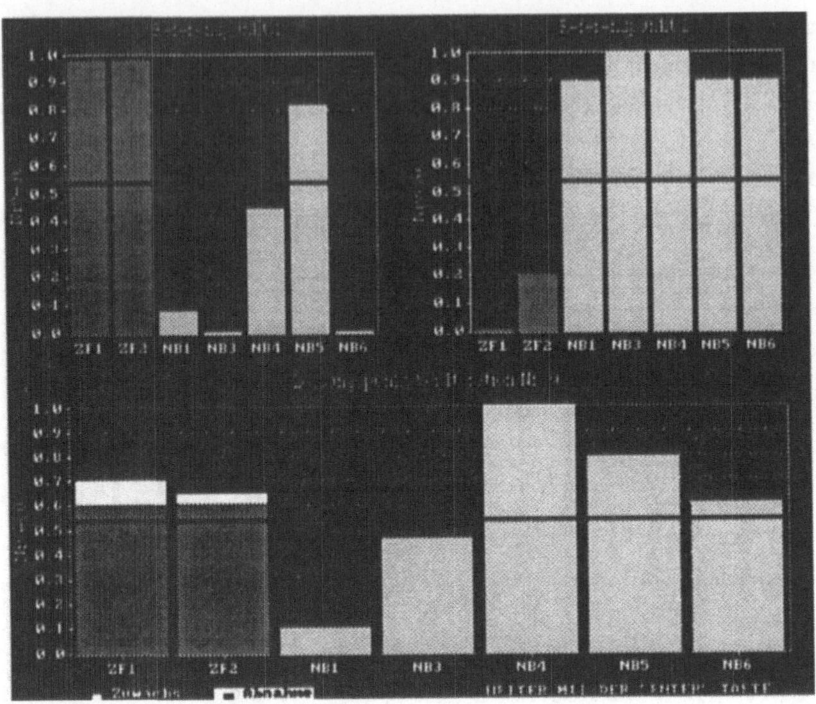

Abb. 5-11: FLOP-Bildschirm zur Präsentation der 9. Lösung des Modells (5.7)

Aus der Präsentation des Lösungspunktes auf dem Bildschirm läßt sich erkennen, daß jetzt sowohl für das Ziel der Kostenminimierung als auch für die Qualitätsrestriktionen 5 und 6 bezüglich des Aluminium- beziehungsweise Silicium-Anteils die Ansprüche erfüllt werden können. Auch ist das Bestreben des Systembenutzers erfüllt, dem Ziel der Kostenminimierung gegenüber der Maximierung des Altmetalls eine etwas höhere Bedeutung beizumessen. Dafür muß ein hoher Eisenanteil in Kauf genommen werden, was sich in dem niedrigen Niveau der ersten Restriktion widerspiegelt.

Iteration 10: Der Entscheidungsträger ist mit der erzielten Lösung eigentlich zufrieden. Um aber noch zu testen, ob eventuell eine Kompensationsrichtung existiert, die zu einer seiner Meinung nach noch besseren Lösung führt, läßt er die nächste Lösung automatisch von FLOP berechnen. Es zeigt sich, daß der dabei vom System errechnete Lösungspunkt nur minimale Differenzen zur vorherigen Lösung aufweist. FLOP meldet dem Entscheidungsträger daraufhin, daß sich die beiden letzten errechneten Lösungen nur so gering voneinander unterscheiden, daß dies ein mögliches Ende der Lösungssuche bedeuten könnte.

Iteration 11: Eine nochmalige Betrachtung des 10. Lösungspunktes läßt den Entscheidungsträger zu dem Schluß kommen, daß das Niveau der Eisen-Restriktion doch etwas zu niedrig ist, um den Qualitätsansprüchen der Legierung zu genügen. Um das

Niveau dieser Restriktion zu erhöhen, ist er bereit, die Ansprüche bezüglich des ersten Zieles etwas zu reduzieren. In der 11. Iteration wird deshalb für dieses Ziel ein Anspruchsniveau von 0.68 (statt vorher 0.70) bei sonst unveränderten Ansprüchen festgelegt. Abbildung 5-12 zeigt die sich daraufhin ergebende Lösung.

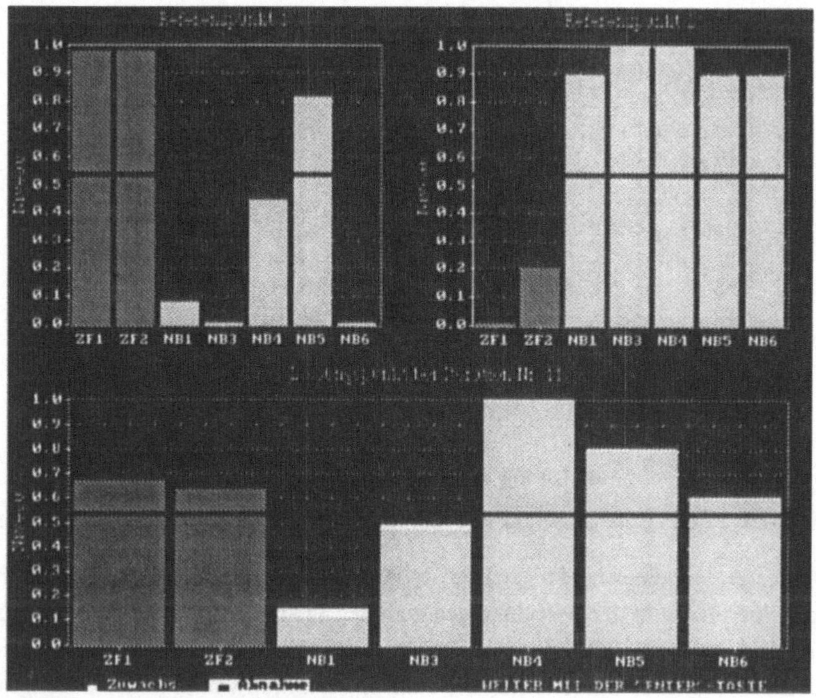

Abb. 5-12: FLOP-Bildschirm zur Präsentation der 11. Lösung des Modells (5.7)

Der Niveau-Zuwachs bei der Eisen-Nebenbedingung 1 ist größer als der Niveau-Verlust bei der Zielsetzung der Kostenminimierung. Alle Ansprüche des Entscheidungsträgers sind erfüllt, die Lösung der 11. Iteration stellt für den Entscheidungsträger einen optimalen Kompromiß für das zu lösende Mischungsproblem dar. Der Benutzer beendet demzufolge die Lösungssuche durch die Wahl des entsprechenden Menüpunktes. Vom System wird ihm daraufhin die ausgewählte Lösung explizit in einem Tableau präsentiert, wie es in Abbildung 5-13 dargestellt ist. Aus ihm wird unter anderem ersichtlich, daß ungefähr 323 kg Altmetall 1, 191 kg Altmetall 2, 437 kg Industrie-Aluminium und 48 kg Industrie-Silicium zur Herstellung der 1000 kg Legierung eingesetzt werden. Des weiteren läßt sich beispielsweise ablesen, daß dabei Rohstoffkosten von ungefähr 157 DM entstehen und der Anteil an Altmetall bei über 51 % liegt.[15]

---

[15] Die Werte der Nebenbedingungen 9 und 10, die aus der Gleichheitsrestriktion bezüglich der Produktionsmenge von 1000 kg entstanden sind, beinhalten Rundungsfehler, die bei der Transformation der Daten zur CLIPPER-Präsentationskomponente entstanden sind.

```
Die von Ihnen ausgewählte Lösung hat folgende Struktur:

 X  1        =          323.399
 X  2        =          190.974
 X  3        =          437.350
 X  4        =           48.267

 ZIEL 1 (MIN) =         156.972      AM := 0.6800
 ZIEL 2 (MAX) =         514.374      AM := 0.6432
 MB 1    (≤)  =          43.891      AM := 0.1479
 MB 2    (≤)  =          28.029      AM := 1.0000
 MB 3    (≤)  =          13.521      AM := 0.4928
 MB 4    (≤)  =           9.549      AM := 1.0000
 MB 5    (≥)  =         815.000      AM := 0.8000
 MB 6    (≥)  =          90.000      AM := 0.6000
 MB 7    (≤)  =         323.399      AM := 1.0000
 MB 8    (≤)  =         190.974      AM := 1.0000
 MB 9    (≤)  =         999.990      AM := 1.0000
 MB10    (≥)  =         999.990      AM := 1.0000

              WEITER MIT JEDER BELIEBIGEN TASTE
```

Abb. 5-13: FLOP-Bildschirm zur Präsentation der besten Lösung des Modells (5.7)

FLOP bietet dem Entscheidungsträger im Anschluß an die Lösungssuche die Möglichkeit, die im Laufe der Berechnungen erzielten Lösungen einer ex-post-Analyse zu unterziehen. Nach der Wahl der entsprechenden Option soll beispielsweise untersucht werden, in welcher Bandbreite sich die erste Zielfunktion während der Lösungssuche bewegt hat. Das System berechnet daraufhin, bei welcher Iterationslösung die erste Zielfunktion maximales beziehungsweise minimales Niveau besessen hat und präsentiert dem Entscheidungsträger diese beiden Lösungspunkte zusammen mit der letzten, besten Lösung in einer Tabelle, so wie sie in Abbildung 5-14 dargestellt ist.

Aus der Abbildung läßt sich erkennen, daß die Eisen-Nebenbedingung 1 einen zum Niveau des ersten Zieles gegenläufigen Effekt besitzt und daß sich der Eisenanteil negativ entwickelt, wenn das Niveau der ersten Zielfunktion angehoben wird.[16] Dies gilt in noch stärkerem Maße auch für die Mangan-Nebenbedingung 3, was sich dadurch erklären läßt, daß die Altmetalle billiger eingekauft werden können; je mehr Altmetall zur Produktion der Legierung verwendet wird, desto kostengünstiger kann

---

Während der Lösungsberechnungen in FORTRAN werden weitaus höhere Genauigkeitsanforderungen eingehalten.

16 Es gilt zu beachten, daß solche Aussagen nur in bezug auf die subjektiven Präferenzen des Entscheidungsträgers zutreffen, da die Lösungen ja auf Grund spezifisch gesetzter Anspruchsniveaus zustande gekommen sind. Das Verhältnis von Zuwachs zu Abnahme in verschiedenen Ungleichungen kann alleine dadurch bedingt sein.

gefertigt werden, aber desto "unreiner" wird auch die Legierung, da die Altmetalle - im Gegensatz zur Verwendung von industrie-reinem Aluminium und Silicium - auch unerwünschtes Eisen und Mangan enthalten. Dies erklärt auch den gemeinsamen Zuwachs beziehungsweise die gemeinsame Abnahme der Niveaus beider Ziele. Wird viel Altmetall verwendet, führt dies auch zu kostengünstigerer Fertigung.[17]

```
DIE ANALYSIERTE UNGLEICHUNG: ZIEL 1
```

ZF/NB	BESTE LÖSUNG NR. 11:	MAX BEI ITER. NR. 9	MIN BEI ITER. NR. 3
ZF 1	0.600	0.700	0.441
ZF 2	0.643	0.648	0.493
NB 1	0.148	0.105	0.441
NB 2	1.000	1.000	1.000
NB 3	0.493	0.471	0.819
NB 4	1.000	1.000	1.000
NB 5	0.800	0.800	0.800
NB 6	0.600	0.600	0.800
NB 7	1.000	1.000	1.000
NB 8	1.000	1.000	1.000
NB 9	1.000	1.000	1.000
NB10	1.000	1.000	1.000

```
Wählen Sie bitte eine der Möglichkeiten:
MIT ANALYSE FORTFAHREN        LÖSUNGSSUCHE WIEDERAUFNEHMEN
```

Abb. 5-14: FLOP-Bildschirm des ex-post-Vergleichs bezüglich Zielfunktion 1

Neben der Veranschaulichung der durchgeführten Lösungssuche sollen die ex-post-Vergleiche dem Entscheidungsträger auch helfen zu erkennen, ob die ausgewählte Lösung tatsächlich den Vorstellungen am besten entspricht. Sollte sich aus der Analyse ergeben, daß die Lösung, in der die gerade untersuchte Ungleichung maximales beziehungsweise minimales Niveau besaß, in eine Richtung weist, die der Entscheidungsträger der ausgewählten Lösung vorzieht, kann die Lösungssuche direkt wieder aufgenommen werden. Im vorliegenden Fall sieht der FLOP-Benutzer aus der Analyse der einzelnen Ungleichungen keine Möglichkeit, daß andere Anspruchsniveaus zu noch günstigeren Lösungen führen könnten. FLOP speichert daraufhin nach den Lösungsvergleichen die optimale Lösung und bei Bedarf auch das entwickelte Modell für eine etwaige spätere Benutzung ab. Im Anschluß daran wird die Systemsitzung endgültig beendet.

---

[17] Unterschiede in der Verfolgung beider Ziele treten dadurch auf, daß Altmetall 1 billiger als Altmetall 2 ist und andere Qualitätsmerkmale besitzt, so daß unter Berücksichtigung der Nebenbedingungen eine Kostenminimierung zu anderen Lösungen führt als eine Altmetallmaximierung.

5.3. Diskussion des Anwendungsbeispiels

Das Beispiel der Lösung eines Mischungsproblems mit Hilfe des Unterstützungs-
systems FLOP zeigt, wie sehr der Entscheidungsprozeß und damit auch der Ablauf
des Systems von den Maßnahmen und Steuerungen des Entscheidungsträgers
abhängt. Es ist denkbar, daß ein anderer Benutzer eine völlig unterschiedliche
Lösungssuche bestritten und auch eine grundsätzlich andere Lösung als für ihn opti-
malen Kompromiß ermittelt hätte. Dies macht die grundlegende Zielsetzung des
Systems FLOP sichtbar, den individuellen Prozeß der Entscheidungsfindung des
FLOP-Benutzers *begleitend zu unterstützen*, indem das System nur zur gegebener
Zeit dem Entscheidungsträger rechenintensive Aufgaben abnimmt. Die Lösung des
Problems wird in entscheidendem Maße von den Präferenzen und den taktischen
Erwägungen des Entscheidungsträgers bestimmt.

Im vorliegenden Fall galt es, einen Kompromiß zwischen dem Erreichen der Ziele der
Kostenminimierung und der Maximierung des Altmetalleinsatzes sowie der Einhaltung der fuzzy Qualitätsnebenbedingungen zu finden. Im Laufe der Lösungssuche hat
sich dabei für den Entscheidungsträger herausgestellt, daß es für die Qualität der
Legierung in erster Linie von Bedeutung ist, den Anteil an Aluminium und Silicium
in der zu produzierenden Legierung möglichst hoch zu halten. Dagegen erschien es
dem Problemlöser weniger bedeutend, daß alle anderen Metalle *gleichzeitig* einen
äußerst geringen Anteil an der Legierung besitzen. Die linguistische Unschärfe dieser
Restriktionen wurde von ihm so interpretiert, daß die im Endprodukt unerwünschten,
weil die Qualität der Legierung mindernden Metalle Eisen, Kupfer, Mangan und
Magnesium in ihrer einschränkenden Wirkung zusammen betrachtet werden können.
Dies heißt, daß es für die Legierung von nachrangiger Bedeutung ist, ob beispielsweise mehr Mangan als Kupfer in dem Endprodukt enthalten ist, solange der gesamte
Anteil an unerwünschten Metallen ein bestimmtes Gewicht nicht überschreitet.

Diese Erkenntnis bot eine günstige Ausgangsposition für die Kompensation zwischen
verschiedenen Erfüllungsgraden der fuzzy Qualitäts-Restriktionen. Im Vergleich zu
der klassischen Max-Min-Lösung, bei der der minimale Zugehörigkeitswert aller
Systemungleichungen maximiert wird und bei dem keinerlei Gewichtungen einzelner
Ungleichungen möglich sind, konnte der Entscheidungsträger jetzt festlegen, bei welchen Ungleichungen ihm ein hohes Niveau besonders wichtig erschien und bei welchen ein niedriger Erfüllungsgrad die Qualität der herzustellenden Legierung nicht
grundlegend negativ beeinflußte.

Im Rahmen der Problemlösung mit Hilfe von FLOP entschloß sich der Entscheidungsträger in diesem Fall, einen relativ hohen Anteil an Eisen und einen geringfügig

höheren Anteil an Mangan in Kauf zu nehmen. Dadurch konnten einerseits bessere Zielwerte bei beiden Zielfunktionen erreicht werden; andererseits hat darunter aber die Qualität der Legierung nicht gelitten. Vielmehr ließ sich - im Vergleich zur Lösung ohne jegliche Kompensation - der Anteil der eigentlichen Bestandteile Aluminium und Silicium sogar erhöhen. Da im Zuge des hohen Eisenanteils gleichzeitig der Anteil an Kupfer und Magnesium reduziert werden konnte, bewertet der Entscheidungsträger die Qualität des Produktes sogar noch höher als für den Fall, daß die Einhaltung der anderen Nebenbedingungen nicht zu Lasten der Eisen-Restriktion (und zu einem geringem Teil auch der Mangan-Nebenbedingung) erhöht wird. Im Vergleich zur Max-Min-Lösung liegt demnach mit der ausgewählten Lösung ein Punkt vor, der in allen drei Entscheidungskriterien des Mischungsproblems Vorteile aufweist; neben der Reduktion der Kosten und der Erhöhung des Anteils an Altmetall läßt sich sogar auch die Qualität der Legierung insgesamt - nach Meinung des Entscheidungsträgers - verbessern.

Die Möglichkeit, mit Hilfe von Kompensationen einzelner Erfüllungsgrade der unscharfen Qualitätsrestriktionen eine subjektiv bessere Lösung zu erreichen, kann auch im Zusammenhang mit einer allgemeineren Betrachtungsweise nützlich sein. Mit Hilfe von FLOP ist es möglich, auf unterschiedliche Problemstellungen auch unterschiedlich zu reagieren. So kann es eventuell bei einem bestimmten Verwendungszweck für die Qualität der Legierung von Bedeutung sein, den Anteil beispielsweise an Kupfer möglichst gering zu halten, wohingegen die Qualitätsanforderungen des Endproduktes bei einem anderen Auftrag möglicherweise einen sehr geringen Eisen-Anteil wünschenswert erscheinen lassen. Die vorhandene Datenunschärfe läßt sich hier als Instrument einsetzen, für verschiedene Ausgangssituationen mit spezifischen Gewichten und Präferenzen zwischen den einzelnen Systemungleichungen zu operieren und so optimale Kompromißlösungen zu finden, die speziell auf die jeweiligen Problemstellungen abgestimmt sind.

Dies gilt natürlich nicht nur für die fuzzy Nebenbedingungen. Im gleichen Maße kann auch von Fall zu Fall entschieden werden, welches Gewicht die Ziele im Vergleich zur Einhaltung der unscharfen Nebenbedingungen erhalten und welche Prioritäten zwischen den einzelnen verfolgten Zielsetzungen existieren. Solche Bewertungen innerhalb der Lösungssuche mit FLOP eröffnen die Möglichkeit, auf unterschiedliche exogene Einflüsse flexibel reagieren zu können. Ändern sich die äußeren Einflußfaktoren bei sonst identischer innerer Problemkonstellation, kann dies direkt in den Optimierungsprozeß mit einbezogen werden und so die Entscheidungsfindung beeinflussen.

Aus dieser Argumentation wird die doppelte Funktion der Fuzzy Sets in betriebswirtschaftlichen Entscheidungsmodellen deutlich. Zum einen wird durch deren Verwendung in der Linearen Optimierung erreicht, daß die vorhandene Datenunschärfe adäquater im formalen Modell erfaßt werden kann und nicht - wie in klassischen Modellen - ein einziger deterministischer Wert als willkürlicher Repräsentant des Unschärfe-Bereiches ausgewählt werden muß. Zum anderen bietet sich durch die Fuzzy Sets darüberhinaus die Möglichkeit, aus der "Not" dieser speziellen Form von Datenunsicherheit eine "Tugend" zu machen, indem mit Hilfe der fuzzy Bereiche der Prozeß der Lösungssuche gezielt gesteuert wird. Unter Ausnutzung der Datenunschärfe wird der Entscheidungsträger in die Lage versetzt, Präferenzen zu artikulieren und so die momentanen subjektiven Vorstellungen mit in die Optimierung der zu treffenden Entscheidung einzubeziehen.

Am Beispiel des Mischungsproblems lassen sich aber auch die Grenzen der Anwendung des Systems FLOP zur Unterstützung eines Entscheidungsprozesses erkennen. Der zu betreibende Aufwand ist in der Regel für den Entscheidungsträger größer, als wenn das bestehende Problem mit Hilfe eines klassischen Optimierungsverfahrens gelöst wird. Dies gilt in um so stärkerem Maße, je komplexer die Probleme beschaffen sind. Da es ja gerade ein Ziel von FLOP ist, den Entscheidungsträger in den Optimierungsprozeß mit einzubinden und ihn den Verfahrensablauf selber steuern zu lassen, ist es eine zwangsläufige Folge, daß der Systembenutzer bei der Problemlösung auch mehr persönlichen Einsatz zeigen muß, als wenn ein Verfahren der Linearen Optimierung aus dem eingegebenen formalen Modell völlig automatisiert und ohne weitere Eingaben eine Lösung berechnet.

Dieser Mehreinsatz des Entscheidungsträgers ist in erster Linie zeitlich zu sehen. Der Suchprozeß nach der optimalen Kombination verschiedener Erfüllungsgrade im Rahmen von FLOP gleicht in gewisser Weise einem "trial-and-error"-Prinzip, bei dem die Auswirkungen der zusätzlichen Be- oder Entlastung einzelner Ungleichungen bis zu den Grenzen der Akzeptanz ausgetestet werden. Einerseits wird dem Benutzer zwar ermöglicht, die Auswirkungen der Änderung einzelner Anspruchsniveaus auf alle anderen Systemungleichungen simultan erfassen und miteinander vergleichen zu können; das System trägt so dazu bei, die Komplexität der Problemstellung für den Benutzer zu reduzieren und ihn vor kognitiver Überlastung zu bewahren. Trotzdem verbleibt andererseits für den Entscheidungsträger die Aufgabe, die errechneten Teilergebnisse und Informationen über Möglichkeiten und Grenzen der Kompensation zu beurteilen, einzuordnen und aus den Erkenntnissen die weiteren Handlungen der Lösungssuche abzuleiten; diese Aufgabe kann und soll ihm vom System nicht abgenommen werden. In der Konsequenz bedeutet dies, daß in FLOP gegenüber der klassischen, deterministischen Linearen Optimierung zusätzliche Informationen und zusätzlicher Spielraum für subjektive Bewertungen zur Verfügung gestellt werden, ein Ausnutzen dieses Spielraums aber auch notgedrungen den zeitlichen Aufwand zur Problemlösung vergrößert.

Im vorliegenden Problem des optimalen Mischungsverhältnisses von vier unterschiedlichen Einsatzfaktoren bei neun einzuhaltenen Nebenbedingungen bleibt der Aufwand einer Systemsitzung auf Grund der begrenzten Größe der Problemstellung in einem angemessenen Rahmen. Mit steigender Anzahl der Ziele und Restriktionen jedoch kann sich die Suche nach der besten Kompromißlösung zu einem langwierigen Prozeß entwickeln. Es muß dann im Einzelfall abgewogen werden, ob sich der Aufwand "lohnt" oder ob das Modell zu komplex ist, um es mit Hilfe von FLOP zu lösen.[1]

Allerdings läßt sich eine Verminderung des Aufwandes auch dadurch erreichen, daß nicht auf die Lösungsuche an sich verzichtet, sondern nur die Art der Suche verändert wird. So könnte beispielsweise bei wachsender Problemkomplexität das Setzen von Anspruchsniveaus zur Erzeugung von Kompensation auf einige wesentliche Ungleichungen beschränkt bleiben oder die Anzahl an Iterationen reduziert werden. Aber auch für den Fall, daß gar keine Kompensation durchgeführt werden soll, bleibt der Einsatz der Linearen Fuzzy Optimierung - dann als klassischer Max-Min-Ansatz - einem rein deterministischen Modell vorzuziehen, da die dem Problem innewohnende Unschärfe so besser im Modell abgebildet werden kann.

Bei zunehmender Größe des zu lösenden Problems kann es beim Entscheidungsträger außerdem dazu kommen, daß die Übersicht über die Bedeutung durchgeführter Kompensationen leidet. Um dies zu verhindern, besteht zwar in FLOP die Möglichkeit zum Vergleich der Lösung in den ursprünglichen Dimensionen, ein solcher Vergleich stellt aber bei zunehmender Modellgröße auch wachsende Anforderungen an den Betrachter. Auch hier kann bei sehr großen Modellen ein ursprünglicher Vorteil des Systems - die simultane Vergleichbarkeit aller Systemungleichungen in einer gemeinsamen Einheit - zu Problemen führen, da die Aussagekraft der erzielten Anspruchsniveaus abnimmt.

---

[1] FLOP ist für Modelle konfiguriert, die bis zu 40 Entscheidungsvariable und bis zu 110 Systemungleichungen aufweisen können. Einer Vergrößerung dieser Parameter steht aber verfahrenstechnisch nichts im Wege.

6. Zusammenfassung und Ausblick

In der vorliegenden Arbeit sind zu Beginn die Möglichkeiten einer betrieblichen Entscheidungsunterstützung durch ein Computersystem aus zwei unterschiedlichen Blickwinkeln beleuchtet worden. Zum einen wurde untersucht, welche Anforderungen an ein System aus der Sicht des Anwenders und seines Problemlöseprozesses zu stellen sind. Zum anderen wurden mathematische Optimierungsverfahren analysiert, mit deren Hilfe betriebliche Probleme auf dem Computer gelöst werden können. Aus den Ergebnissen dieser Untersuchungen ist in der Arbeit das Entscheidungsunterstützungssystem FLOP entwickelt worden mit dem Ziel, die Anwendungsmöglichkeiten von Optimierungsverfahren im betrieblichen Alltag zu erweitern. Dazu wurde der Versuch unternommen, einerseits die Realitätsnähe des verwendeten Verfahrens zu erhöhen und andererseits die Optimierung besser in den Problemlöseprozeß des Entscheidungsträgers einzugliedern.

Durch den Einbezug von Elementen der Linearen Fuzzy Optimierung und der Linearen Optimierung unter mehrfacher Zielsetzung lassen sich die in der Realität sehr häufig auftretenden Problemstellungen, in denen Daten nur unscharf zu erfassen sind und gleichzeitig mehrere Ziele verfolgt werden, genauer im formalen Modell abbilden. Das verbleibende Grundproblem solcher Verfahren, dem Entscheidungsträger die Möglichkeit zur gezielten Artikulation subjektiver Präferenzen bezüglich einzelner Systemungleichungen zur Verfügung zu stellen, konnte durch die Einführung der Optimierung mit Anspruchsniveaus gelöst werden.

Das Optimierungsverfahren in FLOP wurde so konzipiert, daß es dem Benutzer erlaubt, interaktiv durch eine fortwährende Eingabe beziehungsweise Veränderung der Anspruchsniveaus die Lösungssuche gezielt zu steuern. Auf diese Weise läßt sich außerdem die ursprünglich statische Optimierung in einen dynamischen Prozeß der Lösungssuche verwandeln: Die Erfüllung beziehungsweise Nicht-Erfüllung der gesetzten Ansprüche führt zu neuen Erkentnissen und diese können wieder ins System eingebracht werden, so daß sich der Entscheidungsträger über die Lösung von Teilproblemen dem subjektiven Optimum schrittweise nähern kann. Die Festlegung von Anspruchsniveaus wird dabei in FLOP auf vielfältige Weise unterstützt. So werden dem Entscheidungsträger unter anderem Referenzpunkte zur Seite gestellt oder auch vom System selbständig weitere Lösungen berechnet, falls keine Variation der Anspruchsniveaus erfolgt.

In der betrieblichen Praxis existieren Problembereiche, in denen zumindest einige Entscheidungsvariablen nur ganzzahlige Werte annehmen können. Solche Situationen werden im Rahmen von FLOP nicht berücksichtigt. Auf Grund der Systemstruktur wäre es allerdings ohne weiteres möglich, die Lösungssuche auch auf eine solche Situation auszurichten und entsprechende Verfahren in FLOP mit einzubinden. Dabei könnte so vorgegangen werden, daß parallel zwei Varianten zur Lösung eines Modells zur Verfügung stehen: Liegt ein Problem ohne Ganzzahligkeitsbedingung vor, wird die Lösung mit Hilfe der Simplexmethode ermittelt, im anderen Fall mit einem der speziellen Verfahren der ganzzahligen Linearen Optimierung. Insgesamt bietet sich so die Möglichkeit, die Flexibilität und Anwendbarkeit des Systems weiter zu erhöhen.

Auch eine Erweiterung der maximalen Modellgröße ist in FLOP theoretisch mit keinen Schwierigkeiten verbunden. Es ist vom Entscheidungsträger lediglich inhaltlich zu prüfen, ob der - gegenüber einer Optimierung ohne Präferenzartikulation über Anspruchsniveaus - größere zeitliche Aufwand bei der Problemlösung noch in einem "lohnenden" Verhältnis zur qualitativen Verbesserung der Lösung und der Einsichten über die Problemstrukturen steht.

Wie bei allen quantitativen Verfahren der Betriebswirtschaftslehre hängt auch in FLOP die Güte einer geleisteten Entscheidungsunterstützung in großem Maße davon ab, wie adäquat der Sachverhalt im formalen Modell abgebildet werden kann. Diese Güte ist aber nicht allein von den im Modell zur Verfügung stehenden Möglichkeiten abhängig, sondern wird auch dadurch beeinflußt, wie der Entscheidungsträger zu seinen Vorstellungen über das Problem kommt. In FLOP wird vorausgesetzt, daß der Entscheidungsträger in der Lage ist, die Determinanten des bestehenden Problems formal zu quantifizieren. Dies bedeutet, daß der Benutzer schon zu Beginn einer Systemsitzung eine Grundvorstellung über Ziele und Restriktionen besitzen muß und diese auch durch konkrete Zahlen, wenn auch eventuell nur unscharf und in Bandbreiten, ausdrücken kann. Die Problem*erkennung* beziehungsweise Problem*formulierung* ist in dieser Arbeit nicht behandelt worden. Dabei könnte es sinnvoll sein, dem Beginn von FLOP ein weiteres System vorzuschalten, das dem Entscheidungsträger für diesen Teilbereich der Problemlösung und auch bei der Erfassung der problemrelevanten Daten behilflich ist.

Ein solches System könnte den Entscheidungsträger eventuell auch bei der Fragestellung unterstützen, die grundsätzlich im Anschluß an jede Problemerkennung beantwortet werden muß: Es gilt zu prüfen, ob zur Lösung der vorliegenden Problemstellung überhaupt ein formales Entscheidungsmodell gewinnbringend eingesetzt werden kann oder ob die qualitativen Einflußfaktoren nicht so dominierend sind, daß die Optimierung der restlichen quantitativen Problemdeterminanten keine ausreichende Aussagekraft in bezug auf die zu treffende Entscheidung besitzt. Erst wenn diese Frage geklärt worden ist, sollte gegebenenfalls der Entscheidungsprozeß mit der Unterstützung von FLOP fortgesetzt werden.

Die Optimierung stellt nur eine Möglichkeit dar, den Entscheidungsträger im betrieblichen Alltag mit dem Computer zu unterstützen. Je nach Art der zu bewältigenden Aufgabe können auch andere, in dieser Arbeit nicht behandelte Formen der Entscheidungshilfe, wie beispielsweise statistische Analysen oder Prognoseverfahren, erforderlich werden. Es erscheint in diesem Zusammenhang sinnvoll, FLOP mit anderen Systemen der betrieblichen Entscheidungsunterstützung zu kombinieren. So ließe sich ein Gesamtsystem konstruieren, aus dem der Benutzer für verschiedene Problemstellungen jeweils einzelne Sub-Systeme auswählen kann und in dem FLOP ein spezielles Modul darstellt. Ein solches Meta-System könnte durch seine Flexibilität weiter dazu beitragen, die betriebliche Anwendung der Computertechnologie zu verstärken und damit die Rationalität von Entscheidungen zu erhöhen.

Literaturverzeichnis

Abel, P.; Thiel, R.: Mehrstufige stochastische (Produktionsmodelle). Eine praxisorientierte Darstellung mit programmierten Beispielen; Frankfurt a.M. 1981.

Aboudi, R. et al.: A Mathematical (Programming) Model for the Development of Petroleum Fields and Transport Systems, in: EJOR, 43 (1989), S. 13 - 25.

Ackoff, R.L.: (Management) Misinformation Systems, in: Mg.Sc., 14 (1968), S. 147 - 156.

Ackoff, R.L.: The (Future) of OR is Past, in: J.Opl.Res.Soc., 30 (1979), S. 93 - 104.

Ackoff, R.L.: (OR), a Post Mortem, in: OR, 35 (1987), S. 471 - 474.

Adelman, L.: Evaluating (Decision) Support and Expert Systems; New York et al. 1992.

Alexis, M.; Wilson, C.Z.: Organizatorial (Decision) Making; Englewood Cliffs 1967.

Allais, M.: Le (Comportement) de l'Homme Rationel devant le Risque: Critique des Postulats et Axiomes de l'Ecole Américaine, in: Econometrica, 21 (1953), S. 503 - 546.

Alter, S.: (Decision) Support Systems: Current Practice and Continuing Challenges; Reading (Mass.) et al. 1980.

Andreu, R.; Corominas, A.: (SUCCES92): A DSS for Scheduling the Olympic Games, in: Interfaces, 19 (1989), S. 1 - 12.

Anthonisse, J.M.; Lenstra, J.K.; Savelsbergh, M.W.: Behind the (Screen): DSS from an OR Point of View, in: DSS, 4 (1988), S. 413 - 419.

Asai, K; Tanaka, H.; Okuda, T.: (Decision) Making and its Goal in a Fuzzy Environment, in: Zadeh, L.A. et al. (Hrsg.): Fuzzy Sets and their Applications to Cognitive and Decision Processes; New York - London 1975, S. 257 - 277.

Bamberg, G.; Coenenberg, A.G.: (Entscheidungstheorie), in: Albers, W. et al. (Hrsg.): Handwörterbuch der Wirtschaftswissenschaften, Band 2; Stuttgart et al. 1979, S. 376 - 392.

Bamberg, G.; Coenenberg, A.G.: Betriebswirtschaftliche (Entscheidungslehre), 5. Aufl.; München 1989.

Bandemer, H.; Gottwald, S.: (Einführung) in Fuzzy-Methoden; Frankfurt a.M. 1990.

Bartmann, D.R.; Pope, J.A.: Ein Scoring-Modell bei mehrfacher (Zielsetzung) mit unsicheren oder fehlenden Daten und abhängigen Zielen, in: ZOR, B24 (1980), S. B29 - B45.

Bea, F.X.: (Entscheidungen) des Unternehmens, in: Bea,F.X.; Dichtl, E.; Schweitzer, M. (Hrsg.): Allgemeine Betriebswirtschaftslehre, Band 1: Grundfragen, 5. Aufl.; Stuttgart - New York 1990, S. 302 - 403.

Beale, E.M.L.: (Introduction) to Optimization; Chichester et al. 1988.

Behme, W.: ZP-Stichwort: (Entscheidungsunterstützungssysteme), in: ZP, 2 (1992), S. 179 - 184.

Bell, P.: Visual Interactive (Modelling): The Past, the Present, and the Prospects, in: EJOR, 54 (1991), S. 274 - 286.

Bellman, R.E.: Dynamic (Programming); Princeton 1957.

Bellman, R.E.; Giertz, M.: On the Analytic (Formalism) of the Theory of Fuzzy Sets, in: Information Sciences, 5 (1973), S. 149 - 156.

Bellman, R.E.; Zadeh, L. A.: (Decision-Making) in Fuzzy Environment, in: Mg.Sc., 17 (1970), S. B 141 - B 164.

Benayoun, R. et al.: Linear (Programming) with Multiple Objective Functions: STEP Method (STEM), in: Mathematical Programming, 1 (1971), S. 366 - 375.

Bezdek, J.C.: (Pattern) Recognition with Fuzzy Objective Function Algorithms; New York - London 1981.

Biethahn, J.: (Optimierung) und Simulation; Wiesbaden 1978.

Biethahn, J.; Mucksch, H.; Ruf, W.: Ganzheitliches (Informationsmanagement), Band 1: Grundlagen; München - Wien 1990.

Binbasioglu, M.; Jarke, M.: Domain-Specific (DSS) Tools for Knowledge-Based Model Building, in: DSS, 3 (1986), S. 213 - 223.

Bitz, M.: (Strukurierung) ökonomischer Entscheidungsmodelle; Wiesbaden 1977.

Bloech, J.: Optimale (Industriestandorte); Würzburg - Wien 1970.

Bloech, J.: Lineare (Optimierung) für Wirtschaftswissenschaftler; Opladen 1974.

Bloech, J.: (Programmierung, dynamische), in: Albers, W. et al. (Hrsg.): Handwörterbuch der Wirtschaftswissenschaften; Stuttgart et al. 1980, S. 342 - 349.

Bloech, J.: (Programmierung), nichtlineare, in: Albers, W. et al. (Hrsg.): Handwörterbuch der Wirtschaftswissenschaften; Stuttgart et al. 1980, S. 369 - 382.

Bloech, J.; Ihde, G.B.: Betriebliche (Distributionsplanung). Zur Optimierung der logistischen Prozesse; Würzburg - Wien 1972.

Blohm, H.; Lüder, K.: (Investition). Schwachstellen im Investitionsbereich des Industriebetriebs und Wege zu ihrer Beseitigung, 6. Aufl.; München 1988.

Bodington, C.E.; Baker, T.E.: A (History) of Mathematical Programming in the Petroleum Industry, in: Interfaces, 20 (1990), S. 117 - 127.

Böhm, K.: Lineare (Quotientenprogrammierung) - Rentabilitätsoptimierung; Frankfurt a.M. 1978.

Börsig, S.; Frey, D.: (Widerstand) und Unterstützung bei Operations Research; München 1976.

Braybrooke, D.; Lindblom, C.E.: A (Strategy) of Decision; Glencoe 1963.

Bright, J.G.; Johnston, K.J.: Wither (VIM)? - A Developers View, in: EJOR, 54 (1991), S. 357 - 362.

Bronstein, I.N.; Semendjajew, K.A.: (Taschenbuch) der Mathematik, 22. Aufl., Thun - Frankfurt a.M. 1985.

Brunner, J.: (Möglichkeiten) und Probleme der Anwendung des Kachijan-Verfahrens und dessen Modifikationen an Beispielen der Produktionsprogrammplanung; Arbeitsbericht Nr. 3/89 des Instituts für Betriebswirtschaftliche Produktions- und Investitionsforschung der Georg-August-Universität Göttingen; Göttingen 1989.

Buckley, J.J.: Stochastic versus Possibilistic Multiobjective (Programming), in: Slowinski, R.; Teghem, J. (Hrsg.): Stochastic versus Fuzzy Approaches to Multiobjective Mathematical Programming under Uncertainty; Dordrecht 1990, S. 353 - 364.

Buscher, U.; Roland, F.: (Fuzzy-Set-Modelle) in der simultanen Investitions- und Produktionsplanung, Arbeitsbericht Nr. 1/92 des Instituts für Betriebswirtschaftliche Produktions- und Investitionsforschung der Georg-August-Universität Göttingen; Göttingen 1992.

Buscher, U.; Roland, F.: (Fuzzy Sets) in der Linearen Optimierung, in: Wirtschaftswissenschaftliches Studium, 6 (1993), S. 313 - 317.

Busse von Colbe, W.; Laßmann, G.: (Betriebswirtschaftstheorie), Bd. 1, 4. Aufl.; Berlin 1988.

Carlsson, C.: Fuzzy Multiple (Criteria) for Decision Support Systems, in: Kacprzyk, J.; Yager, R. (Hrsg.): Management Decision Support Systems using Fuzzy Sets and Possibility Theory; Köln 1985, S. 48 - 61.

Carlsson, C.; Korhonen, P.: A Parametric (Approach) to Fuzzy Linear Programming, in: FSS, 20 (1986), S. 17 - 30.

Carroll, J.M.; Olson, J.R.: Mental (Models) in Human-Computer Interaction, in: Helander, M. (Hrsg.): Handbook of Human-Computer Interaction; Amsterdam 1988, S. 45 - 65.

Chanas, S.: The (Use) of Parametric Programming in Fuzzy Linear Programming, in: FSS, 11 (1983), S. 243 - 251.

Chanas, S.: Fuzzy (Programming) in Multiobjective Linear Programming - a Parametric Approach, in: FSS, 29 (1989), S. 303 - 313.

Chanas, S.; Florkiewicz, B.: A Fuzzy (Preference) Relation in the Vector Maximum Problem, in: EJOR, 28 (1987), S. 351 - 357.

Charnes, A.; Cooper, W.W.; Mellon, B.: (Blending) Aviation Gasolines, in: Econometrica, 20 (1952), S. 135 - 159.

Charnes, A.; Cooper, W.W.: Chance-Constrained-(Programming), in: Mg.Sc., 6 (1960), S. 73 - 79.

Charnes, A.; Cooper, W.W.: (Management) Models and Industrial Applications of Linear Programming; New York - London - Sydney 1961.

Chien, G.: (Product) Strategy Models for the Computer Business, in: Plötzeneder, H.D. (Hrsg.): Computergestützte Unternehmensplanung, Fachberichte und Referate; Stuttgart 1977, S. 279 - 286.

Chrisman, J. et al.: A Multiobjective Linear (Programming) Methodology for Public Sector Tax Planning, in: Interfaces, 19 (1989), S. 13 - 22.

Churchman, C.W.; Ackoff, R.L.; Arnoff, E.L.: (Operations) Research. Eine Einführung in die Unternehmensforschung; München - Wien 1971.

Climaco, J.; Antunes, H.C.: Flexible (Method) Bases and Man-Machine Interfaces as Key Features in Interactive MOLP Approaches, in: Korhonen, P.; Lewandowski, A.; Wallenius, J. (Hrsg.): Multiple Criteria Decision Support, Proceedings Helsinki 1989; Berlin et al. 1991, S. 207 - 216.

Commission on OR: The State of (OR), in: J.Opl.Res.Soc., 37 (1986), S. 834 - 869.

CONDOR - Committee on the Next Decade in OR: (Operations) Research: the Next Decade, in: OR, 36 (1988), S. 619 - 637.

Cyert, R.M.; March, J.G.: A Behavioral (Theory) of the Firm; Englewood Cliffs 1963.

Cyert, R.M.; Simon, H.A.; Trow, D.B.: (Observation) of a Business Decision, in: Journal of Business, 29 (1956), S. 237 - 248.

Dantzig, G.B.: (Application) of the Simplex Method to a Transportation Problem, in: Koopmans, R.C. (Hrsg.): Activity Analysis of Production and Allocation; New York 1951, S. 359 - 392.

Dantzig, G.B.: (Operations) Research in the World of Today and Tomorrow; Institute of Engineering Research; University of California, Report No. ORC-65-7; Berkeley 1965.

Delgado, M.; Verdegay, J.L.; Vila, M.A.: A General (Model) for Fuzzy Linear Programming, in: FSS, 29 (1989), S. 21 - 30.

Delgado, M.; Verdegay, J.L.; Vila, M.A.: Relating Different (Approaches) to Solve Linear Programming Problems with Imprecise Costs, in: FSS, 37 (1990), S. 33 - 42.

Dempster, A.P.: Upper and Lower (Probabilities) Induced by a Multi-Valued Mapping, in: Annals of Mathematical Statistics, 38 (1967), S. 325 - 339.

Dinkel, J.; Mote, J.; Venkataramanan, M.A.: An Efficient (Decision) Support System for Academic Course Scheduling, in: OR, 37 (1989), S. 853 - 864.

Dinkelbach, W.: (Sensitivitätsanalysen) und parametrische Programmierung; Berlin - Heidelberg - New York 1969.

Dinkelbach, W.: (Entscheidungsmodelle); Berlin - Heidelberg - New York 1982.

Dinkelbach, W.; Huckert, K.; Isermann, H.: Ein lineares (Kapazitätsplanungsmodell) aus dem Hochschulbereich und seine Lösungsmöglichkeiten mit Hilfe des modifizierten STEM-Verfahrens; Diskussionsbeiträge der Universität des Saarlandes A 7709, 11 (1977).

Diruf, G.: (Probleme) und Entwicklungstendenzen der computergesteuerten Tourenplanung, in: ZP, 1 (1990), S. 5 - 23.

Dobschütz, L. von: Strategische (Planung) und Operations Research, in: Operations Research Proceedings 1980; Berlin - Heidelberg - New York 1981, S. 127 - 134.

Dörner, D.: (Problemlösen) als Informationsverarbeitung, 3. Aufl.; Stuttgart et al. 1987.

Dörner, D. et al.: (Lohhausen). Vom Umgang mit Unbestimmtheit und Komplexität; Bern 1983.

Dubois, D.; Prade, H.: (Comment) on 'Tolerance Analysis using Fuzzy Sets' and 'A Procedure for Multiple Aspect Decision Making', in: International Journal of Systems Science, 9 (1978), S. 357 - 360.

Dubois, D.; Prade, H.: (Fuzzy Sets) and Systems: Theory and Applications; New York - London - Toronto 1980.

Dubois, D.; Prade, H.: A (Class) of Fuzzy Measures Based on Triangular Norms, in: International Journal of General Systems, 8 (1982), S. 43 - 61.

Dubois, D.; Prade, H.: (Ranking) of Fuzzy Numbers in the Setting of Possibility Theory, in: Information Sciences, 30 (1983), S. 183 - 224.

Dubois, D.; Prade, H.: A (Review) of Fuzzy Set Aggregation Connectives, in: Information Sciences, 36 (1985), S. 85 - 121.

Dubois, D.; Prade, H.: (Possibility) Theory; New York - London 1988.

Duchessi, P.; Belardo, S.; Seagle, J.P.: Aritificial (Intelligence) and the Management Science Practitioner: Knowledge Enhancements to a Decision Support System for Vehicle Routing, in: Interfaces, 18 (1988), S. 85 - 93.

Dürr, W.; Kleibohm, K.: (Operations) Research. Lineare Modelle und ihre Anwendungen; München - Wien 1983.

Dyer, J.: Interactive Goal (Programming), in: Mg.Sc., 19 (1972), S. 62 - 70.

Dyer, J.: A Time-Sharing (Computer) Program for the Solution of the Multiple Criteria Problem, in: Mg.Sc., 19 (1973), S. 1379 - 1383.

Earl, P.E.: (Economics) and Psychology: a Survey, in: The Economic Journal, 100 (1990), S. 718 - 755.

Ecker, J.G.; Kouada, I.A.: (Finding) All Efficient Extreme Points for Multiple Objective Linaer Programming, in: Mathematical Programming, 14 (1978), S. 249 - 261.

Eden, C.; Williams, H.; Smithin, T.: Synthetic (Wisdom): The Design of a Mixed-Mode Modelling System for Organizational Decision Making, in: J.Opl.Res.Soc., 37 (1986), S. 233 - 241.

Edwards, W.: The (Theory) of Decision Making, in: Psychological Bulletin, 51 (1954), S. 380 - 417.

Ellinger, T.: (Operations) Research, 3. Aufl.; Berlin et al. 1990.

Ellsberg, D.: (Risk), Ambiguity and the Savage Axioms, in: Quaterly Journal of Economics, 75 (1961), S. 643 - 669.

Engels, W.: Betriebswirtschaftliche (Bewertungslehre) im Licht der Entscheidungstheorie; Köln - Opladen 1962.

Eom, H.; Lee, S.M.: A (Survey) of Decision Support System Applications (1971 - April 1988), in: Interfaces, 20 (1990), S. 65 - 79.

Evans, G.W.: An (Overview) of Techniques Solving Multiobjective Mathematical Programs, in: Mg.Sc., 30 (1984), S. 1268 - 1282.

Fedrizzi, M.; Kacprzyk, J.; Verdegay, J.L.: A (Survey) of Fuzzy Optimization and Mathematical Programming, in: Fedrizzi, M.; Kacprzyk, J.; Roubens, M. (Hrsg.): Interactive Fuzzy Optimization; Berlin et al. 1991, S. 15 - 28.

Felzmann, H.: Quantitaive (Unterstützung) der strategischen Unternehmensplanung. Ein Modell auf der Basis strategischer Geschäftseinheiten, in: ZfB, 52 (1982), S. 834 - 845.

Ferland, J.; Guénette, G.: (Decision) Support System for the School Districting Problem, in: OR, 38 (1990), S. 15 - 21.

Festinger, L.: A (Theory) of Cognitive Dissonance; Stanford 1957.

Fishburn, P.C.: (Utility) Theory for Decision Making; New York et al. 1970.

Fleischmann, B.: (Operations-Research-Modelle) und -Verfahren in der Produktionsplanung, in: ZfB, 58 (1988), S. 347 - 372.

Forrester, J.: Counterintuitive (Behavior) of Social Systems, in: Meadows, D.L.; Meadows, D.H. (Hrsg.): Toward Global Equilibrium: Collected Papers; Cambridge (Mass.), S. 3 - 30.

Frank, M.; Wolfe, P.: An (Algorithm) for Quadratic Programming, in: Naval Research Logistics Quaterly, 3 (1956), S. 95 - 110.

Freeling, A.N.: (Possibilities) versus Fuzzy Probabilities - Two Alternative Decision Aids, in: Zimmermann, H.-J.; Zadeh, L.A.; Gaines, B.R. (Hrsg.): Fuzzy Sets and Decision Analysis; Amsterdam - New York - Oxford 1984, S. 67 - 81.

Frey, B.: (Entscheidungsanomalien): Die Sicht der Ökonomie, in: Psychologische Rundschau, 41 (1990), S. 67 - 83.

Fromm, A.: Nichtlineare (Optimierungsmodelle). Ausgewählte Ansätze, Kritik und Anwendung; Frankfurt a.M. - Zürich 1975.

Fuchs, H.: (Schwamm) statt Schärfe - über den Aufbruch der deutschen Industrie in die Technologie der Fuzzy Logic, in: Wirtschaftswoche, 16 (1991), S. 129 - 135.

Gaines, B.R.: (Foundations) of Fuzzy Reasoning, in: International Journal of Man-Machines Studies, 8 (1976), S. 623 - 668.

Gal, T.: A General (Method) for Determining the Set of All Efficient Solutions to a Linear Vectormaximum Problem , in: EJOR, 1 (1977), S. 307 - 322.

Gal, T.; Gehring, H.: (Planung)s- und Entscheidungstechniken; Berlin 1981.

Gass, S.I.: (Model) World: A Model is a Model is a Model is a Model, in: Interfaces, 19 (1989), S. 58 - 60.

Gass, S.I.; Saaty, T.L.: The Computational (Algorithm) for the Parametric Objective Function, in: Naval Research Logistics Quaterly, 2 (1955), S. 39 - 45.

Geoffrion, A.M.: Strictly Concave Parametric (Programming), Part I: Basic Theory, in: Mg.Sc., 13 (1966), S. 244 - 253.

Geoffrion, A.M.; Dyer, J.; Feinberg, A.: An Interactive (Approach) for Multi-Criteria Optimization, with an Application to the Operation of an Academic Department, in: Mg.Sc., 19 (1972), S. 357 - 368.

Geyer-Schulz, A.: Unscharfe (Mengen) im Operations Research; Wien 1986.

Ginzberg, M.J.: Early (Diagnosis) of MIS Implementation Failure: Promising Results and Unanswered Questions, in: Mg.Sc., 27 (1981), S. 459 - 478.

Ginzberg, M.J.; Stohr, E.A.: (Decision) Support Systems: Issues and Perspectives, in: Ginzberg,M.J.; Reitmann, W.; Stohr, E.A.: Decision Support Systems; Amsterdam 1982, S. 9 - 31.

Götze, U.: (Szenario-Technik) in der strategischen Unternehmensplanung; Wiesbaden 1991.

Golden, B.L.; Assad, A.A.: (Perspectives) on Vehicle Routing: Exciting New Developments, in: OR, 34 (1986), S. 803 - 810.

Golden, B.L.; Wasil, E.A.: Computerized Vehicle (Routing) in the Soft Drink Industry, in: OR, 35 (1987), S. 6 - 17.

Gorry, G.; Scott Morton, M.: A (Framework) for Management Information Systems, in: Sloan Management Reviews, 13 (1971), S. 55 - 70.

Green, T.; Newsom, W.; Jones, R.: A (Survey) of the Application of Quantitative Techniques to Production/Operations Management in Large Corporations, in: Academy of Management Journal, 20 (1977), S. 669 - 676.

Grochla, E.: (Modelle) als Instrument der Unternehmensführung, in: ZfbF, 21 (1969), S. 382 - 397.

Hässig, K.: Graphentheoretische (Methoden) des Operations Research; Stuttgart 1979.

Hamacher, H.: Über logische (Aggregationen) nicht-binär expliziter Entscheidungskriterien; Frankfurt a.M. 1978.

Hamel, W.: Zur (Zielvariation) in Entscheidungsprozessen, in: ZfbF, 25 (1973), S. 739 - 759.

Hannan, E.L.: Linear (Programming) with Multiple Fuzzy Goals, in: FSS, 6 (1981), S. 235 - 248.

Hannan, E.L.: (Contrasting) Fuzzy Goal Programming and "Fuzzy" Multicriteria Programming, in: Decision Sciences, 13 (1982), S. 337 - 339.

Hannan, E.L.: (Goal) Programming, in: Zeleny, M. (Hrsg.): MCDM : Past Decade and Future Trends; Greenwich - London 1984, S. 118 - 151.

Hanuscheck, R.; Goedecke, U.: (Reduktion) komplexer Erwartungsstrukturen in mehrstufigen Entscheidungssituationen, in: Operations Research Proceedings 1986; Berlin - Heidelberg - New York 1987, S. 479 - 486.

Hanuscheck, R.; Rommelfanger, H.: Lineare (Entscheidungsmodelle) mit vagen Zielfunktionskoeffizienten, in: Operations Research Proceedings 1986; Berlin - Heidelberg - New York 1987, S. 589 - 596.

Harmon, P.; King, D.: (Expertensysteme) in der Praxis; München 1987.

Harris, D.J.: Corporate (Planning) and Operational Research, in: J.Opl.Res.Soc., 29 (1978), S. 9 - 17.

Hauschildt, J.: (Entscheidungziele); Tübingen 1977.

Hauschildt, J.: Die (Struktur) von Zielen in Entscheidungsprozessen - Bericht aus einem empirischen Forschungsprojekt, in: ZfbF, 25 (1973), S. 709 - 738.

Hax, H.: (Entscheidungsmodelle) in der Unternehmung. Einführung in Operations Research; Reinbek 1974.

Heinen, E.: (Entscheidungstheorie), in: Staatslexikon, 1. Ergänzungsband, 6. Aufl.; Freiburg 1969, Sp. 689 - 706.

Heinen, E.: Zum (Wissenschaftsprogramm) der entscheidungsorientierten Betriebswirtschaftslehre, in: ZfB, 39 (1969), S. 207 - 220.

Heinen, E.: (Einführung) in die Betriebswirtschaftslehre, 8. Aufl.; Wiesbaden 1982.

Henig, M.: The (Foundations) of Multiple-Criteria Interactive Modelling: Some Reflections, in: Korhonen, P.; Lewandowski, A.; Wallenius, J. (Hrsg.): Multiple Criteria Decision Support, Proceedings Helsinki 1989; Berlin et al. 1991, S. 217 - 223.

Hersh, H.M.; Caramazza, A.: A (Fuzzy Set) Approach to Modifiers and Vagueness in Natural Language, in: Journal of Experimental Psychology: General, 105 (1976), S. 254 - 276.

Hirota, K.: (Probabilistic Sets) - A Survey, in: Kacprzyk, J.; Fedrizzi, M. (Hrsg.): Combining Fuzzy Imprecision with Probabilistic Uncertainty in Decision Making; Berlin et al., S. 184 - 196.

Hu, T.C.: Ganzzahlige (Programmierung) und Netzwerkflüsse; München - Wien 1972.

Huckert, K.: (Entwurf) und Realisierung von PC-gestützten Decision Support Systemen, in: Angewandte Informatik, 10 (1988), S. 425 - 433.

Hwang, C.-L.; Masud, A.S.M.: Multiple Objective (Decision) Making - Methods and Applications; Berlin - Heidelberg - New York 1979.

Hwang, C.-L.; Yoon, K.: Multiple Attribute (Decision) Making, Methods and Applications; Berlin - Heidelberg - New York 1981.

Ignizio, J.P.: A Review of (Goal) Programming : A Tool for Multiobjective Analysis, in: J.Opl.Res.Soc., 29 (1978), S. 1109 - 1119.

Ignizio, J.P.: Generalized Goal (Programming), in: Computers and Operations Research, 10 (1983), S. 277 - 289.

Ilg, R.; Ziegler, J.: (Interaktionstechniken), in: Fähnrich, K.-P. (Hrsg.): Software-Ergonomie; München 1987, S. 106 - 117.

Inuiguchi, M.; Ichihashi, H.; Kume, Y.: A (Solution) Algorithm for Fuzzy Linear Programming with Piecewise Linear Membership Functions, in: FSS, 34 (1990), S. 15 - 31.

Inuiguchi, M.; Ichihashi, H.; Tanaka, H.: Fuzzy (Programming): A Survey of Recent Developments, in: Teghem, J.; Slowinski, R. (Hrsg.): Stochastic versus Fuzzy Approaches to Multiobjective Mathematical Programming under Uncertainty; Dordrecht 1990, S. 45 - 68.

Irle, M.: (Macht) und Entscheidungen in Organisationen; Frankfurt a.M. 1971

Isermann, H.: Ein (Algorithmus) zur Lösung linearer Vektormaximumprobleme, in: Operations Research Proceedings 1976; Berlin - Heidelberg - New York 1977, S. 55 - 65.

Isermann, H.: The (Enumeration) of the Set of All Efficient Solutions for a Linear Multiple Objective Program, in: Operational Research Quaterly, 28 (1977), S. 711 - 725.

Isermann, H.: (Strukturierung) von Entscheidungsprozessen bei mehrfacher Zielsetzung, in: OR Spektrum, 1 (1979), S. 3 - 26.

Isermann, H.: (Optimierung) mit mehrfacher Zielsetzung, in: Gal, T. (Hrsg.): Grundlagen des Operations Research, Band 1; Berlin - Heidelberg - New York 1987, S. 421 - 497.

Jain, R.: (Fuzzyism) and Real World Problems, in: Wong, P.P.; Chang, S.K. (Hrsg.): Fuzzy Sets; New York 1980, S. 129 - 132.

Jarke, M.: (Kopplung) qualitativer und quantitativer Theorien in der Entscheidungsunterstützung; Technischer Bericht der Universität Passau MIP-8716; Passau 1987.

Johnson, K.L.: (Grundlagen) der Netzplantechnik; Düsseldorf 1974.

Johnson-Laird, P.N.: Mental (Models) - Towards a Cognitivs Science of Language, Inference, and Consciousness; Cambridge 1983.

Jones, W.G.; Rope, C.M.: Linear (Programming) Applied to Production Planning - A Case Study, in: Operations Research Quarterly, 15 (1964), S. 293 - 302.

Jungermann, H.: (Entscheiden), in: Sarges, W. (Hrsg.): Management-Diagnostik; Göttingen - Toronto - Zürich 1990, S. 200 - 206.

Kahle, E.: Betriebswirtschaftliches (Problemlöseverhalten); Wiesbaden 1973.

Kahle, E.: Betriebliche (Entscheidungen); München - Wien 1981.

Kahneman, D.; Tversky, A.: Prospect (Theory): An Analysis of Decisions under Risk, in: Econometrica, 47 (1979), S. 263 - 291.

Kandel, A.: Fuzzy (Techniques) in Pattern Recognition; New York 1982.

Kantorovicz, L.V.: Mathematical (Methods) in the Organization and Planning of Production; Leningrad 1939, übesetzt in: Mg.Sc., 6 (1966), S. 366 - 422.

Kathawala, Y.: (Applications) of Quantitative Techniques in Large and Small Organizations in the United States: An Empirical Analysis, in: J.Opl.Res.Soc., 39 (1988), S. 981 - 989.

Katona, G.: Psychological (Analysis) of Business, Decisions and Expectations, in: American Economic Review, 36 (1946), S. 44 - 62.

Keen, P.; Scott Morton, M.: (Decision) Support Systems: an Organizational Perspective; Reading et al. 1978.

Keeney, R.L.; Raiffa, H.: (Decisions) with Multiple Objectives: Preferences and Value Tradeoffs; New York et al. 1976.

Kern, W.: (Operations) Research, 6. Aufl.; Stuttgart 1987.

Kilger, W.: Flexible (Plankostenrechnung) und Deckungsbeitragsrechnung, 8. Aufl.; Wiesbaden 1981.

Kirsch, W.: Die (Handhabung) von Entscheidungsproblemen, 3. Aufl.; München 1988.

Klein, G.; Moskowitz, H.; Ravindran, A.: Comparative (Evaluation) of Prior versus Progressive Articulation of Preference in Bicriterion Optimization, in: Naval Research Logistics Quaterly, 33 (1986), S. 309 - 323.

Klir, G.J.; Folger, T.A.: (Fuzzy Sets), Uncertainty, and Information; Englewood Cliffs 1988.

Kluwe, R.H.: (Problemlösen), Entscheiden und Denkfehler, in: Hoyos, C.G.; Zimolong, B. (Hrsg.): Ingenieurpsychologie; Enzyklopädie der Psychologie; Göttingen 1990, S. 122 - 147.

Kok, M.: The (Interface) with Decision Makers and some Experimental Results in Interactive Multiple Objective Programming Methods, in: EJOR, 26 (1986), S. 96 - 107.

Kolb, S.: (EskiMo) - eine expertensystemkontrollierte Methodenbank; Heidelberg 1992.

Korhonen, P.; Laakso, J.: A Visual Interactive (Method) for Solving the Multiple Criteria Problem, in: EJOR, 24 (1986), S. 277 - 287.

Korhonen, P.; Wallenius, J.: A (Pareto Race), in: Naval Research Logistics, 35 (1988), S. 615 - 623.

Korhonen, P.; Wallenius, J.: A Careful (Look) at Effiency and Utility in Multiple Criteria Decision Making: A Tutorial, in: Asia-Pacific Journal of Operational Research, 6 (1989), S. 46 - 62.

Korhonen, P.; Wallenius, J.: A Multiple (Objective) Linear Programming Decision Support System , in: DSS, 6 (1990), S. 243 - 251.

Korhonen, P.; Wallenius, J.; Zionts, S.: A (Computer) Graphics-Based Decision Support System for Multiple Objective Linear Programming, in: EJOR, 60 (1992), S. 280 - 286.

Kosiol, E.: (Modellanalyse) als Grundlage unternehmerischer Entscheidungen, in: Zeitschrift für handelswissenschaftliche Forschung, 13 (1961), S. 318 - 334.

Kosko, B.: Neuronal (Networks) and Fuzzy Systems; New York et al. 1992.

Krallmann, H.: Betriebliche (Entscheidungsunterstützungssysteme) - Heute und Morgen, in: Zeitschrift für Organisation, 2 (1987), S. 109 - 117.

Krallmann, H.: Entscheidungsunterstützende (Systeme), in: Mertens, P.: Lexikon der Wirtschaftsinformatik, 2. Aufl.; Berlin 1990, S. 164 - 166.

Kramm, R.: Sequentielles Chance-Constrained-(Programming) als Intrument der flexiblen Planung; Meisenheim 1977.

Krekó, B.: (Lehrbuch) der Linearen Optimierung, 4. Aufl.; Berlin 1969.

Krekó, B.: (Optimierung). Nichtlineare Modelle; Berlin - Budapest 1974.

Krelle, W.: (Präferenz)- und Entscheidungstheorie; Tübingen 1968.

Künzi, H.P.; Müller, O.; Nievergelt, E.: (Einführungskurs) in die dynamische Programmierung; Berlin - Heidelberg - New York 1968.

Kuhn, H.W.; Tucker, A.W.: Nonlinear (Programming), in: Neyman, J. (Hrsg.): Proceedings of the Second Berkley Symposium on Mathematical Statistics and Probability, University of California; Berkley 1951, S. 481 - 492.

Laager, F.: (Entscheidungsmodelle); Zürich - Köln 1978.

Lai, Y.-J.; Hwang, C.-H.: Interactive Fuzzy Linear (Programming), in: FSS, 45 (1992), S. 169 - 183.

Lass, U.; Lüer, G.: Psychologische (Problemlöseforschung), in: Unterrichtswissenschaft, 18 (1990), S. 295 - 312.

Laux, H.: (Entscheidungstheorie) 1, Grundlagen, 2. Aufl.; Berlin et al. 1991.

Lea, S.; Tarpy, R.; Webley, P.: The (Individual) and the Economy; Cambridge 1987.

Leberling, H.: On (Finding) Compromise Solutions in Multicriteria Problems Using the Fuzzy Min-Operator, in: FSS, 6 (1981), S. 105 - 118.

Leberling, H.: (Entscheidungsfindung) bei divergierenden Faktorintersessen und relaxierten Kapazitätsrestriktionen mittels eines unscharfen Lösungsansatzes, in: ZfbF, 35 (1983), S. 398 - 419.

Ledbetter, W.N.; Cox, J.F.: Are OR (Techniques) Being Used?, in: Industrial Engineering, 9 (1977), S. 19 - 21.

Lehmann, I.; Weber, R.; Zimmermann, H.-J.: (Fuzzy Set) Theory. Die Theorie der unscharfen Mengen, in: OR Spektrum, 14 (1992), S. 1 - 9.

Lewandowski, A.; Wierzbicki, A.: (Decision) Support Systems Using Reference Point Optimization, in: Lewandowski, A.; Wierzbicki, A.: Aspiration Based Decision Support Systems, Theory, Software and Applications; Berlin et al. 1989, S. 3 - 20

Lieberman, E.R.: (Soviet) Multi-Objective Mathematical Programming Methods: An Overview, in: Mg.Sc., 37 (1991), S. 1147 - 1165.

Lindblom, C.E.: The (Science) of "Muddling Trough", in: Public Administration Review, 19 (1959), S. 79 - 88.

Littger, K.: (Optimierung). Eine Einführung in rechnergestützte Methoden und Anwendungen; Berlin et al. 1992.

Little, J.D.C.: (Models) and Managers: The Concept of a Decision Calculus, in: Mg.Sc., 16 (1970), S. 466 - 485.

Little, J.D.C.: (Research) Opportunities in the Decision and Management Sciences, in: Mg.Sc., 32 (1986), S. 1 - 13.

Lofti, V.; Teich, J.: Multicriteria (Decision) Making using Personal Computers, in: Korhonen, P.; Lewandowski, A.; Wallenius, J. (Hrsg.): Multiple Criteria Decision Support; Proceedings Helsinki 1989; Berlin et al. 1991, S. 152 - 158.

Lüer, G.; Opwis, K.: (Modelle) der Repräsentation von Wissen, Arbeitsbericht Nr. 18 des Instituts für Psychologie der Georg-August-Universität Göttingen, 1989.

Luhandjula, M.K.: Compensatory (Operators) in Fuzzy Linear Programming with Multiple Objectives, in: FSS, 8 (1982), S. 245 - 252.

Mantey, P.; Sutton, J.: (Computer) Support for Management Decision Making, in: Plötzeneder, H.D. (Hrsg.): Computergestützte Unternehmensplanung, Fachberichte und Referate; Stuttgart 1977, S. 333 - 360.

March, J.; Simon, H.A.: (Organizations); New York 1958.

Marshall, J.D.: Multiobjective (Decision) Making under Uncertainty: an Application of Fuzzy Set Theory; Ann Arbor 1986.

May, K.O.: (Intransitivity), Utility and the Aggregation of Preference Patterns, in: Econometrica, 22 (1954), S. 1 - 13.

Menges, G.: (Grundmodelle) wirtschaftlicher Entscheidungen; Köln - Opladen 1969.

Mertens, P.: (Simulation); Stuttgart 1982.

Mertens, P.: (Decision) Support Systems, in: Informatik-Spektrum, 6 (1983), S. 168 - 169.

Miller, G.: The Magical (Number) Seven, Plus or Minus Two: Some Limits on our Capacity for Processing Information, in: Psychological Review, 63 (1956), S. 81 - 97.

Milling, P.: (Entscheidungen) bei unscharfen Prämissen - Betriebswirtschaftliche Aspekte der Theorie unscharfer Mengen, in: ZfB, 52 (1982), S. 716 - 734.

Müller-Merbach, H.: (Operations) Research, 3.Aufl.; München 1973.

Müller-Merbach, H.: Operations Research in der betrieblichen (Bewährung), in: Zeitschrift des Verbandes Deutscher Wirtschaftsingenieure, 1 (1976), S. 140 - 166.

Müller-Merbach, H.: Quantitative (Entscheidungsvorbereitung) - Erwartungen, Enttäuschungen, Chancen, in: DBW, 37 (1977), S. 11 - 23.

Münstermann, H.: (Unternehmensrechnung); Wiesbaden 1969.

Murtagh, B.A.; Saunders, M.A.: (MINOS)/Augmented User's Manual. Report SOL 80-14, Department of Operations Research, Stanford University; Stanford 1980.

Müschenborn, W.: Interaktive (Verfahren) zur Lösung linearer Vektoroptimierungsmodelle; Frankfurt a.M. 1990.

Nakamura, K.: Some (Extensions) of Fuzzy Linear Programming, in: FSS, 14 (1984), S. 211 - 229.

Nakayama, H.: Trade-off (Analysis) Based upon Parametric Optimization, in: Korhonen, P.; Lewandowski, A.; Wallenius, J. (Hrsg.): Multiple Criteria Decision Support, Proceedings Helsinki 1989; Berlin et al. 1991, S. 42 - 53.

Narasimhan, R.: Goal (Programming) in Fuzzy a Environment, in: Decision Sciences, 11 (1980), S. 325 - 336.

Naylor, T.H.; Schauland, H.: A (Survey) of Users of Corporate Planning Models, in: Mg.Sc., 22 (1976), S. 927 - 937.

Negoita, C.V.; Sularia, M.: On Fuzzy Mathematical (Programming) And Tolerances in Planning, in: Economic Computation and Economic Cybernetics Studies and Research, 3 (1976), S. 3 - 15.

Neumann, H.-W.: (Entscheidungsunterstützung) bei mehrfachen Zielen durch freie Algorithmenwahl im Computerdialog, Frankfurt a. M. - Berlin - New York 1984.

Neumann, J. von; Morgenstern, O.: (Spieltheorie) und wirtschaftliches Verhalten; Würzburg 1961.

Newell, A.; Simon, H.A.: Human (Problem) Solving; Englewood Cliffs 1972.

Norman, D.A.: Some (Observations) on Mental Models, in: Gentner, D.; Stevens, A.L. (Hrsg.): Mental Models; Hillsdale 1983, S. 4 - 14.

Norman, D.A.: New (Views) of Information Processing: Implications for Intelligent Decision Support Systems, in: Hollnagel, E.; Mancini, G.; Woods, D.D. (Hrsg.): Intelligent Decision Support in Process Environments; Berlin - Heidelberg - New York 1986, S. 123 - 136.

Olbrisch, M.: Das interaktive (Referenzpunktverfahren) als Lösungsmöglichkeit ökonometrischer Entscheidungasmodelle; Bochum 1988.

Orlovski, S.A.: On (Programming) with Fuzzy Constraint Sets, in: Kybernetes, 6 (1977), S. 197 - 201.

Orlovski, S.A.: Mathematical (Programming Problems) with Fuzzy Parameters, in: Kacprzyk, J.; Yager, R.R. (Hrsg.): Management Decision Support Systems using Fuzzy Sets and Possibility Theory; Köln 1985, S. 136 - 145.

Ostasiewicz, W.: Half a (Century) of Fuzzy Sets, in: Supplement to Kybernetica, 28 (1992), S. 17 - 20.

Owen, G.: (Spieltheorie); Berlin - Heidelberg - New York 1971.

Payne, J.W.: (Task) Complexity and Contignent Processing in Decision Making: an Information Search and Protocol Analysis, in: Organizational Behaviour and Human Performance, 16 (1976), S. 366 - 387.

Pfleger, S.: (Ergänzung) und Korrektur der mentalen Modelle durch Rechnerunterstützung, in: Dirlich, G. et al. (Hrsg.): Kognitive Aspekte der Mensch-Computer-Interaktion; Berlin - Heidelberg - New York 1986, S. 178 - 190.

Pflug, G.; Dieter, U. (Hrsg.): (Simulation) and Optimization; Berlin et al.. 1992.

Piehler, J.: Ganzzahlige lineare (Optimierung); Leipzig 1970.

Powell, W.; Sheffi, Y.: (Design) and Implementation of an Interactive Optimization System for Network Design in the Motor Carrier Industry, in: OR, 37 (1989), S. 12 - 29.

Puppe, F.: (Einführung) in Expertensysteme; Berlin et al. 1988.

Rabetge, C.: (Fuzzy Sets) in der Netzplantechnik; Wiesbaden 1991.

Raffée, H.: (Grundprobleme) der Betriebswirtschaftslehre; Göttingen 1974.

Raiszadeh, F.M.; Lingaraj, B.P.: Real-World OR/MS-(Applications) in Journals, in: J.Opl.Res.Soc., 37 (1986), S. 937 - 942.

Ramsey, J.Jr.; Truesdale, P.B.: Blend (Optimization) Integrated into Refinery-Wide Strategy, in: Oil and Gas Journal, 88 (1990), S. 40 - 44.

Ramík, J.: A Unified (Approach) to Fuzzy Optimization; Reprints of the Second IFSA Congress 1987, 1 (1987), S. 128 - 130.

Ramík, J.; Rímanék, J.: (Inequality) Relation between Fuzzy Numbers and its Use in Fuzzy Optimization, in: FSS, 16 (1985), S. 123 - 138.

Rao, J.R.; Tiwari, R.N.; Mohanty, B.K.: A (Method) for Finding Numerical Compensation for Fuzzy Multicriteria Decision Problem, in: FSS, 25 (1988), S. 33 - 41.

Reason, J.: A Preliminary (Classification) of Mistakes, in: Rasmussen, J.; Duncan, K.; Leplat, J. (Hrsg.): New Technology and Human Error; Chichester 1987, S. 15 - 22.

Reimers, U.: (Koordination) von Entscheidungen in hierarchischen Organisationen bei mehrfachen Zielsetzungen; Frankfurt a.M. - Bern - New York 1985.

Rödder, W.: On 'AND' and 'OR' (Connectives) in Fuzzy Set Theory. Arbeitsbericht Nr. 75/07 des Instituts für Wirtschaftswissenschaften der RWTH Aachen; Aachen 1975.

Rödder, W.; Zimmermann, H.-J.: (Analyse), Beschreibung und Optimierung von unscharf formulierten Problemen, in: ZOR, 21 (1977), S. 1 - 18.

Rommelfanger, H.: Lineare (Ersatzmodelle) für lineare Fuzzy-Optimierungsmodelle mit konkaven Zugehörigkeitsfunktionen; Diskussionspapier des Institus für Statistik und Mathematik, Universität Frankfurt; Frankfurt 1983.

Rommelfanger, H.: Zur (Lösung) Linearer Vektoroptimierungssystems mit Hilfe der Fuzzy Set-Theorie, in: Operations Research Proceedings 1984; Berlin - Heidelberg - New York 1985, S. 431 - 438.

Rommelfanger, H.: (Rangordnungsverfahren) für unscharfe Mengen, in: OR Spektrum, 8 (1986), S. 219 - 228.

Rommelfanger, H.: (Entscheiden) bei Unschärfe; Berlin et al. 1988.

Rommelfanger, H.: FULPAL - An Interactive (Method) for Solving Multiobjective Fuzzy Linear Programming Problems, in: Teghem, J.; Slowinski, R. (Hrsg.): Stochastic versus Fuzzy Approaches to Multiobjective Mathematical Programming under Uncertainty; Dordrecht 1990, S. 279 - 299.

Rommelfanger, H.: FULP - a PC-Supported (Procedure) for Solving Multicriteria Linear Programming Problems with Fuzzy Data, in: Fedrizzi, M.; Kacprzyk, J.; Roubens, M. (Hrsg.): Interactive Fuzzy Optimization; Berlin et al.1991, S. 154 - 167.

Rommelfanger, H.; Hanuscheck, R.; Wolf, J.: Linear (Programming) with Fuzzy Objectives, in: FSS, 29 (1989), S. 31 - 48.

Rommelfanger, H.; Unterharnscheidt, D.: Zur (Kompensation) divergierender Kennzahlenausprägungen bei der Kreditwürdigkeitsprüfung mittelständischer Unternehmen, in: Operations Research Proceedings 1986; Berlin - Heidelberg - New York 1987, S. 361 - 369.

Roubens, M.; Teghem, J.Jr.: (Comparison) of Methodologies for Fuzzy and Stochastic Multi-Objective Programming, in: FSS, 42 (1991), S. 119 - 132.

Rouse, W.: Fuzzy (Models) of Human Problem Solving, in: Wang, P. (Hrsg.): Advances in Fuzzy Sets, Possibility Theory and Applications, London - New York 1983, S. 377 - 386.

Rubbe, T.: Geometrische (Programmierung). Theorie, Algorithmen und ökonomische Anwendungen; Thun - Frankfurt a.M. 1984.

Rubin, P.A.; Narasimhan, R.: Fuzzy Goal (Programming) with Nested Priorities, in: FSS, 14 (1984), S. 115 - 129.

Runzheimer, B.: (Operations) Research I. Lineare Planungsrechnung und Netzplantechnik, 5. Aufl.; Wiesbaden 1990.

Saaty, T.L.: (Exploring) the Interface between Hierarchies, Multiple Objectives and Fuzzy Sets, in: FSS, 1 (1978), S. 57 - 68.

SAS Institute: SAS/OR (User's Guide), SAS Instituts Inc.; Cary 1985.

Sakawa, M.: Interactive (Computer) Programs for Fuzzy Linear Programming With Multiple Objectives, in: International Journal of Man-Machine Studies, 18 (1983), S. 489 - 503.

Sakawa, M.; Yano, H.: Interactive (Decision) Making for Multiobjective Nonlinear Programming Problems with Fuzzy Parameters, in: FSS, 29 (1989), S. 315 - 326.

Sakawa, M.; Yano, H.: An Interactive Fuzzy Satisficing (Method) for Generalized Multiobjective Linear Programming Problems with Fuzzy Parameters, in: FSS, 35 (1990), S. 125 - 142.

Schaible, S.: (Analyse) und Anwendungen von Quotientenprogrammen. Ein Beitrag zur Planung mit Hilfe der nichtlinearen Programmierung; Meisenheim 1978.

Schauenberg, B.: Zur (Bedeutung) der Transitivitätsvoraussetzung in der Entscheidungstheorie, in: Zeitschrift für gesamte Strafwissenschaften, 134 (1978), S. 166 - 187.

Schneeweiß, C.: Dynamisches (Programmieren); Würzburg - Wien 1974.

Schneeweiß, C.: (Planung) 1, systemanalytische und entscheidungstheoretische Grundlagen; Berlin et al. 1991

Schneeweiß, H.: Das (Grundmodell) der Entscheidungstheorie, in: Statistische Hefte, 7 (1966), S. 125 - 137.

Schneeweiß, H.: (Entscheidungskriterien) bei Risiko; Berlin - Heidelberg - New York 1967.

Schroder, H.M.; Driver, M.J.; Streufert, S.: Human (Information) Processing; New York 1967.

Schwab, K.-D.: Ein auf dem (Konzept) unscharfer Mengen basierendes Entscheidungsmodell bei mehrfacher Zielsetzung; Frankfurt a.M. - Bern - New York 1983.

Schwarz, W.H.: (Systeme) der Entscheidungsunterstützung im Rahmen der strategischen Planung; Frankfurt a.M. et al. 1987.

Schwarze, J.: (Netzplantechnik), 6. Aufl.; Herne - Berlin 1989.

Scott Morton, M.: (State) of the Art of Management Support Systems; MIT Working Paper No. 107; Sloan School of Management, 1983.

Seel, N.M.: (Weltwissen) und mentale Modelle; Göttingen 1991.

Sellstedt, B.: Some Quantitative (Methods) in Strategic Planning; Working Paper No. 72-24, European Institute for Advanced Studies in Management; Brüssel 1972.

Shafer, G.: A Mathemaical (Theory) of Evidence; Princeton - New Jersey 1976.

Shin, W.S.; Ravindran, A.: Interactive Multiple Objective (Optimization): Survey I - Continuous Case, in: Computers and Operations Research, 18 (1991), S. 97 - 114.

Shneiderman, B.: (Designing) the User Interface; Reading (Mass.) 1986.

Sieben, G.; Schildbach, T.: Betriebswirtschaftliche (Entscheidungstheorie), 3. Aufl.; Düsseldorf 1990.

Simon, H.A.: A Behavioral Model of (Rational Choice), in: Quaterly Journal of Economics, 69 (1955), S. 99 - 118.

Simon, H.A.: Administrative (Behaviour), 2. Aufl.; New York 1957.

Simon, H.A.: (Models) of Man; New York 1957.

Simon, H.A.: The New Science of (Management) Decision; New York 1960.

Simon, H.A.: (Rationality), in: Gould, J.; Kolb, W.L. (Hrsg.): A Dictionary of the Social Sciences; Glencoe 1964, S. 573 - 574.

Simon, H.A.: The (Sciences) of the Artificial, 2. Aufl., Cambridge (Mass.) - London 1981.

Simon, H.A.; Dantzig, G.B. et al.: (Decision) Making and Problem Solving, in: Interfaces, 17 (1987), S. 11 - 31.

Simon, H.A.; Newell, A.: Heuristic (Problem) Solving: the Next Advance in Operations Research, in: J.Opl.Res.Soc., 1 (1958), S. 1 - 11.

Slowinski, R.: A Multicriteria Fuzzy Linear (Programming) Method for Water Supply System Development Planning, in: FSS, 19 (1986), S. 217 - 237.

Slowinski, R.: An Interactive (Method) for Multiobjective Linear Programming with Fuzzy Parameters and its Application to Water Supply Planning, in: Kaczprzyk, J.; Orlovski, S.A. (Hrsg.): Optimization Models using Fuzzy Sets and Possibility Theory; Dordrecht 1987, S. 396 - 414

Sprague, R.H.: A (Framework) for Research on Decision Support Systems, in: Fick, G.; Sprague, R.H. (Hrsg.): Decision Support Systems: Issues and Challenges; Oxford et al. 1980, S. 5 - 22.

Sprague, R.H.; Carlson, E.D.: (Building) Effective Decision Support Systems; Englewood Cliffs 1982.

Sprowls, C.; Steiner, G.: Why Computerized (Planning) Models Fail, in: Plötzeneder, H.D. (Hrsg.): Computergestützte Unternehmensplanung, Fachberichte und Referate; Stuttgart 1977, S. 407 - 417.

Stahlknecht, P.: (Strategien) zur Implementierung von OR-gestützten Planungsmodellen in der Praxis, in: DBW, 38 (1978), S. 39 - 50.

Steiner, D. et al.: (Mensch-Maschine) Kooperation, in: KI, 7 (1992), S. 59 - 63.

Steuer, R.: An Interactive Multiple Objective Linear (Programming) Procedure, in: TIMS Studies in the Management Sciences, 6 (1977), S. 225 - 239.

Steuer, R.: Multiple Criteria (Optimization): Theory, Computation and Application; Reprint Edition, Malabar 1989.

Szyperski, N.; Winand, U.: (Entscheidungstheorie); Stuttgart 1974.

Tabucanon, M.: Multiple Criteria (Decision) Making in Industry; Amsterdam et al. 1988.

Tack, W.: Rationales (Handeln) in sozialen Situationen, in: Zeitschrift für Sozialpsychologie, 3 (1991), S. 151 - 165.

Taha, H.A.: Integer (Programming), New York - San Francisco - London 1975.

Tanaka, H.; Asai, K.: Fuzzy Linear (Programming) Problems with Fuzzy Numbers, in: FSS, 13 (1984), S. 1 - 10.

Tanaka, H.; Ichihashi, H.; Asai, K.: A (Formulation) of Linear Programming Problems Based on Comparison of Fuzzy Numbers, in: Control and Cybernetics, 13 (1984), S. 185 - 194.

Tanaka, H.; Ichihashi, H.; Asai, K.: Fuzzy (Decision) in Linear Programming Problems with Trapezoid Fuzzy Parameters, in: Kacprzyk, J.; Yager, R.R. (Hrsg.): Management Decision Support Systems using Fuzzy Sets and Possibility Theory; Köln 1985, S. 146 - 154.

Tapia, C.G.; Murtagh, B.A.: Interactive Fuzzy (Programming) with Preference Criteria in Multiobjective Decision-Making, in: Computers and Operations Research, 18 (1991), S. 307 - 316.

Tergan, S.-O.: Psychologische (Grundlagen) der Erfassung individueller Wissensrepräsentationen, Teil I: Grundlagen der Wissensmodellierung, in: Sprache und Kognition, 3 (1989), S. 152 - 165.

Thole, U.; Zimmermann, H.-J.; Zysno, P.: On the (Suitability) of Minimum and Product Operators for the Intersection of Fuzzy Sets, in: FSS, 2 (1979), S. 167 - 180.

Thomae, H.: Der (Mensch) in der Entscheidung; München 1960.

Triantiphyllou, E.; Pardalos, P.; Mann, S.: The (Problem) of Determining Membership Values in Fuzzy Sets in Real World Situations, in: Brown, D.; White, C. (Hrsg.): Operations Research and Artificial Intelligence: The Integration of Problem-Solving Strategies; Boston 1990, S. 197 - 214.

Trzebiner, R.: Computergestützte (Lösung) von Entscheidungsmodellen unter mehrfacher Zielsetzung; Gießen 1989.

Turban, E.: (Decision) Support Systems; New York 1988.

Tversky, A.: (Intransitivity) of Preferences, in: Psychological Review, 76 (1969), S. 31 - 48.

Vajda, S.: (Einführung) in die Linearplanung und die Theorie der Spiele; München 1961.

Wallenius, J.: Comparative (Evaluation) of some Interactive Approaches to Multicriterion Optimization, in: Mg.Sc., 21 (1975), S. 1387 - 1396.

Warner, A.; Muir, A.: (Everything) is Fuzzy, in: Di Nola, A.; Ventre, A.G. (Hrsg.): The Mathematics of Fuzzy Systems; Köln 1986, S. 303 - 323.

Werner, L.: (Entscheidungsunterstützungssysteme); Heidelberg 1992.

Werners, B.: Interaktive (Entscheidungsunterstützung) durch ein flexibles mathematisches Programmierungssystem; München 1984.

Wierzbicki, A.: The (Use) of Reference Objectives in Multiobjective Optimization, in: Fandel, G.; Gal, T. (Hrsg.): Multiple Criteria Decision Making, Theory and Application; Berlin - Heidelberg - New York 1980, S. 468 - 486.

Williams, H.P.; Redwood, A.C.: A Structured Linear (Programming) Model in the Food Industry, in: Operations Research Quarterly, 25 (1974), S. 517 - 527.

Witte, E.: (Analyse) der Entscheidung. Organisatorische Probleme eines geistigen Prozesses, in: Grochla, E. (Hrsg.): Organisation und Rechnungswesen. Festschrift für Erich Kosiol; Berlin 1964, S. 101 - 124.

Witte, E.: (Phasen-Theorem) und Organisation komplexer Entscheidungsverläufe, in: ZfbF, 20 (1968), S. 625 - 647.

Wöhe, G.: (Einführung) in die Betriebswirtschaftslehre, 14. Aufl.; München 1981.

Wolf, J.: Lineare (Fuzzy-Modelle) zur Unterstützung der Investitionsentscheidung; Frankfurt a.M. - Bern - New York 1988.

Wolf, J.: Zur (Integration) vager Größen in LP-Ansätze: Das δ-niveaubegrenzte Fuzzy-Modell, in: ZfB, 58 (1988), S. 952 - 962.

Xu. L.D.: A Fuzzy Multiobjective (Programming) Algorithm in Decison Support Systems, in: Hammer, P. (Hrsg.): Annals of Operations Research, 12 (1988), S. 315 - 320.

Yager, R.R.: On a General (Class) of Fuzzy Connectives, in: FSS, 4 (1980), S. 235 - 242.

Yazenin, A.V.: Fuzzy and Stochastic (Programming), in: FSS, 22 (1987), S. 171 - 180.

Yu, P.L.: Multiple-Criteria (Decision) Making; New York 1985.

Yu, P.L.; Zeleny, M.: Linear Multiparametric (Programming) by Multicriteria Simplex Method, in: Mg.Sc., 23 (1976), S. 159 - 170.

Yu, Y.: Triangular (Norms) in TNF-Sigma-Algebras, in: FSS, 16 (1985), S. 251 - 264.

Zadeh, L.A.: (Fuzzy Sets), in: Information and Control, 8 (1965), S. 338 - 353.

Zadeh, L.A.: The (Concept) of a Linguistic Variable and its Application to Approximate Reasoning, Parts 1 and 2, in: Information Sciences, 8 (1975), S. 199 - 249 und 301 - 357.

Zadeh, L.A.: A Fuzzy-Algorithmic (Approach) to the Definition of Complex or Imprecise Concepts, in: International Journal of Man-Machines Studies, 8 (1976), S. 249 - 291.

Zadeh, L.A.: (Fuzzy Set Theory): A Perspective, in: Gupta, M.M.(Hrsg.): Fuzzy Automata and Decision Processes; New York - Amsterdam - Oxford 1977, S. 3 - 4.

Zadeh, L.A.: Fuzzy Sets as a (Basis) for a Theory of Possibility, in: FSS, 1 (1978), S. 3 - 28.

Zeleny, M.: A (Concept) of Compromise Solutions and the Method of Displaced Ideal, in: Computers and Operations Research, 1 (1974), S. 479 - 496.

Zeleny, M.: The (Theory) of the Displaced Ideal, in: Zeleny, M. (Hrsg.): Multiple Criteria Decision Making; Berlin - Heidelberg - New York 1976, S. 153 - 206.

Zeleny, M.: The Pros and Cons of (Goal) Programming, in: Computers and Operations Research, 8 (1981), S. 357 - 359.

Zeleny, M.: Multiple Criteria (Decision) Making; New York 1982.

Zeleny, M.: Multicriteria (Design) of High-Productivity Systems, in: Zeleny, M. (Hrsg.): MCDM: Past Decade and Future Trends; Greenwich - London 1984, S. 170 - 187.

Zeleny, M.: On the [Ir]relevancy of (Fuzzy Sets) Theories, in: Human Systems Management, 4 (1984), S. 301 - 306.

Zeleny, M.: Systems (Approach) to Multiple Criteria Decision Making: Metaoptimum, in: Sawaragi, Y.; Inoue, K.; Nakayama, H. (Hrsg.): Toward Interactive and Intelligent Decision Support Systems; Proceedings Kyoto 1986, Vol. 1, Berlin - Heidelberg - New York - Tokyo 1987, S. 28 - 37.

Zimmermann, H.-J.: Optimale (Entscheidungen) bei unscharfen Problembeschreibungen, in: ZfbF, 27 (1975), S. 785 - 796.

Zimmermann, H.-J.: (Description) and Optimization of Fuzzy Systems, in: International Journal of General Systems, 2 (1976), S. 209 - 215.

Zimmermann, H.-J.: (Fuzzy Programming) and Linear Programming with Several Objective Functions, in: FSS, 1 (1978), S. 45 - 55.

Zimmermann, H.-J.: (Fuzzy Sets) in Operations Research - eine Einführung in Theorie und Anwendung, in: Operations Research Proceedings 1984; Berlin - Heidelberg - New York 1985, S. 594 - 608.

Zimmermann, H.-J.: Fuzzy Set Theory and Mathematical (Programming), in: Jones, A.; Kaufmann, A.; Zimmermann, H.-J. (Hrsg.): Fuzzy Set Theory and Applications; Dordrecht 1986, S. 99 - 114.

Zimmermann, H.-J.: Multi (Criteria) Decision Making in Crisp and Fuzzy Environments, in: Jones, A.; Kaufmann, A.; Zimmermann, H.-J. (Hrsg.): Fuzzy Sets Theory and Applications; Dordrecht 1986, S. 233 - 256.

Zimmermann, H.-J.: Fuzzy Sets, (Decision) Making, and Expert Systems; Boston - Dordrecht - Lancaster 1987.

Zimmermann, H.-J.: (Fuzzy Set Theory) - and its Applications, 2. Aufl.; Boston - Dordrecht - London 1991.

Zimmermann, H.-J.; von Altrock, C.: (Prinzipien) und Anwendungspotential der Fuzzy Mengentheorie, in: KI, 6 (1991), S. 6 - 12.

Zimmermann, H.-J.; Gutsche, L.: Multi-Criteria (Analyse); Berlin et al. 1991.

Zimmermann, H.-J.; Zysno, P.: Latent (Connectives) in Human Decision Making, in: FSS, 4 (1980), S. 37 - 51.

Zimmermann, H.-J.; Zysno, P.: Decisions and (Evaluations) by Hierarchical Aggregation of Information, in: FSS, 10 (1983), S. 243 - 260.

Zionts, S.; Wallenius, J.: An Interactive (Programming) Method for Solving the Multiple Criteria Problem, in: Mg.Sc., 22 (1976), S. 652 - 663.

Zionts, S.; Wallenius, J.: An Interactive Multiple (Objective) Linear Programming Method for a Class of Underlying Nonlinear Utility Functions, in: Mg.Sc., 29 (1983), S. 519 - 529.

Hinweis

Bei Interesse am in dieser Arbeit entwickelten Optimierungssystem FLOP kann dieses bezogen werden. Wenden Sie sich bitte an folgende Adresse:

Dr. Johannes Brunner
Himmelsthürer Str. 55
31137 Hildesheim

Gegen eine geringe Gebühr erhalten Sie dann umgehend drei 3.5 Zoll-Disketten mit einer lauffähigen Version des Systems und einem Installationsprogramm. Voraussetzung für den Einsatz von FLOP ist ein IBM-kompatibler PC (DOS) mit freier Festplattenkapazität von 4 MB.